工业和信息化部高等教育“十二五”规划教材

C# 程序设计教程

主　编　王庆军　陈　峰　张磊石
副主编　王兆堃　徐伶伶　张　欣
葛苏慧　吕致辉

電子工業出版社
Publishing House of Electronics Industry
北京 • BEIJING

图书在版编目（CIP）数据

C#程序设计教程 / 王庆军，陈峰，张磊石主编. —北京：电子工业出版社，2016.1
ISBN 978-7-121-27772-6

Ⅰ. ①C… Ⅱ. ①王… ②陈… ③张… Ⅲ. ①C 语言－程序设计－教材 Ⅳ. ①TP312

中国版本图书馆 CIP 数据核字（2015）第 295923 号

策划编辑：郝国栋
责任编辑：郝国栋
印　　刷：北京虎彩文化传播有限公司
装　　订：北京虎彩文化传播有限公司
出版发行：电子工业出版社
　　　　　北京市海淀区万寿路 173 信箱　　　邮编　100036
开　　本：787×1092　1/16　　印张：18.5　　字数：435 千字
版　　次：2016 年 1 月第 1 版
印　　次：2020 年 1 月第 3 次印刷
定　　价：38.60 元

凡所购买电子工业出版社图书有缺损问题，请向购买书店调换。若书店售缺，请与本社发行部联系，联系及邮购电话：（010）88254888。

质量投诉请发邮件至 zlts@phei.com.cn，盗版侵权举报请发邮件至 dbqq@phei.com.cn。

服务热线：（010）88258888。

目　录

第1章 .NET和C#简介

C#(读作 C shape)是一种运行于.NET Framework 之上的面向对象的程序设计语言，本章初步介绍.NET Framework 和 C#的基础知识及它们之间的关系，认识 Visual Studio 2010 集成开发环境，了解如何通过 Visual Studio 2010 编写 C#程序。

1.1 认知.NET

.NET 是微软公司的新战略，微软公司将围绕一个战略核心来开发它的新产品，这个战略核心就是.NET Framework，它提供了全面支持.NET 的核心技术。

1.1.1 .NET Framework

我们知道，操作系统是一般应用程序和硬件之间的媒介，应用程序发出的许多指令都是经过操作系统再发给硬件的。

.NET Framework(又称.NET 框架)是用于编译和执行代码的集成托管环境，这就是说，它管理着.NET 程序运行的方方面面，所有的.NET 应用程序都在.NET Framework 上执行，受.NET Framework 管理。进一步的说明就是，.NET 应用程序不直接和操作系统打交道，而是通过.NET Framework 这个集成托管环境进行操作，即编译后的.NET 应用程序运行在.NET Framework 之上。

.NET Framework 主要由两个组件组成。

1. 公共语言运行库(Common Language Runtime，CLR)

公共语言运行库可以看做是管理代码运行的环境，它位于操作系统和应用程序之间，提供编译代码、分配内存、管理线程和回收垃圾之类的核心服务，它强制实施严格的类型安全性，通过强制实施代码访问安全性，确保代码在安全的环境中运行。

2. .NET Framework 类库

.NET Framework 除了是.NET 应用程序的基础之外，它还提供了丰富的类库，供.NET 应用程序调用。这些类库提供了一套具备通用功能的标准代码，开发人员使用这些代码，可以加快开发过程。

1.1.2 .NET 程序的编译

随着计算机技术的发展，计算机编程语言在最初的机器语言基础上，发展出汇编语言，又再发展出高级语言。相对于高级语言而言，机器语言和汇编语言称为低级语言。

在高级语言编程环境中，人们使用类似英语的单词和一般的数学算式来编写程序代码。但计算机仅能够识别和执行以二进制代码形式表示的机器语言，因此，用高级语言编写的程序需要转换成机器语言程序后，才能在计算机上运行。

将高级语言程序(称为源程序)转换成低级语言程序有两种方法：解释或者编译。

1. **解释**

执行方式类似于我们日常生活中的“同声翻译”，由相应语言的解释器一边把源程序“解释”成目标代码(机器语言)，一边执行，因此效率比较低，而且不能生成可独立执行的可执行文件，运行应用程序时不能脱离其解释器，但这种方式比较灵活，可以动态地调整、修改应用程序。

2. **编译**

编译是指在源程序执行之前，就将源程序全部“翻译”成目标(机器语言)程序，因此其目标程序可以脱离语言环境独立执行，使用比较方便、效率较高。但如果要修改应用程序，必须先修改源程序代码，再重新编译生成新的目标文件才能执行。如果只有目标文件而没有源程序代码，则很难修改。

现在大多数的编程语言都是编译型的，例如 C#、C++等。

.NET 应用程序在编译时通过两个步骤解决代码和机器的交互问题。

① .NET 编译器将程序代码编译成称为 MS 中间语言(MS Intermediate Language，MSIL)的特殊格式，再将其传给 CLR(公共语言运行库)。

② CLR 使用 JIT(Just-In-Time)编译器，将代码编译成真正的机器语言，并对程序进行最后的且与机器相匹配的优化，以使程序能在其所在的计算机上以尽可能快的速度运行。

编译过程如图 1.1 所示。

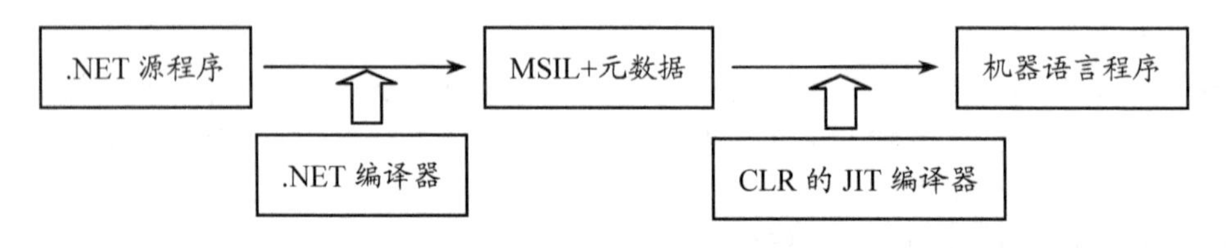

图 1.1 .NET 程序编译过程

通过 MSIL 和 CLR 的组合使用，带来了前述两种代码转换的综合性优点，即获得了解释代码的可移植性和编译代码的结构优化特性。更为重要的是，MSIL 本身与机器无关。因此，可以在装有 CLR 的任何一台计算机上运行。实际上，一旦编写出 .NET 程序代码并将其编译了，就可以将它复制到装有 CLR 的任何计算机上运行。

MSIL 可以由任何遵循 CLS(公共语言规范)的可读语言生成。另外，MSIL 编译器还支持其他 20 多种语言。因此，可以在应用程序内部交替地使用这些兼容语言，一旦将一套文件编译成 MSIL，它们都将统一为一种语言。这种灵活性允许不同的小组在同一个 Web 站点上用不同的语言协同工作。

1.2 认知 C#

.NET Framework 运行环境支持多种编程语言：C#、Visual Basic.NET、Visual C++.NET、J#和 JScript.NET，但是 C#是为.NET Framework 量身定做的，可以充分发挥它的优势。C#是一种面向对象编程语言，它结合了 C++的强大功能和 Visual Basic 的易用性，用 C#语言编写的源程序扩展名为.cs。如果计算机上已经安装了.NET Framework，可以使用.NET 命令行窗口，运行命令 csc xxx.cs(xxx 表示源程序文件名)后，在存放 xxx.cs 文件的同一目录下会出现一个名为 xxx.exe 的程序。通过双击此 xxx.exe 文件名，可以执行程序。这些特点都使得使用 C#开发程序更加灵活。

概括地说，C#程序设计语言主要有以下 4 个特点：

① 简单：C#继承了 C 和 C++的优点，并进行了改善，使得语言更加简单。它摒弃了某些编程语言(例如 C++和 Java)中的一些复杂性问题和缺陷，使得没有编程基础的程序员也可以较快地学会编程并有效地减少开发程序过程中的错误。

② 面向对象：C#具有面向对象程序设计语言所具有的封装、继承和多态等特性。通过面向对象的强大功能，可以大大提高程序员的编程效率，缩短了应用程序的开发周期。

③ 与 Web 紧密结合：C#对于网络中结构化数据传输的标准——XML 提供了很好的支持，程序员能够利用简单的 C#语言结构方便地开发 XML Web Service，有效地处理网络中的各种数据。

④ 基于.NET Framework：.NET Framework 为用 C#编写的应用程序提供了安全性保障和错误处理机制。

1.3 使用 Visual Studio 2010

程序设计人员可以使用一般的纯文本编辑器(如“记事本”程序)编写 C#源程序代码，然后再手动编译和调试程序，但是这样做效率很低，为了解决效率低的问题，人们设计了集成开发环境，这种环境集成了各种方便程序开发的工具和功能，例如防止因为程序员的误输入而带来的语法错误等。Visual Studio 2010 也提供了开发 C#程序的集成开发环境，本教材使用 Visual Studio 2010 学习 C#程序设计。

在 Windows 7 的桌面上，执行“开始”→“所有程序”→“Microsoft Visual Studio 2010”→“Microsoft Visual Studio 2010”菜单命令即可进入 Visual Studio 2010 系统起始页窗口，该窗口如图 1.2 所示。

图 1.2 **Visual Studio 2010 系统起始页**

和一般的 Windows 应用程序一样，Visual Studio 2010 系统起始页窗口也包括标题栏、菜单栏、工具栏，后面将结合具体课程内容，介绍菜单栏、工具栏的应用方法。

1.3.1 开发控制台应用程序

C#的控制台应用程序是仅仅使用文本，能够运行在 MS-DOS 环境中的程序，它没有一般 Windows 应用程序所具备的可视化的窗口运行界面，主要应用于测试、监控等，运行这种程序，用户主要关心的是数据，而不在乎界面。

【例 1.1】编写一个名为 TEST 的控制台应用程序，在程序界面上显示“努力学好 C#程序设计语言”。如图 1.3 所示。

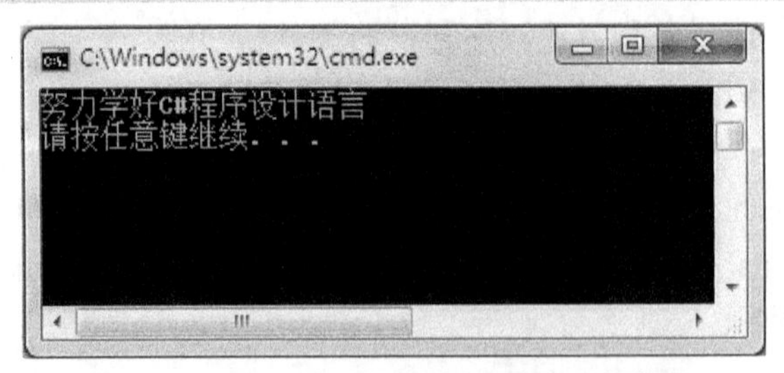

图 1.3 显示一句话的控制台程序运行效果

① 在图 1.2 所示的窗口中，执行“文件”→“新建”→“项目”菜单命令或单击窗口中部的 新建项目...，打开“新建项目”对话框，在其中“最近的模板”窗格单击选中“Visual C#”(表示使用 C#程序设计语言创建新的项目)，在当中窗格选中“控制台应用程序”，在“名称”

框中输入“TEST”作为项目的名称，在“位置”框中输入项目存放的文件夹(为了以后教学方便，请将编写的各例题(习题)的程序都存放在自己的文件夹中以例题(习题)序号为名称的子文件夹中，这里以“D:\李明\1\例 1.1”文件夹为例)，如图 1.4 所示。

图 1.4 “新建项目”对话框

② 单击 确定 按钮，进入编程界面，在当中的窗格中输入程序代码，如图 1.5 所示。

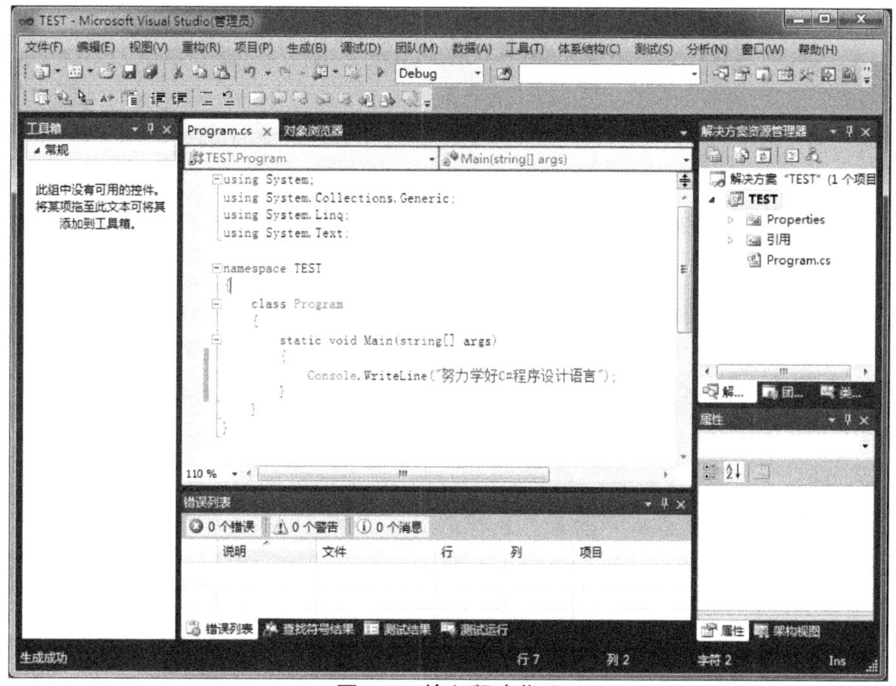

图 1.5 输入程序代码

【操作说明】

上述程序中，仅第 11 行是用户输入的代码，其他都是集成开发环境自动添加的代码。

Visual Studio 具有强大的智能感知功能，在输入程序代码时，当输入了开头的字母 C 以后，会弹出如图 1.6 所示的提示框，用鼠标指针选中 “Console” 项后，按回车键，即可输入 “Console”，这样可以提供输入效率并减少差错。

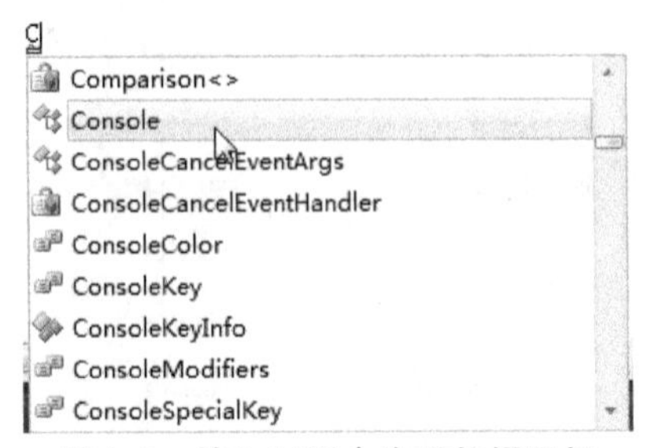

图 1.6　输入过程中出现的提示框

图1.5中所示的程序代码如下(为了便于后面的说明，在每一行程序代码前面添加上了序号)：

```
1    using System;
2    using System.Collections.Generic;
3    using System.Linq;
4    using System.Text;

5    namespace TEST
6    {
7        class Program
8        {
9            static void Main(string[] args)
10           {
11               Console.WriteLine("努力学好C#程序设计语言");
12           }
13       }
14   }
```

③ 按 Ctrl+F5 键运行程序，出现图 1.3 所示的运行效果，此时按任意键即可退出程序，返回图 1.5 所示的窗口。(也可以执行“调试”→“开始执行(不调试)”菜单命令或按 F5 键运行程序。对于控制台程序来说，如果执行“调试”→“启动调试”菜单命令或按 F5 键运行程序，运行结果将一闪而过。)

【程序说明】

① 命名空间提供了一种组织相关类和其他类型的方式，引用某个命名空间后，即可直接调用其中包含的类。上述程序中 1～4 行是本程序引用命名空间的语句，使用 using 关键字(关键字是 C#的保留字)导入 Microsoft .NET Framework 类库中的现有资源。通常，在程序文件的开头处使用这个关键字引用命名空间。例如，System 是一个命名空间，而第 11 行中的 Console 是该命名空间中的类，在程序开始处的第 1 行代码用

```
using System;
```

引用了 System 命名空间，在程序中就可以使用该命名空间中的 Console 类了。

② 第 5 行中的 namespace 称为命名空间，它是为了避免在程序中发生来源各异却具有同一名称的元素发生名称冲突，而按照功能组织成目录一样的实体，它用来唯一限定元素名称与关系。TEST 是本程序用户自己定义的命名空间的名称。

C#在创建项目后，项目的所有代码都被组织在一个命名空间中，默认情况下，系统自动创建一个以项目名为名称的命名空间。通常不要修改命名空间的名称，如果确有必要修改，可以在命名空间的名称上单击鼠标右键，打开快捷菜单，执行“重构”→“重命名”菜单命令，打开“重命名”对话框，输入新的命名空间名称。

③ 第 7 行中的 class 表示一个类，在用 C#或其他任何面向对象语言的编程过程中，都需要编写类，类是 C#程序代码的主要组成部分，所有的类都必须定义在某个命名空间内。每个对象都必须属于一个类，在 C#中用关键字 class 引导一个类的定义，其后接着类的名称(本例中是 Program)。class Program 后的“{”表示开始一个类的定义，对应的，“}”用来结束类的定义(“{”和“}”大括号必须成对出现，否则会出现编译错误)。

④ 第 9 行中的 Main 是一个方法，方法用来描述类的行为，达到完成某项工作的目的。C#程序必须包含一个 Main()方法，而且必须定义为 static void Main()。Main()方法是程序的入口点，指示编译器从该处开始执行应用程序，每个 C#应用程序都必须在组成程序的某一个类中包含 Main()方法。

Main()方法在类的内部声明，它必须具有 static 关键字，表示是静态方法，在后面将详细介绍方法的有关内容。void 关键字表示该方法执行后不返回任何消息。“{”后开始定义方法的主体内容，对应的，“}”用来结束方法的定义。

⑤ C#语言区分大小写，因此 Main 和 main 表示不同的意义。

⑥ 本程序的 Main()方法中有一条语句：

```
Console.WriteLine("努力学好 C#程序设计语言");
```

在 C#中，每条语句必须以分号作为结束标志。上述语句的作用是使计算机输出括号中双引号之间的字符串。这项功能是通过 Console 类来完成的，Console 类就是通常所说的控制台。Console 类是 System 命名空间中已经定义好的一个类。由于 Console 类位于 System 命名空间中，所以实际上用户在访问 Console 类时，完整的写法应该是：

```
System.Console
```

由于程序的第一行中，使用 using 语句导入了 System 命名空间，这样在本程序中可以直接使用 System 命名空间中的类或对象，所以访问 Console 类时，不用写 System.Console，而直接写 Console 就行了。如果去掉了“using System;”这句代码，按 Ctrl+F5 键运行程序前，集成环境就会给出发生了错误的提示：当前上下文中不存在名称“Console”。

⑦“//”符号是代码注释符号，代码行中这个符号后面的内容是对程序的注释，运行程序时不执行。也可以使用“/*”和“*/”包含多行注释内容。

为了更好地说明上述程序，可以加入注释，得到下述的程序代码。

```
using System;
using System.Collections.Generic;
using System.Linq;
```

```
using System.Text;

namespace TEST                                //用户定义的命名空间
{
    class Program                             //定义类
    {
        static void Main(string[] args)       //程序入口点
        {
            Console.WriteLine("努力学好C#程序设计语言");
        }
    }
}
```

⑧ 第 11 行的语句

```
Console.WriteLine("努力学好 C#程序设计语言");
```

调用了 Console 类中的 WriteLine 方法，用于在输出设备上输出“努力学好 C#程序设计语言”字符串(这个字符串是 WriteLine 方法的参数)，并自动将光标移到下一行。

Console 类还提供了以下 4 种方法：Write()、ReadLine()、Read()和 ReadKey()。其中，WriteLine()和 Write()方法的区别是：WriteLine()执行时会在显示时增加一个换行符，而使用 Write()时，光标不会自动转移到下一行。

ReadLine()方法用于读取一个字符串，并返回读取的数据；而 Read()方法用于读取一个字符，返回该字符的 ASCII 码值。由于两个方法都要返回一个值，所以通常要把返回的值存放起来，以备后面使用。执行这两条语句进行输入时，要按回车键结束。ReadKey()方法接受用户输入的任意一个字符，不用按回车键。例如下述两个程序段的运行结果分别如图 1.7 的左图和右图所示。

程序段 1:

```
Console.Write("请输入你的名字:");
string s = Console.ReadLine();
Console.WriteLine("你的输入是：" + s);
```

程序段2:

```
Console.Write("请输入: ");
int i = Console.Read();
Console.WriteLine("你的输入是：" + i);
```

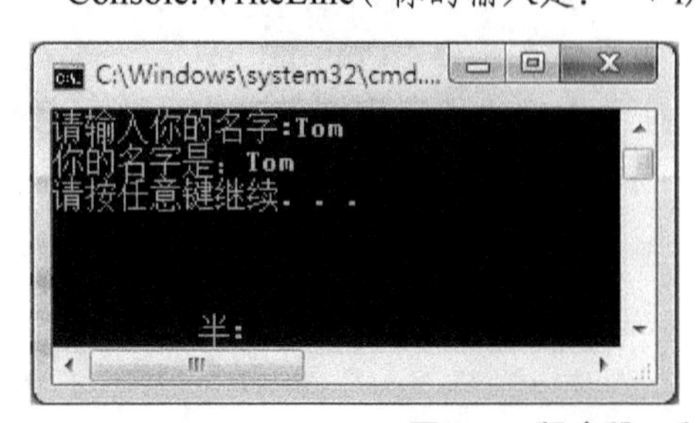

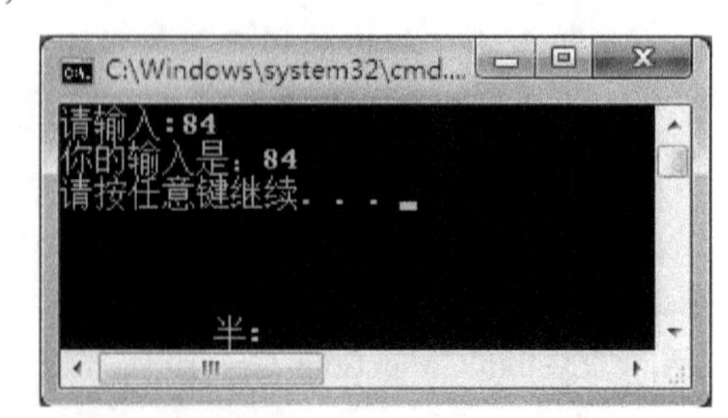

图 1.7　程序段 1 和程序段 2 的运行效果

程序段 2 中使用了 Read()方法，它读取的是一个字符的 ASCII 码值，即读取输入的“Tom”字符串的第一个字符 T，并把 T 字符的 ASCII 码值(84)存储到整型变量 i 中，所以输出的就是 84。

下述程序段的运行结果如图 1.8 所示。

```
int  i = 12;
double  a = 55.42;
string  s = "实例";
Console.WriteLine("三个占位符： {0}， {1} 的应用{2}演示", i, a, s);
```

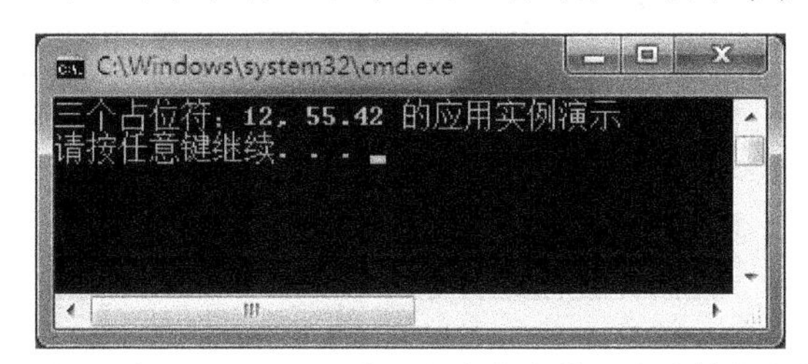

图 1.8　在 WriteLine()方法的参数中使用占位符的实例

在 WriteLine()方法中，出现在输出字符串中的{0}、{1}、{2}是占位符，分别表示在它们所占用的位置处依次显示后面出现的三个变量，即变量 i、a、s 的值，注意大括号中的数字从 0 开始。

【练习】

修改 TEST 程序，完成以下功能：在控制台显示“请输入你的姓名和学号”，然后分别输入自己的姓名和学号，接着显示出你输入的姓名和学号。

提示：启动 Visual Studio 2010 后，在“开始页面”窗口的“最近使用的项目”栏中，单击 TEST 项目，即可打开程序代码编辑窗口，输入新的程序代码了。

1.3.2　开发 Windows 窗体应用程序

使用 C#可以设计开发一般的包含多种控件的图形化的 Windows 窗口应用程序。

本节设计一个名为 TEST1 的 Windows 窗体应用程序，程序界面如图 1.9 所示。

图 1.9　窗体应用程序界面

1. 创建 Windows 窗体应用程序项目

启动 Visual Studio 2010 系统，打开“新建项目”对话框(参见图 1.4)，在“最近的模板”窗格单击选中“Visual C#”，在当中窗格选中“Windows 窗体应用程序”，在“名称”框中输入“TEST1”作为项目的名称，在“位置”框中输入项目存放的文件夹(这里以“D:\李明\1\例 1.2”文件夹为例)，单击 确定 按钮，进入图 1.10 所示的窗体设计界面。

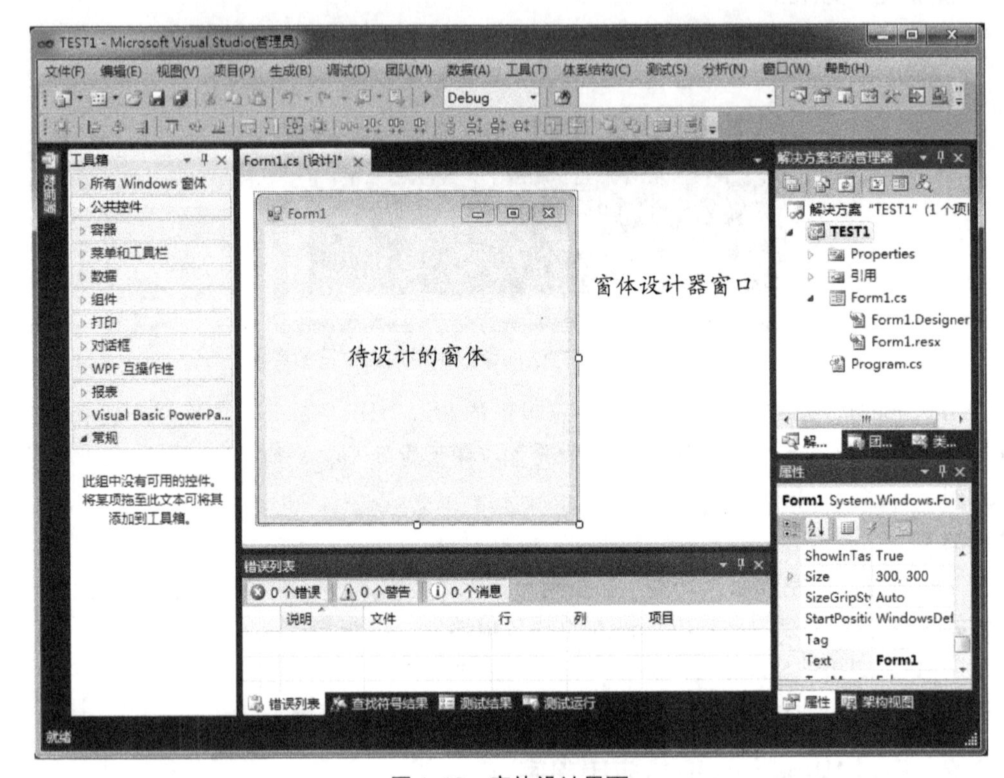

图 1.10　窗体设计界面

在继续完成本窗体应程序的设计之前，有必要对图 1.10 所示的窗体设计界面进行说明。

(1) 窗体设计器窗口

窗体设计器窗口用来设计应用程序界面，图 1.10 中，窗体设计器窗口的标题是“Form1.cs[设计]”。窗口中包含待设计的窗体(图 1.10 中的 Form1 窗体)，这个待设计的窗体对应程序运行时的界面，各种图形、图像、数据等都通过窗体或其中的控件显示。

创建了一个新的 Windows 窗体应用程序项目后，系统将自动建立一个 Form1 窗体，并在窗体标题栏左方显示其标题 Form1，在这个窗体右上角有三个图标，分别是“最小化”、“还原”和“最大化”按钮。

(2) 工具箱

图 1.10 左侧是工具箱(Toolbox)窗格。工具箱中提供了设计窗体使用的控件和组件图标，用户设计界面时可以从中选择所需的控件放入窗体中。

为了便于管理，常用的控件分别放在“所有 Windows 窗体”、“公共控件”、“容器”、“菜单和工具栏”、“数据”、“组件”、“打印”、“对话框”、“WPF 互操作性”、“报表”、“Visual Basic PowerPacks”、“常规”12 个选项卡中。比如，在“所有 Windows 窗体”选项卡中，存放了所有的命令按钮、标签、文本框等控件图标。12 个选项卡中存放的内容如表 1.1 所示。

表 1.1 工具箱各选项卡中的内容

选项卡名称	包含的内容
所有Windows窗体	存放所有设计Windows程序界面的控件
公共控件	存放常用的控件
容器	存放容器类控件
菜单和工具栏	存放菜单和工具栏控件
数据	存放操作数据库的控件
组件	存放系统提供的组件
打印	存放与打印相关的控件
对话框	存放各种对话框控件
WPF互操作性	存放与WPF相关的控件
报表	存放Crystal Reports报表控件
Visual Basic PowerPacks	存放与Visual Basic PowerPacks相关的控件
常规	保存用户常用的控件，包括自定义的控件

单击每个选项卡的标题，即可展开该选项卡，显示该选项卡中包含的控件。图 1.11 显示了“公共控件”选项卡中包含的控件图标，它们是设计窗体时用得最多的控件。把鼠标指针移到任一个控件图标上，将弹出一个提示框，显示该控件的主要作用。

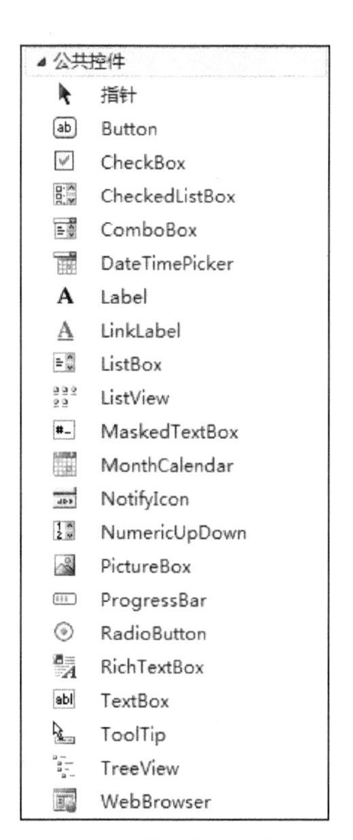

图 1.11 “公共控件”选项卡中的控件图标

选项卡中的控件不是一成不变的，可以根据需要增加或删除。在工具箱窗口中单击鼠标右键，在弹出的菜单中选择“选择项”，会弹出一个包含所有可选控件的“选择工具箱项”对话框，通过选中或取消选中其中有关控件，即可添加或删除选项卡中的控件。

(3) 解决方案资源管理器窗口

解决方案资源管理器窗口位于窗体设计器窗口的右边，列出当前解决方案中所有的项目，如图 1.12 所示，“解决方案”中可以包含不同语言的项目。

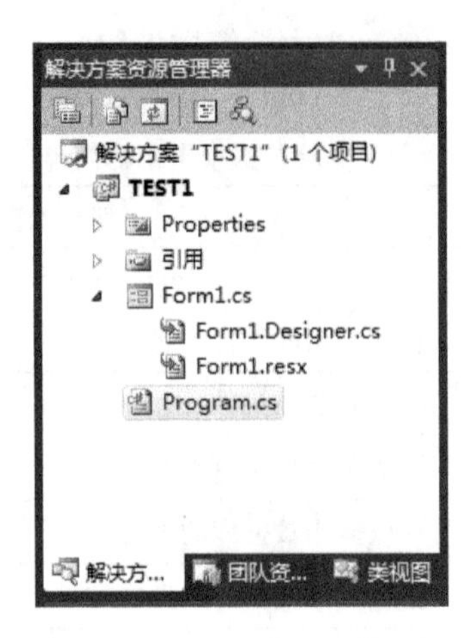

图 1.12　解决方案资源管理器

利用解决方案资源管理器可以方便地组织需要开发的项目、文件，配置应用程序或组件。该管理器以树型结构显示了解决方案及其包含的项目的层次结构，可以很方便地打开、修改、管理其中的对象。这些对象都以文件的形式保存在磁盘中，其中常用的有以下三种。

① 解决方案文件：

解决方案文件以.sln 为扩展名。在建立一个新项目时，默认的解决方案文件名与项目文件同名，可以修改为其他的名字，解决方案名称通常显示在整个开发环境窗口的标题栏中。一个解决方案可以包含多个项目，在该窗口解决方案名称上单击鼠标右键，打开快捷菜单，执行"添加"→"新建项"菜单命令，即可打开"新建项目"对话框(参见图 1.4)，选择一种项目并新建项目后，在本解决方案下将添加一个新的项目。在解决方案资源管理器窗口中，解决方案名后面括号中的数字表示解决方案中项目的数量。

② 项目文件：

项目文件以.csproj 为扩展名，每个项目对应一个项目文件，从图 1.12 中可以看出，项目的名称是 TEST1，其存盘文件名即为 TEST1.csproj，解决方案的存盘默认文件名是 TEST1.sln。

一个项目通常由引用和代码模块组成，其中的"引用"含有项目运行时所需的程序集(assembly)或组件，如.NET 程序集、COM 组件或其他项。双击 ▷ 引用 ，可以展开它，观察到系统为本项目引用的内容，如图 1.13 所示。

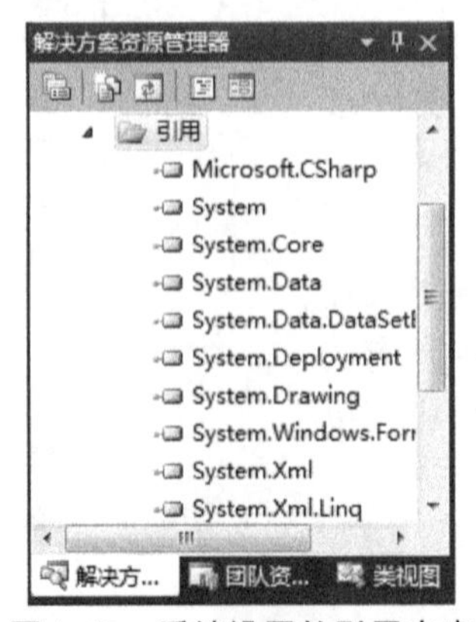

图 1.13　系统设置的引用内容

③ 代码模块文件：

代码模块文件以.cs为扩展名，在C#中，所有包含代码的源文件都以.cs为扩展名。因此，窗体模块、类模块、其他代码模块在存盘时，扩展名都是.cs，只是主文件名不同而已。

图1.10中除了上面介绍的窗体设计器窗口、工具箱、解决方案资源管理器窗口外，还包含其他窗口，在下面具体设计窗体时介绍这些窗口。

2. 在窗体中设置控件

打开工具箱中的“公共控件”选项卡，单击其中的A Label标签控件工具图标，然后将鼠标指针移到待设计的窗体中，鼠标指针变成+A状，在窗体中拖动鼠标指针，即可设置出一个默认名称为label1的标签控件(参见图1.14)，用相同的方法再设置一个label2标签控件；单击工具箱中的abl TextBox文本框控件工具图标，将鼠标指针移到待设计的窗体中，鼠标指针变成+abl状，在窗体中label1标签右侧拖动鼠标指针，即可设置出一个默认名称为textBox1的文本框控件，用同样的方法在label2标签右侧设置textBox2文本框控件；单击工具箱中的ab Button命令按钮控件工具图标，将鼠标指针移到待设计的窗体中，鼠标指针变成+ab状，在窗体中拖动鼠标指针，即可设置出一个默认名称为button1的命令按钮控件，最后结果如图1.14所示。

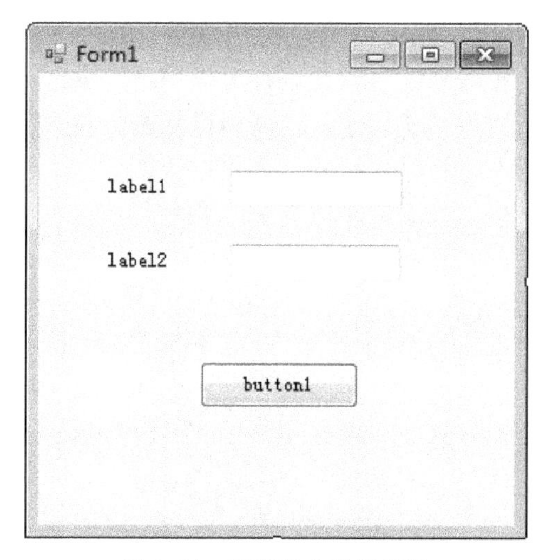

图1.14 在窗体中设置控件

这种设计程序界面的方法称为可视化程序设计，整个设计过程用直观的画控件的形式实现，不需要用户编写程序代码。用可视化的方式设计程序界面，既方便又直观。

实际上运行程序时，程序界面还是需要相应的程序代码来实现的，不过这些编写代码的工作由集成开发环境代替用户完成了而已。

双击图1.12中所示的资源管理器窗口中的 Form1.Designer.cs ，将打开“Form1.Designer.cs”文件的代码设计器窗口，该文件中显示了由开发环境自动生成的形成窗体界面的程序代码，如图1.15所示。用户在窗体中每设置一个控件，系统就会在Form1.Designer.cs文件中自动生成相关的代码。一般情况下，用户不要自己修改这个文件中的内容。

```
Form1.Designer.cs  Form1.cs [设计]
TEST1.Form1    InitializeComponent()
        /// 清理所有正在使用的资源。
        /// </summary>
        /// <param name="disposing">如果应释放托管资源，为 true；否则
        protected override void Dispose(bool disposing)
        {
            if (disposing && (components != null))
            {
                components.Dispose();
            }
            base.Dispose(disposing);
        }

        #region Windows 窗体设计器生成的代码

        /// <summary>
        /// 设计器支持所需的方法 - 不要
        /// 使用代码编辑器修改此方法的内容。
        /// </summary>
        private void InitializeComponent()
        {
            this.label1 = new System.Windows.Forms.Label();
            this.label2 = new System.Windows.Forms.Label();
            this.textBox1 = new System.Windows.Forms.TextBox();
            this.textBox2 = new System.Windows.Forms.TextBox();
            this.button1 = new System.Windows.Forms.Button();
```

图 1.15 形成窗体界面的程序代码

窗体中控件的位置和大小很难一次性设置好，可以用下述方法调整：单击某个控件，其四周会出现尺寸控制点，表示控件被选中了，这时将鼠标指针移到某个控制点上，当鼠标指针变成双向箭头时，按住鼠标左键拖动鼠标指针，可以改变控件大小；选中控件后，将鼠标指针移到控件上，当鼠标指针变成指向四个方向的箭头时，按住左键拖动鼠标指针，可以改变控件的位置。

按住 Shift 键不放单击多个控件，可以同时选中它们，然后利用如图 1.16 所示的“格式”菜单，可以同时调整被选中的多个控件的大小、位置关系、相互间的间距等。

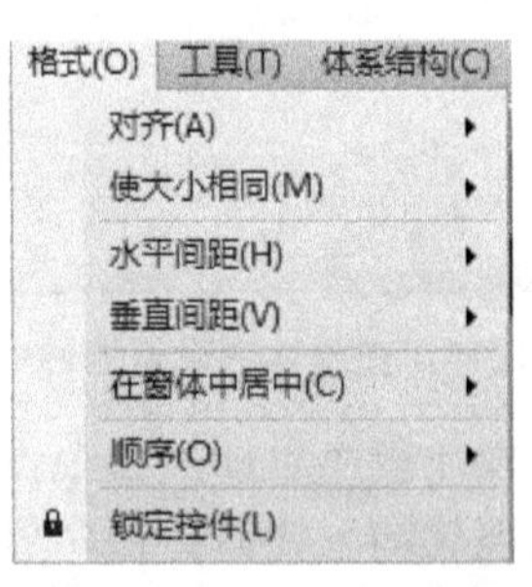

图 1.16 “格式”菜单

选中某个控件后，按 Delete 键，可以删除这个控件。

3. 使用属性窗口设置对象的属性

窗体和窗体中的控件通称为对象，可以通过图 1.10 右下方所示的属性窗口设置各个对象的属性，使程序界面中各个对象更直观地显示其用途。

单击窗体设计器窗口中的窗体的空白处，选中窗体为当前对象，这时属性窗口标题栏下方显示出“**Form1** System.Windows.Forms.Form”表示该窗体的名称为 Form1，它属于 Form 类，如图 1.17 所示。

属性窗口中间显示属性，它分为两列，左面一列显示属性的名称，右面一列显示对应的属性值。例如从图 1.17 的左图可知，当前窗体的 Name(名称)属性为 Form1。拖动属性窗口右侧滚动条中的滚动块，显示出窗体的 Text 属性，其原来的属性值为 Form1，它就是窗体标题栏上显示的文字，单击该单元格，将其改为“计算圆的面积”，如图 1.17 的右图所示，修改完后单击窗体，可以发现窗体上标题栏的文字也相应地改为“计算圆的面积”。

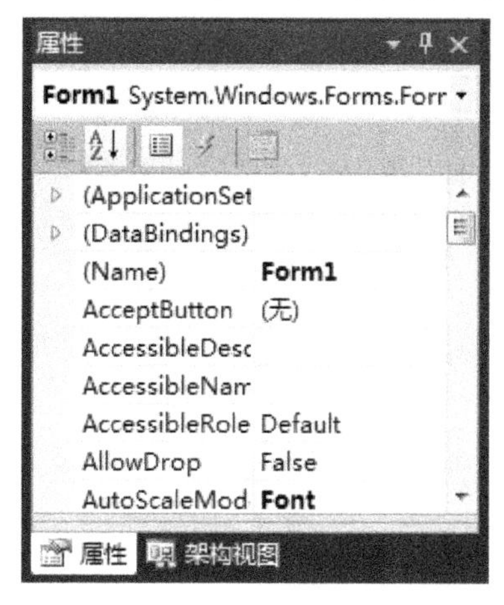

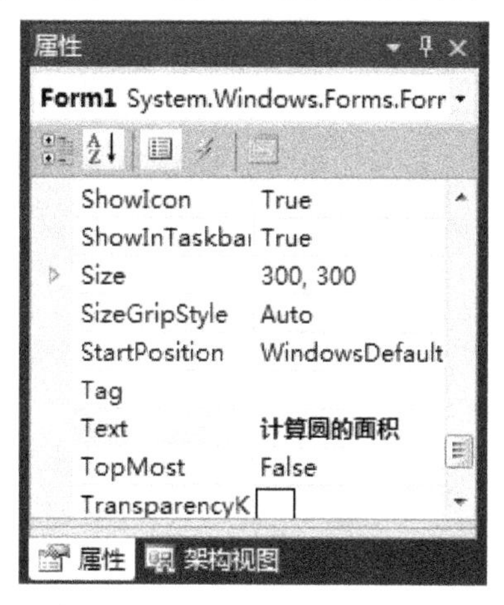

图 1.17 属性窗口

用类似的方法，把 label1、label2、button1 控件的 Text 属性分别设置为“圆的半径”、“圆的面积”、“计算”，结果参见图 1.19。

窗体、标签、文本框、命令按钮等控件都有 Name 属性和 Text 属性，经过上述对 Text 属性的设置，label1、label2、button1 控件的 Name 属性没有改变。对象的 Name 属性和 Text 属性是两种不同的属性，它们之间的关系就像档案管理的档案号和档案标题之间的关系，档案馆(程序)内部使用档案号(Name 属性)识别不同的档案(对象)，档案阅读者(用户)看到的则是档案标题(对象的 Text 属性)。

4. 使用代码窗口编写程序代码

我们希望本程序实现以下功能，在 textBox1 文本框中输入圆的半径以后，单击 计算 按钮，能在 textBox2 文本框中显示出对应的圆的面积。

类似单击命令按钮对象的这类操作称为事件，不同的对象可以响应不同的事件，例如命令按钮可以响应单击(Click)、双击(DblClick)等事件，文本框可以响应内容改变(Change)事件。用户可以为对象的事件编写程序代码，当运行程序运行过程中发生某个事件时，就调用该事件对应的程序代码，完成代码指定的操作，这种调用程序的机制称为事件驱动，而这时被调用的程序就称为事件驱动程序。

下面编写 计算 按钮的单击事件驱动程序。

在程序界面上选中 计算 按钮，属性窗口中显示 button1 命令按钮的属性，单击窗口上方的(事件)按钮，属性窗口中显示出该按钮对应的全部事件(这时再单击按钮左侧的按钮，属性窗口将重新显示对象的属性)。双击其中的 Click 事件，进入代码编辑窗口，代码编辑窗口如图 1.18 所示。

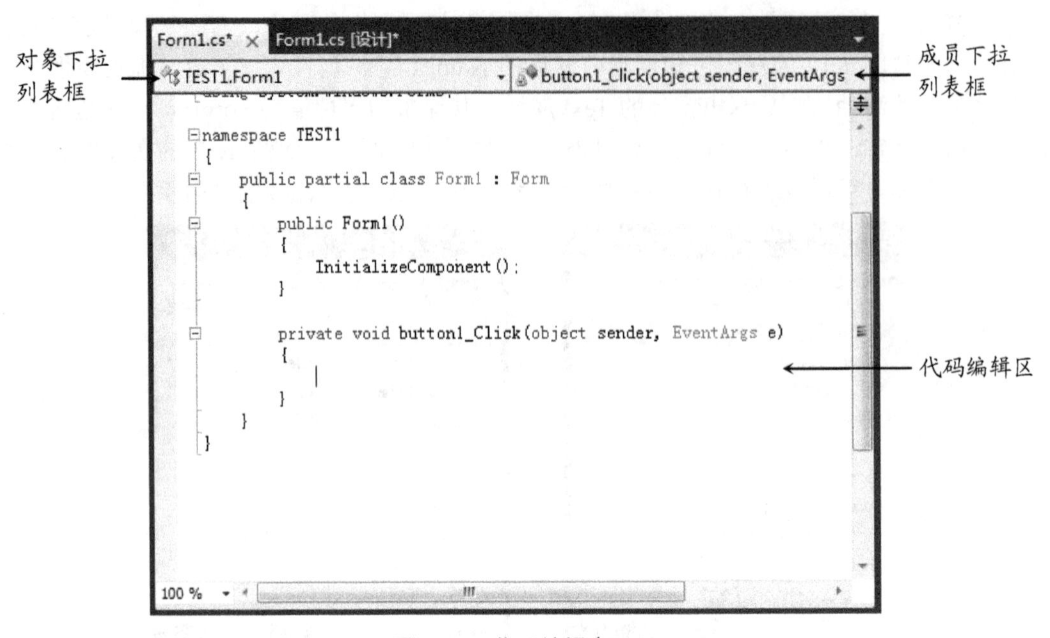

图 1.18 代码编辑窗口

代码编辑窗口与窗体设计器窗口在同一位置，但被分别放在不同的选项卡中，其中 Form1 窗体的代码编辑窗口的标题是“Form1.cs”（现在单击代码编辑窗口上方的 Form1.cs [设计]*，可以重新进入窗体设计界面）。

代码编辑窗口用于输入应用程序代码，它包含对象下拉列表框、成员下拉列表框（也称为过程列表框）和代码编辑区三个部分。对象下拉列表框可以显示和该窗体有关的所有对象的清单，过程下拉列表框列出对象列表框中所选对象的全部事件，代码编辑区用于编辑对应事件的程序代码。在图 1.18 中，代码窗口显示的是 Form1 窗体中 button1 对象的 Click 事件的程序代码。

在图 1.18 所示的界面中输入以下程序代码：

```
private void button1_Click(object  sender, EventArgs  e)
{
    double r = Convert.ToDouble(textBox1.Text);
    double a = 3.1415926 * r * r;
    textBox2.Text = Convert.ToString(a);
}
```

上述程序代码中的第一行

```
private void button1_Click(object  sender, EventArgs  e)
```

和第 2 行中的“{”、第 6 行中的“}”是系统自动生成的，第一行中的“button1_Click”表示本程序段是 button1 命令按钮的 Click（单击）事件程序，中间部分的三行代码由用户自己编写。

按 F5 键运行程序，在第一个文本框中输入圆的半径，单击 计算 按钮，第 2 个文本框中显示出圆的面积，如图 1.19 所示。

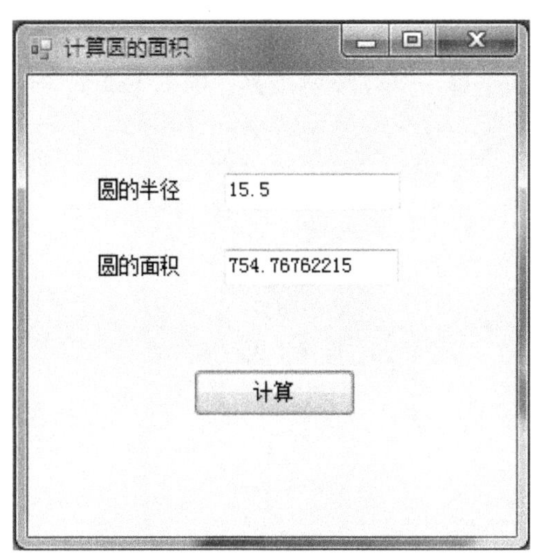

图 1.19 程序运行效果

【程序说明】

① 上述程序中，textBox1.Text 表示 textBox1 文本框的 Text 属性，也就是图 1.19 中用户输入的“15.5”，可以用这种形式的代码引用 textBox1 文本框的 Text 属性。

② 用 textBox1.Text 得到的属性值是一个字符串，通过 Convert.ToDouble 代码调用 Convert 类的 ToDouble 方法，将 textBox1.Text 转换为一个浮点数，赋给浮点值变量 r，以便进行运算。

③ 语句

```
double a = 3.1415926 * r * r;
```

是一条赋值语句，根据半径计算圆的面积，并将其赋值给浮点值变量 a，“*”表示乘号。

④ Convert.ToString(a)代码调用 Convert 类的 ToString 方法，将浮点数变量 a 转换为一个字符串，得到浮点变量 a 对应的字符串值，然后通过

```
textBox2.Text = Convert.ToString(a);
```

语句，将字符串的值赋给 textBox2 的 Text 属性，实现在 textBox2 文本框中显示圆面积的要求。使用这样的语句，可以在程序运行过程中，动态地改变对象的相关属性。

1.3.3 生成程序

在编写和开发程序时，编写完程序代码成并经调试运行成功后，系统将自动生成可执行程序。对调试阶段和最终发布阶段，Visual Studio 有不同的生成程序的办法。

在使用 Visual Studio 创建.NET 项目时，系统会定义默认的解决方案的生成配置和项目配置。在开发程序的过程中，通常是以 Debug 方式进行调试并生成解决方案及其各个项目。默认情况下，用 Debug 方式生成的内容保存在当前项目文件夹下的“bin\Debug\”子文件夹中。在操作系统环境下，可以直接运行该文件夹的 exe 可执行程序，而无需进入 Visual Studio 开发环境。

在开发完成解决方案及其各个项目后，可以用 Release 方式进行编译。与 Debug 方式相比，Release 方式将使用各种优化手段生成程序，这样生成的程序更小一些且运行速度更快一些。默认情况下，用 Release 方式编译生成的程序保存在当前项目文件夹的“bin\Release\”

子文件夹中。

选择不同生成方式的方法是单击开发环境工具栏中的 Debug 项，打开如图 1.20 所示的下拉选项列表进行选择。

图 1.20　选择生成程序方式

习题 1

1. .NET Framework 主要由哪两个组件组成，这两个组件的各自的主要用途是什么？
2. C#程序设计语言有哪 4 个主要特点？
3. 为什么在 C#程序中要引用命名空间？使用什么关键字引用命名空间？
4. 使用什么关键字定义自己的命名空间和类？
5. 类的方法有什么作用？
6. 本章介绍了 Console 类的哪 4 种方法？简述这四种方法的主要用途？
7. 属性窗口有哪两种显示属性的方法？
8. 简述在窗体中设置控件的操作过程。
9. ToDouble 方法和 ToString 方法各有什么作用？怎样调用？
10. 在程序代码中怎样调用一个控件的属性值，怎样设置一个控件的属性值？
11. 怎样打开某个控件的事件驱动程序编辑窗口？

实验 1

1. 创建一个名称为 S01 的控制台应用程序，编写程序代码，在控制台输出“你好，C#!”。

2. 创建一个名称为 S02 的 Windows 窗体应用程序，在窗体中设置三个标签、三个文本框和一个命令按钮，三个标签的 Text 属性辨别设置为“三角形的高”、“三角形的底边长”、“三角形的面积”，命令按钮的 Text 属性设置为“计算”。要求运行程序时，在前两个文本框中输入了三角形的高和底边长后，单击命令按钮，能在第三个文本框中显示出三角形的面积。

第2章 C#语言基础知识

本章介绍C#语言的基本元素，为进一步编写较复杂的C#程序打下基础。

一个一般的C#程序由以下部分组成：

```
引用命名空间                    //格式：using   命名空间名称
命名空间声明                    //格式：namespace   命名空间名称
{
    类声明                      //格式：访问权限   class   类名:父类名
    {
        常量、变量声明
        方法声明                //声明方法的名称、参数、返回值等
        {
            方法体语句          //执行具体操作的语句
        }
        ……
    }
}
```

2.1 常量和变量

计算机程序主要是用来处理数据的，要处理数据，首先要对数据进行描述和能在计算机内存中保存数据。在程序执行过程中，有些数据的值是不变的，这样的数据称为常量；有些数据的值会发生变化，这样的数据称为变量。

2.1.1 常量

常量就是在程序运行过程中其值保持不变的量，常量区分为不同的类型，如54、0、-100是整型常量，圆周率3.1415是一个实数常量，'a'、'b'、'c'是字符常量。

为了使程序更加清晰和便于修改，可以给某个常量取一个有明确含义的名字，用来代表这个常量，在程序设计中把这种名字称为标识符。

1. 标识符

标识符就是一种命名记号，用来识别程序中的元素，如变量、常量、方法、数组、类、控

件、属性等的名字都是标识符。

C#语言规定，命名标识符必须遵守以下的规则。

① 必须以字母或下划线符号“_”开头。

② 只能由字母、数字和下划线组成。不能包含空格、标点符号、运算符等其他符号。

③ 不能与C#中的关键字名称相同。

下面显示一些正确和错误的标识符命名。

正确的命名：

Average、studentName、list、cdl

错误的命名：

student-name、abc@gd.cn、432id、Good bye

如果在程序中定义了不符合规则的标识符，系统会自动报错。C#语言中区分大小写，因此两个标识符即便只有大小写不同，也会被视为不同的标识符，如name、Name、NAME是三种不同的标识符。

2. 关键字

C#语言中规定某些单词、符号为专有名词，不能再由程序设计人员声明为自己的标识符和做其他用途，这类名词称为关键字。关键字是对编译器具有特殊意义和用途的标识符，也叫做保留字，如int、string、if、for等。关键字在Visual Studio系统的代码编辑器中用蓝色表示。

3. 常量的声明

C#语言中使用const关键字声明常量并设置它的值，声明常量的语法格式如下：

```
const 数据类型 常量名=表达式;
```

上述语句中的“数据类型”将在下面详细介绍。

例如，声明浮点类型的圆周率常量的语句如下所示：

```
const double Pi=3.1415926;
```

可以在一行中声明多个常量，它们之间要用逗号分隔开，如：

```
const double Pi = 3.14, E = 2.71;
```

声明常量的时候就必须给它赋值，下面的语句是一个错误的常量声明语句：

```
const double Pi;
```

为了区分常量与变量，建议命名常量时，每个单词的首字母大写，以区分名称中每个独立的单词；每一语句行最好只声明一个常量，这样可以使代码更具有可读性。

值得注意的是，常量的值是保持不变的，一旦定义，不能再用赋值运算给它们赋新值。

2.1.2 变量

在程序执行过程中，其值可变的量称为变量。

1. 变量的命名

一个变量必须有一个名字，它实际上标识了内存中一定大小的存储单元，在该存储单元中存放变量的值。

尽管符合标识符命名规则的字符组合都可以当做变量名，但在命名时最好遵循以下一些原则：

① 为和常量区分，变量名以小写字母开头。如果使用多个单词命名变量，从第二个单词开始，每个单词都采取首字母大写的形式，如studentName。

② 为了使程序更便于理解，变量名应能直观地表示其值的含义。比如，表示学生姓名的变量就可以叫做studentName，而cTaC就不是一个好的变量名。

当需要访问存储在变量中的信息时，只需要使用变量的名称就可以了。如需要存储全班学生数学课考试的平均分，可以声明一个mathAverage的变量，并将平均分存储到该变量中，以后引用mathAverage变量，获取的值就是存在内存中的平均分。

2. 变量的声明

在计算机中存在各式各样的数据信息，每类信息都有一定的数据类型。变量是存储信息的基本单元，要遵守“先声明再使用”原则。即在使用变量前必须先进行变量声明，明确地指定变量所存储的数据的类型。

声明变量语句的一般格式为：

```
数据类型 变量名;
```

例如，声明一个保存学生的年龄的整型(int)变量的语句如下：

```
int age;
```

声明变量之后，可以通过赋值操作来改变变量的值。以下语句将23赋给变量age。

```
age=23;
```

注意：在C#语言中，“=”是赋值运算符，其作用是将运算符右边的数据写入左边的变量(或对象的属性)中，它不是数学上的等号。

也可以在声明一个变量的同时为其赋值。如下所示：

```
int age=23;          //在声明变量age的同时，给它赋初始值23
```

可以在一行中声明多个变量，各个变量之间用逗号分隔开，如下所示：

```
int i, j=12, k;      //声明3个整型变量i、j、k，给变量j赋初始值12
```

3. 隐式类型的变量

隐式类型的变量，又称为匿名变量，使用关键字var声明，var关键字指示编译器根据初始化语句右侧的表达式推断变量的数据类型。其语法格式如下：

```
var 变量名称=变量值;
```

例如：

```
var i=7;
var x=66.34;
```

【说明】

① 只有在同一语句中声明和初始化局部变量时，才能使用var。

② 由var声明的变量不能用在初始化表达式中。如果有代码：var v=v+1;会产生编译时错误。

③ 不能在同一语句中初始化多个隐式类型的变量。

2.2 数据类型

数据类型定义了数据的性质、表示、存储空间和结构。C#的数据类型分为值类型和引用类型两种，如图2.1所示。

值类型用来存储实际值，引用类型指向存储在内存堆中数据的指针或引用。引用类型包括数组、字符串、类、接口和委托(这些概念将在后续章节中详细介绍)等。

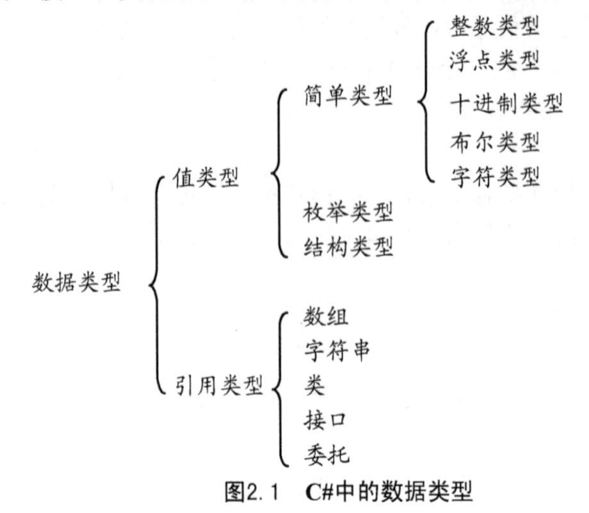

图2.1　C#中的数据类型

值类型主要由简单类型、枚举类型和结构类型组成，如表2.1所示。

表2.1　值类型分类

类　型	描　述
简单类型(Simple types)	有符号整数：sbyte，short，int，long
	无符号整数：byte，ushort，uint，ulong
	浮点数：float，double
	十进制数：decimal
	布尔值：bool
	字符：char
枚举类型(Enum type)	enum E{…}
结构类型(Struct type)	struct S{…}

2.2.1　简单类型

简单类型包括整数类型、浮点类型、十进制类型、布尔类型、字符类型。

1.　整数类型

整数类型是变量的值为整数的值类型，指没有任何小数部分的数值，根据数据在计算机内存中所占的位数划分，C#一共有8种整数类型，这些整数类型取值范围如表2.2所示。

表2.2　整数类型

描　述	位　数	数据类型	取 值 范 围
有符号整数	8	sbyte	-128～127
	16	short	-32 768～32 767
	32	int	-2 147 483 648～2 147 483 647
	64	long	-9 223 372 036 854 775 808～9 223 372 036 854 775 807

描　述	位　数	数据类型	取 值 范 围
无符号整数	8	byte	0～255
	16	ushort	0～65 535
	32	uint	0～4 294 967 295
	64	ulong	0～18 446 744 073 709 551 615

表2.2中的位数以2的幂定义，比如16位整数，说明它可以表示2^{16}个数值，即65536个数值。

C#中的8种整数类型分为两大组，分别为有符号类型和无符号类型。如sbyte类型中的s表示带符号(signed)，意味着该类型的值可为正值或负值；ushort中的u代表无符号(unsigned)，表示该类型的值只能为0或正值。

一般情况下，应根据程序的需要选择合适的数据类型。例如用int类型存放50的阶乘，结果就会出问题，因为50的阶乘的计算结果超出了int类型的取值范围，这时应改用long类型。

2. 浮点类型

为了表示数学中的小数，C#提供了两种数据类型：单精度浮点型(float)和双精度浮点(double)。这两种数据类型的取值范围和精度如表2.3所示，编写程序时应根据数据的精度要求选择相应的浮点类型。

表2.3　浮点类型

描　述	位　数	数据类型	绝对值的取值范围
单精度浮点型	32	float	1.5×10^{-45}～3.4×10^{38}，7位精度
双精度浮点型	64	double	5.0×10^{-324}～1.7×10^{308}，15位精度

例如3.14，5.28E2，1.6E-4都是浮点型的数据，5.28E2表示5.28×10^{2}，1.6E-4表示1.6×10^{-4}。

当声明一个单精度浮点型变量并给它赋值时，使用后缀f或F以表明它是一个单精度浮点数，例如：

```
float  x=3.57F;
```

如果省略了f或F，在变量被赋值之前，它会被C#编译器当做双精度浮点型(double)处理。

3. 十进制类型

为了适应高精度的财务和货币计算的需要，C#提供了十进制类型(decimal)数据。与浮点类型数据相比，十进制类型数据有更高的精度，但是表示范围变小，如表2.4所示。使用decimal类型可以避免浮点计算造成的误差。

表2.4　十进制类型

描述	位　数	数据类型	绝对值的取值范围
十进制类型	128	decimal	1.0×10^{-28}～7.9×10^{28}，29位精度

当声明一个十进制变量并给它赋值时，使用后缀m以表明它是一个十进制数，例如：

```
decimal  y=0.495m;
```

如果省略了m，在变量被赋值之前，它会被C#编译器当做双精度浮点型(double)处理。

4. 布尔类型

为了表示现实中“真”或“假”这两个概念，C#提供了布尔类型数据，主要用于逻辑判断。C#中，布尔类型的值只有“真”或“假”两种，分别用true和false来表示，如表2.5所示。

表2.5　布尔类型

描　述	位　数	数据类型	取值范围
布尔类型	8	bool	true或false

需注意的是，整型数据不能和布尔类型数据直接转换。在C和C++语言中常见如下的语句：

```
int ff=1;
if(ff) {…}
```

在C#不允许出现这样的语句，如果在执行过程中出现这样的语句会给出发生错误的提示，因为ff是整数数据类型，不能对其做布尔判断。为了防止这类错误，C#要求表达得更清楚，如下所示：

```
int ff=1;
if(ff!=0) {…}
```

5. 字符类型

现实中，字符包括数字字符(0～9)、英文字母(a～z，A～Z)和其他符号(@，+，#等)，这也是计算机要处理的数据。为了保存单个字符的值，C#提供了字符(char)类型。char类型的常量必须用单引号括起来，且只包含单个字符，如：'a'、'+'。

C#中还有一种常用的类型是字符串(string)类型。string类型的常量必须用双引号括起来，可以包含系列字符，如："Hello World"。字符串的详细内容将后面详细介绍。

可以按以下方式给一个字符类型的变量赋值：

```
char ch='a';
```

注意，如果把'a'写成"a"，编译器认为"a"是包含一个字符的字符串，因此赋值符号两边的数据类型不匹配，将会产生错误。

C#提供的字符类型按照国际上公认的标准，采用Unicode标准字符集，最多可以容纳65536个符号，每个Unicode字符的长度为16位，如表2.6所示。

表2.6　字符类型

描　述	位　数	数据类型	取 值 范 围
字符类型	16	char	在0～65 535范围内以双字节编码的任意符号

转义字符是C#语言中表示字符的一种特殊形式。通常使用转义字符表示ASCII码字符集中不可打印的控制字符和特定功能的字符，如换行、退格键等。

转义字符让字符具有不同于原有字符的意义，故称“转义”字符。转义字符的形式为反斜杠“\”后面跟一个字符或Unicode码，如“\n”和“\u000A”表示换行。常用的转义字符如表2.7所示。

表2.7　常用的转义字符

含义	转义字符	Unicode码	含义	转义字符	Unicode码
单引号	\'	\u0027	退格符	\b	\u0008
双引号	\"	\u0022	走纸换页符	\f	\u000C
反斜线	\\	\u005C	回车换行符	\n	\u000A
空字符	\0	\u0000	回车符	\r	\u000D
鸣铃	\a	\u0007	水平制表符	\t	\u0009
垂直制表符	\v	\u000B			

2.2.2　枚举类型

有时候人们希望用某种取值数量有限的数据描述一种数据类型，以方便用户选择。例如，要在一个程序中表示一个星期中每一天，可以使用整数0、1、2、3、4、5、6分别表示星期日、星期一、星期二……星期六或者用0、1、2、3分别表示一年的春、夏、秋、冬四季。这虽然可行，但并不直观。C#中提供了一个更好的形式，可以使用枚举类型为一组逻辑上关系密切的整数提供便于记忆的符号。枚举类型使用关键字enum说明。

例如，可以用下述语句定义一个代表季节的枚举类型：

```
enum  Season{Spring, Summer, Autumn, Winter};
```

定义枚举类型的语句必须放在所有方法之外，一般放在类定义中。定义了枚举类型后，如果在程序中使用这种类型的变量，还必须声明枚举类型的变量，例如声明季节枚举类型变量cSeason的语句格式如下：

```
Season  cSeason;
```

【注意】

枚举类型变量的值的类型限制为long、int、short和byte等整数类型。枚举类型的变量在某一时刻只能取枚举定义中的某一个元素的值。例如，cSeason这个表示“季节”的枚举类型变量，它在同一时刻只能代表具体的某一季节，要么是Spring，要么是Summer或其他的季节元素。可以使用如下的语句为其赋值:

```
cSeason= Season.Spring;
```

【例2.1】枚举类型变量应用示例。

① 启动 Visual Studio 2010，新建一个名为“枚举类型变量应用”的控制台应用程序项目。

② 编制如下的程序(省略了引用命名空间的语句)：

```
namespace 枚举类型变量应用示例
{
    class Program
    {
        enum Season { 春季, 夏季, 秋季, 冬季 };
        static void Main(string[] args)
        {
            Season cSeason1 = Season.春季;
            Season cSeason2 = Season.夏季;
            Season cSeason3 = Season.秋季;
            Season cSeason4 = Season.冬季;
            Console.WriteLine("{0} 对应第 {1} 季", cSeason1, (int)cSeason1 + 1);
            Console.WriteLine("{0} 对应第 {1} 季", cSeason2, (int)cSeason2 + 1);
            Console.WriteLine("{0} 对应第 {1} 季", cSeason3, (int)cSeason3 + 1);
            Console.WriteLine("{0} 对应第 {1} 季", cSeason4, (int)cSeason4 + 1);
        }
    }
}
```

③ 按 Ctrl + F5 键，运行程序，得到如图 2.2 所示的运行结果。

图 2.2　例 2.1 程序运行结果

【程序说明】

程序代码中的“(int) cSeason1”用来将枚举类型的变量cSeason1转换为int类型，后面将详细介绍这种转换。使用形象的枚举值比直接使用数字等更直观。

2.2.3　结构类型

在实际生活中，人们经常需要把一组相关的信息放在一起组成一条记录。例如，学生管理系统的一条记录中可以包含学生的学号、姓名、年龄、联系电话等数据项。如果按照简单类型来管理，每一条记录都要用到多个不同的变量表示各个数据项，这样各个数据之间零散、缺乏联系，不利于处理。

C#提供了结构类型。结构类型可以包含一系列相关的变量，每个变量称为结构的成员。结构类型所包含的各个成员的类型没有限制。

结构类型用关键字struct声明。例如，声明一个学生信息的结构类型，包含学生的学号、姓名、年龄、联系电话等四个数据项(这些数据项称为结构类型的成员)，分别是字符串类型、字符串类型、整数类型、字符串类型，其声明语句如下：

```
struct  Student
{
     public  string  studentID;
     public  string  name;
     public  int age;
     public  string  phone;
};
```

上面声明中的public表示对结构类型成员的访问权限，这点将在后续章节中详细介紹。定义了结构类型后，如果在程序中使用这种类型的变量，还必须声明结构类型的变量，例如声明学生结构类型变量person的语句格式如下：

```
Student  person;
```

用下述格式的代码访问结构类型变量成员：

　　结构变量名. 成员

如：

```
person.name="李红";
```

结构类型所包含的各个成员的类型没有限制，可以相同，也可以不同，还可以把一个结构类型作为另外一个结构类型成员的类型。

2.3 表达式

C#语言中的表达式是由运算符、操作数按一定规则组合起来的式子(单独一个操作数也可以看做是一个表达式)。对表达式经过一系列运算后可以得到一个运算结果，结果的类型由参与运算的操作数的数据类型决定。其中，运算符代表各种不同运算的符号，表示要在表达式中产生的操作；操作数可以是一个变量、常量或又一个表达式。例如，在表达式“1.5+2.4”中，“+”是运算符，1.5和2.4是操作数，运算结果为3.9，其类型为一个浮点数。

按所使用的操作数的个数，可以把运算符分为三类。

① 一元运算符：这种运算符只使用一个操作数。根据运算符在变量的前后位置，分为前缀形式或后缀形式。例如，运算符“++”在表达式中可写为“x++”，也可写为“++x”，均表示将变量x的值加1，具体意义有区别，这在后面介绍。

② 二元运算符：这种运算符使用两个操作数，操作数在运算符的两边，例如，乘法运算符是“*”，表达式“5*4”的结果是20。

③ 三元运算符：这种运算符使用三个操作数。C#中只有条件运算符“?:”这一个三元运算符。

2.3.1 赋值表达式

赋值就是给一个变量(或对象的属性)写入一个新值。赋值运算符“=”用于将符号右边的操作数的值赋给左边的变量(或对象的属性)。赋值表达式的格式为：

变量名(对象. 属性名)=表达式;

【说明】

① 赋值运算符的左边必须是变量名或属性名，系统将赋值号右边表达式的结果赋给左边的变量或属性。

② 赋值运算符“=”两边的数据类型应匹配或相容，否则系统将报错。

③ 赋值操作可以串联在一起。

例如在声明变量的同时为变量赋值的语句如下:

```
int a=20;
int b=15;
bool cc=false;
```

以下赋值语句合法:

```
b=a+20;          //将变量a的值加上10以后赋给变量b，此后变量a、b的值分别为20、35
a=b=20+30;       //将20+30的结果赋给变量a、b，此后变量a、b的值均为50
```

以下赋值语句不合法:

```
b+1=a+3;         //赋值号左边不允许出现运算表达式
a=cc;            //赋值号两边的数据类型不匹配
```

2.3.2 算术表达式

算术表达式是使用算术运算符实现算术运算的表达式，算术运算符如表2.8所示，包括加、减、乘、除以及其他操作的运算符。

表2.8 算术运算符及示例(假设x和y的数据类型相同)

运算符	含义和示例	运算符	含义和示例
+	加 x+y; x+5	%	取模 x%y; 15%4; 13.0%2
-	减 x-y; y-2	++	自增1 ++x; x++
*	乘 x*y; 3*y*4	--	自减1 --x; x--
/	除 x/y; 5/2; 5.0/2.0		

① +、-、*运算符和一般代数意义下的加、减、乘相同，如下所示：

```
6+4                //结果为10
4.2-5              //结果为-0.8
5*12               //结果为60
```

② /是除运算符，用于将第一个操作数除以第二个操作数，并返回计算结果。

值得注意的是，若两个操作数都是整数，/运算符的结果去余取整，并返回整数；否则返回结果为小数。如下所示：

```
7/2                //结果为3
7/2.0              //结果为3.5
```

③ %是取模运算符，用于将第一个操作数除以第二个操作数，并返回计算所得的余数，如下所示：

```
11%3               //结果为2
12%3               //结果为0
11.5%3             //结果为2.5
-11%-3             //结果为-2
-11%3              //结果为-2
11%3               //结果为2
```

④ ++和--运算符只使用于一个操作数，将该操作数的值增1或减1。这两个运算可以使用用前缀形式，也可以用后缀形式。

若使用前缀形式，先将操作数的值增1或减1，然后再进行其他运算；若使用后缀形式，先进行其他运算，然后再将操作数的值增1或减1，如下所示：

```
int x, y;
x=5;  y=++x;       //x和y的值都是6
x=5;  y=x++;       //x的值6，y的值是5
x=5;  y=++x*2;     //x是6，y的值是12
x=5;  y=x++*2;     //x是6，y的值是10
```

2.3.3　关系表达式

关系运算符用于创建一个关系表达式，该表达式比较两个对象的值，返回结果是一个布尔值，如表2.9所示。

表2.9　关系运算符

运算符	示例	结　　果
>	x>y	如果x大于y，结果为true，否则结果为false
>=	x>=y	如果 x 大于或等于 y，结果为 true，否则结果为 false
<	x<y	如果 x 小于 y，结果为 true，否则结果为 false
<=	x<=y	如果 x 小于或等于 y，结果为 true，否则结果为 false
==	x==y	如果 x 等于 y，结果为 true，否则结果为 false
!=	x!=y	如果 x 不等于 y，结果为 true，否则结果为 false

【注意】

① 对两个布尔类型的值只能比较是否相等，不能比较大小。因为true和false值没有大小之分，例如，表达式true>false在C#中是没有意义的。

② 把赋值运算符“=”误认为比较运算符“==”是常见的错误。

2.3.4　逻辑表达式

逻辑运算符包括

!	NOT(非)	&&	AND(短路)	&	AND(非短路)
||	OR(短路)	|	OR(非短路)	^	XOR(异或)

逻辑运算符和布尔型操作数或结果为布尔型的表达式一起组成了逻辑表达式，运算结果仍然是布尔型值，如表2.10中所示。

表2.10　逻辑运算符(A和B为布尔变量或结果为布尔变量的表达式)

A	B	!A	A&&B	A&B	A||B	A|B	A^B
true	true	false	true	true	true	true	false
true	false	false	false	false	true	true	true
false	true	true	false	false	true	true	true
false	false	true	false	false	false	false	false

“短路”的意思是指：如果可以由第一个操作数确定结果，就不再计算第二个操作数。“&&”和“||”运算符是短路的。可以用下列程序段说明这个一点，程序运行结果见图2.3。

```
int  x=10;
int  y=8, z=10;
if (x < y && ++x < 12)
     z++;
Console.WriteLine ("x={0}, z={1}", x, z);
if (x < y & ++x < 12)
     z++;
Console.WriteLine ("x={0}, z={1}", x, z);
```

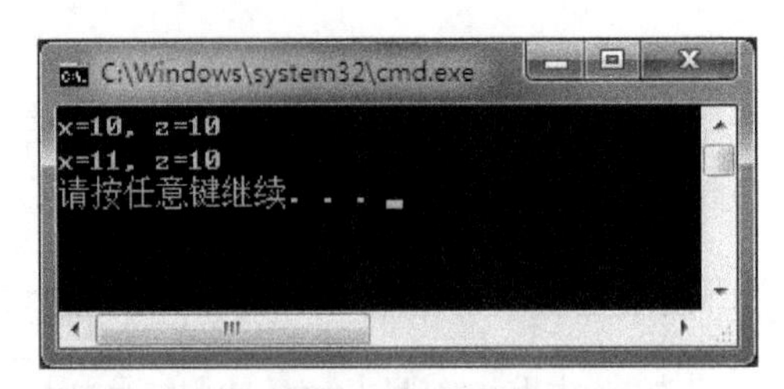

图2.3 含有逻辑运算符的程序运行示例

上述程序中“x<y”表达式的结果为false，在

x < y && ++x < 12

这个表达式中，由于“&&”是短路的逻辑运算符，所以不再执行“++x < 12”这个表达式，因此x的值没有变化，仍为10；而在

x < y & ++x < 12

这个表达式中，由于“&”不是短路的逻辑运算符，所以“++x < 12”这个表达式得到执行，因此x的值变成了11。

“^”运算符称为异或运算符，当运算符两边的布尔操作数互异时，表达式的结果是true；否则表达式的结果为false。

2.3.5 位运算表达式

位运算符用位模式来操作整型数。表 2.11 中列出了位运算符。

表 2.11 位运算符

运算符	描　述	运算符	描　述	运算符	描　述
>>	右移位	&	AND	^	XOR(异或)
<<	左移位	|	OR	~	取反

表 2.11 中的某些运算符与表 2.10 中的逻辑运算符重复。C#编译器检测到这些运算符时，会根据操作数的类型来正确判断运算符的类型。

左移位运算符“<<”将整型值中的各位左移指定位数，该操作将舍弃所有移出的位，并用 0 来填充移入的位，如下所示：

```
int a=21<<2;          //a 的值为 84
```

整数 21 的二进制位制数是 00010101，移位前如下所示：

0	0	0	1	0	1	0	1

左移 2 位后如下所示：

0	1	0	1	0	1	0	0

实际上每左移一位，相当把原来的数乘以 2。

右移位运算符“>>”将整型值的各位右移指定位数，操作方式和“<<”运算符类似，但是有符号数右移后用符号位填充，如下所示：

```
int a=21>>1;          //a 的值为 10
int a=-21>>1;         //a 的值为-11
```

AND 位运算符“&”通过逐位执行逻辑 AND 操作进行计算，从而生成新的位模式。当两个操作数相应位的值都等于 1 时，运算结果中对应位的值才是 1，否则将被设置为 0，如下所示：

```
int a=21 & 7;          //a 的值为 5
```

OR 位运算符“|”的使用方法和“&”运算符十分类似，通过逐位执行逻辑 OR 操作进行计算，从而生成新的位模式。当两个操作数相应位的值有一个为 1 时，运算结果中对应位的值就为 1，否则将被设置为 0，如下所示：

```
int a=21 | 7;          //a 的值为 23
```

XOR 位运算符“^”的使用方法与“&”和“|”运算符十分类似，通过逐位执行逻辑 XOR 操作进行计算，从而生成新的位模式。当两个操作数相应位的值有且只有一个为 1 时，运算结果中对应位的值才为 1，否则将被设置为 0。如下所示：

```
int a=21 ^ 7;        //a 的值为 18
```

取反运算符“~”用来对整数值按位取反，即原值中值为 1 的任何位都在结果中变为 0，而为 0 的位将变为 1。

2.3.6　复合赋值表达式

上面介绍的各种运算符可以和赋值运算符“=”组合在一起，形成复合赋值运算符。例如，加法复合赋值运算符“+=”将加法运算和赋值操作组合起来，先把第一个操作数的值加上第二个操作数，然后将结果赋值给第一个操作数；而“%=”先对第一个操作数按第 2 个操作数取模，然后将结果赋值给第一个操作数，如下所示：

```
int x=10;
x+=4;          //等同于“x=x+4;”，结果 x 等于 14
x%=5           //等同于“x=x%5;”，结果 x 等于 0
```

这类运算符如表 2.12 所示。

表 2.12　复合赋值运算符

运算符	描　述	运算符	描　述
+=	加法赋值	<<=	左移赋值
-=	减法赋值	>>=	右移赋值
*=	乘法赋值	&=	AND位操作赋值
/=	除法赋值	|=	OR位操作赋值
%=	取模赋值	^=	XOR位操作赋值

2.3.7　条件运算表达式

条件运算符是唯一的有 3 个操作数的三元运算符，所组成的条件表达式语法形式为：

```
P?X:Y
```

式中 P 为条件表达式，如果 P 的值为 true，计算 X 的值，整个表达式的值是 X 的值；否则，计算 Y 的值，整个表达式的值是 Y 的值。

例如，求一个数 a 绝对值，并将它赋给 x 的表达式如下：

```
x= a>=0?a:-a;
```

条件运算符是右结合的，也就是说，从右往左分组计算。例如：

```
a?b:c?d:e
```

将按

a?b:(c?d:e)

的形式执行。

2.3.8 运算优先顺序

当一个表达式中有多个运算符时，运算顺序由运算符的优先级决定：先取优先级较高的运算符进行运算，将运算的结果再运用于优先级较低的运算符。表 2.13 按从高到低的顺序列出了基本运算符的优先级，表中同一行中的运算符优先级相等。

当两个优先级相同的运算符按顺序先后出现时，按出现的顺序由左向右执行。例如，以下赋值表达式的赋值号右边同时使用了运算符“/”和“*”：

```
int x=8/4*3;
```

运算顺序为 8 除以 4 再乘以 3 求值，所以 x 的值是 6。

表 2.13　运算符及其优先级

<table>
<tr><th>运算符类型</th><th>运算符</th><th>优先级</th></tr>
<tr><td>一元运算符</td><td>!, ~, ++, --, (T)x</td><td>高</td></tr>
<tr><td>乘法、除法、取模运算符</td><td>*, /, %</td><td></td></tr>
<tr><td>加减运算符</td><td>+, -</td><td></td></tr>
<tr><td>移位运算符</td><td><<, >></td><td></td></tr>
<tr><td>关系运算符</td><td><, >, <=, >=, is, as</td><td></td></tr>
<tr><td>关系运算符</td><td>==, !=</td><td></td></tr>
<tr><td>逻辑“与”运算符</td><td>&</td><td></td></tr>
<tr><td>逻辑“异或”运算符</td><td>^</td><td></td></tr>
<tr><td>逻辑“或”运算符</td><td>|</td><td></td></tr>
<tr><td>条件“与”运算符</td><td>&&</td><td></td></tr>
<tr><td>条件“或”运算符</td><td>||</td><td></td></tr>
<tr><td>条件运算符</td><td>?:</td><td></td></tr>
<tr><td>赋值运算符</td><td>=, *=, /=, %=, +=, -=, <<=, >>=, &=, ^=, |=</td><td>低</td></tr>
</table>

在 C#中，除了赋值运算符，所有的二元运算符都是左结合的，也就是说，按照从左向右的方向执行。例如，x+y+z 是按(x+y)+z 进行求值。赋值运算符和条件运算符按照右结合的原则进行，即操作按照从右向左的方向执行。例如，x=y=z 是按 x=(y=z)进行求值。

如果在编写表达式时，不能根据运算符的优先级正确把握运算顺序，可以采用圆括号“()”明确求值的顺序，并使表达式更具有可读性。

2.4 类型转换

在程序设计中，给变量赋值或进行数据间混合运算时，要求操作数的数据类型相匹配，即对同类型的数据进行运算。如果两个数据的类型不相同，就必须进行类型转换。C#中数据类型转换主要方式有三种：隐式转换、显式转换、使用 Convert 类。

2.4.1 隐式转换

隐式转换又称自动转换，它是系统默认的、自动完成的类型转换。隐式转换不需要任何特殊代码，转换过程中也不会导致信息丢失；如果无法转换，就会出现提示信息。通常如果两种数据的类型是兼容的，或目标类型的取值范围大于原类型，系统就会自动进行隐式类型转换，如从 int 类型的数据转换为 double 类型。表 2.14 显示了 C#的隐式数值类型转换。

表 2.14　隐式数值转换类型对应表

原类型	可以隐式转换到的目标类型
sbyte	short，int，long，float，double，decimal
byte	short，ushort，int，uint，long，ulong，float，double，decimal
short	int，long，float，double，decimal
ushort	int，uint，long，ulong，float，double，decimal
int	long，float，double，decimal
uint	long，ulong，float，double，decimal
long	float，double，decimal
ulong	float，double，decimal
char	ushort，int，uint，long，ulong，float，double，decimal
float	double

隐式数值转换的原则可概括如下：

① 隐式数值转换实际上就是从低精度的数值类型转换到高精度的数值类型。

② 不存在从有符号类型到无符号类型的隐式转换。

③ 不存在浮点型和 decimal 类型间的隐式转换。

④ 不存在到 char 类型的隐式转换。

隐式转换可能在多种情形下发生，包括调用方法时和赋值语句中。在下例中，将 k 这个整型数隐式转换为双精度浮点数，然后把它赋值给 m：

```
int k=10;
double  m;
m = j;                //整型值隐式转换成浮点值，然后赋给浮点类型变量
```

下面是一个隐式数值转换失败的例子：

```
int k=10;
char c=k;             //错误
```

示例中 int 类型数据不能隐式转换成 char 类型数据。

用 var 关键字定义的变量的数据类型是由赋值的数据决定的。例如：

```
var k=10;
int j=k;              //var 类型的变量 k 的值隐式转换为整型
```

2.4.2 显式转换

显式转换又称为强制类型转换。显式转换是一种指令，它告诉编译器将一种类型的数据转换为另一种类型的数据，其语法格式为：

(目标数据类型)变量或表达式

通过显式数值转换，可以把取值范围大的数据转换为取值范围小的数据。表 2.15 显示了这些转换。

表 2.15　显式数值转换

原类型	可以显式转换到的目标类型
sbyte	byte，ushort，uint，ulong，char
byte	sbyte，char
short	sbyte，byte，ushort，uint，ulong，char
ushort	sbyte，byte，short，char
int	sbyte，byte，short，ushort，uint，ulong，char
uint	sbyte，byte，short，ushort，int，char
long.	sbyte，byte，short，ushort，int，uint，ulong，char
ulong	sbyte，byte，short，ushort，int，uint，long，char
char	sbyte，byte，short
float	sbyte，byte，short，ushort，int，uint，long，ulong，char，decimal
double	sbyte，byte，short，ushort，int，uint，long，ulong，char，float，decimal
decimal	sbyte，byte，short，ushort，int，uint，long，ulong，char，float，double

【注意】

① 显式数值转换可能导致精度损失或引发异常。例如，下例把 double 类型的变量 x 转换为 int 类型，小数部分的信息就会丢失了。

```
double  x=10.47;
int i = (int)x;              //i 的值不等于 10.47，而等于 10
```

② 显式转换在对变量进行强制转换时，仅对变量的值的类型进行转换，而不是转换变量本身的类型。

2.4.3 System.Convert 类

.Net Framework 提供一个 System.Convert 类，这是一个专门用于类型转换的类，它为数据转换提供一整套方法。使用 Convert 类的方法可以方便地实现数据类型转换的功能，以及不相关数据的类型转换功能。例如，支持从字符串类型转换为数值类型等。

Convert 类的常用方法如表 2.16 所示。

表 2.16　Convert 类的常用方法

方法名称	说　明	方法名称	说　明
ToBoolean	将指定值转换为等效的布尔值	ToInt64	将指定值转换为64位有符号整数
ToByte	将指定值转换为8位无符号整数	ToSByte	将指定值转换为8位有符号整数
ToChar	将指定值转换为Unicode字符	ToSingle	将指定值转换为单精度浮点数字
ToDateTime	将指定值转换为DateTime值	ToString	将指定值转换为等效的String表示形式
ToDecimal	将指定值转换为Decimal数字	ToUInt16	将指定值转换为16位无符号整数
ToDouble	将指定值转换为双精度浮点数字	ToUInt32	将指定值转换为32位无符号整数

方法名称	说　　明	方法名称	说　　明
ToInt16	将指定值转换为16位有符号整数	ToUInt64	将指定值转换为64位无符号整数
ToInt32	将指定值转换为32位有符号整数		

在转换数据类型时，可以将要转换的值传递给 Convert 类中的某一相应方法，并将返回的值赋给目标变量。例如：

```
string ss="52";                    //定义一个字符串变量 ss，其值为"52"
int i=Convert.ToInt32(ss);         //i 的值等于 52
```

上面代码中，先定义字符串变量 ss，并赋值为字符串"52"，然后通过 Convert.ToInt32()方法，将字符串变量 ss 的值转换为 Int32 数据类型并赋值给变量 a，此时变量 a 的值是 52。

【注意】

如果字符串变量 ss 的值中包括非数字字符，执行 Convert.ToInt32()方法，将出现异常，系统将提示："输入字符串的格式不正确"。

【例2.2】数学中关于两个角和的正弦公式如下：

$$\sin(\alpha+\beta)=\sin\alpha\cos\beta+\cos\alpha\sin\beta$$

编制控制台应用程序，验证这一结论。

① 启动 Visual Studio 2010，新建一个名为"验证公式"的控制台应用程序项目。

② 编制如下的程序：

```
using System;
using System.Collections.Generic;
using System.Linq;
using System.Text;

namespace 验证公式
{
    class Program
    {
        static void Main(string[] args)
        {
            double a, b, c1, c2;
            const double Pi=3.1415629;
            string s;
            Console.Write("请输入第1个角的角度值: ");
            s = Console.ReadLine();              //以字符串形式获取第1个角的角度值
            a = Convert.ToDouble(s);             //将其转化为浮点型数值
            Console.Write("请输入第2个角的角度值: ");
            s = Console.ReadLine();
            b = Convert.ToDouble(s);
            a = a * Pi / 180;                    //a等于第1个角的弧度值
            b = b * Pi / 180;
```

```
                //下述语句中的{0}和{1}是占位符，用来输出变量a，b的值
                Console.WriteLine("两个角的弧度值分别为：{0}，{1}", a, b);
                //下述语句先求出两个角的和，再求出其正弦值
                c1 = Math.Sin(a + b);
                //下述语句用公式求两个角的和的正弦值
                c2 = Math.Sin(a) * Math.Cos(b) + Math.Cos(a) * Math.Sin(b);
                Console.WriteLine("计算两个角的和，再求其正弦，结果是：{0}", c1);
                Console.WriteLine("使用两角和的正弦公式，求得的结果是：{0}", c2);
            }
        }
    }
```

③ 按Ctrl+F5键，运行程序，得到如图2.4所示的运行实例结果。

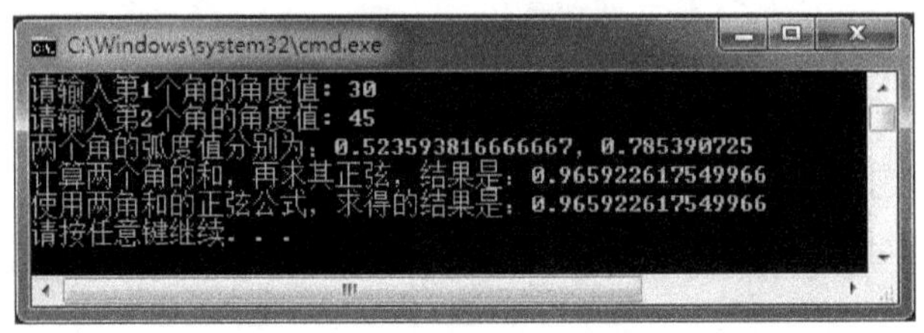

图2.4　例2.2程序运行示例

【程序说明】

① 使用

```
s = Console.ReadLine();
```

语句读入到变量s中的值是字符串类型的值，因此要使用

```
a = Convert.ToDouble(s);
```

语句，将字符串s转变为浮点型的值，赋给变量a，以便参与后面要进行的运算。

② 求一个角a的正弦和余弦值要用到Math类的Sin方法和Cos方法，调用代码分别为Math.Sin(a)和Math.Cos(a)，使用这两个方法时，其参数应使用角的弧度值。

2.5 引用类型

在具体介绍引用类型前，再较详细介绍一下字符串。

2.5.1 字符串常量

字符串常量是用双引号括起来的零个或多个字符序列。C#支持两种形式的字符串常量，一种是常规字符串，另一种是逐字字符串。

① 常规字符串：用双引号括起来的一串字符，可以包括转义字符。例如：

```
"Hello,World\n"                //表示字符串 Hello,World 加换行符
"C:\\Windows\\Microsoft"       //表示字符串 C:\Windows\Microsoft
```

② 逐字字符串。在常规的字符串前面加一个@，就形成了逐字字符串，它的意思是字符串中的每个字符均表示本意，不使用转义字符。如果在字符串中需用到双引号，则可连写两个双引号来表示一个双引号。例如：

```
@"C:\Windows\Microsoft"          //与"C:\\Windows\\Microsoft"含义相同
@"He said""Hello""to me"         //与"He said\"Hello\"to me"含义相同
```

2.5.2　数值和字符串之间的转换

在 C#中，字符串和数值间经常需要互相转换，可以使用相关的转换方法。

① ToString()方法：数值类型的 ToString()方法可以将数值类型转换为字符串。下述代码将数值 10 转换成字符串形式：

```
string  a=10;
string  s = a.ToString();       //s 的值为"10"
```

上述第 2 条语句也可以写成：

```
string  s = Convert.ToString(a);
```

② Parse()方法：数值类型的 Parse()方法可以将字符串转换为数值类型。例如 Int32.Parse()、Double.Parse()等。下述代码将字符串表示形式的"10"转换成整型值 10。

```
string  s="10";
int a = Int32.Parse(s);         //a 的值为 10
                                //语句：int a = Convert.ToInt(s);也可以实现同样的功能
```

2.5.3　引用类型

引用类型的变量不存储它所代表实际数据，而是存储实际数据的引用。引用类型变量分两步创建：首先在堆栈(也称为栈)上创建一个引用变量，然后在堆上创建对象本身，再把这个对象所在内存的首地址赋给引用变量。例如：

```
string  s1, s2;
s1="XYZ";
s2=s1;
```

其中，sl、s2 是指向字符串"XYZ"的引用变量，s1 的值是字符串"XYZ"存放在内存的地址，这就是对字符串的引用，两个引用类型变量之间的赋值，使得 s2、sl 都是对"XYZ"的引用，如图 2.5 所示。

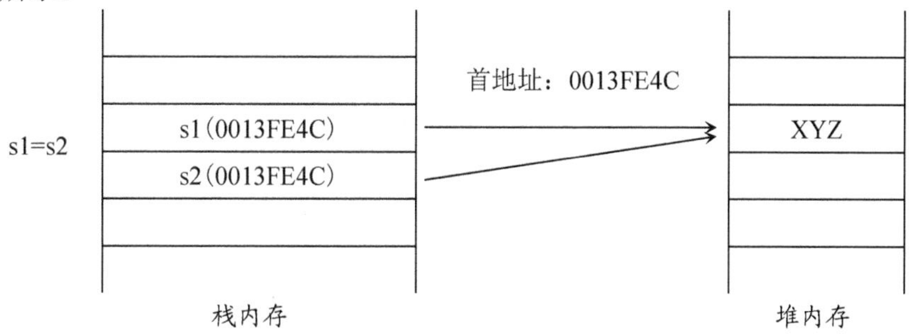

图2.5　引用类型赋值示意图

【注意】

堆和栈是两个不同的概念，在内存中的存储位置也不一样，堆一般用于存储可变长度的数据，例如字符串类型的数据，它按任意顺序和大小分配和释放内存，而栈一般用于存储固定长度的数据，是按先进后出的原则存储数据项的一种数据结构。

引用类型包括 class(类)、interface(接口)、数组、delegate(委托)、object 和 string。其中 object 和 string 是两个比较特殊的类型。在 C#的统一类型系统中，所有类型(预定义类型、用户定义类型、引用类型和值类型)都直接或间接继承 object 类型。可以将任何类型的值赋给 object 类型的变量。例如：

```
int a=10;
object aj=a;
```

string 类型表示 Unicode 字符的字符串。string 是.NET Framework 中 System.String 的别名。尽管 string 类型是引用类型，但使用 string 类型变量的相等关系运算符时，是比较 string 对象(而不是引用)的值，即比较两个字符串的内容，而不是比较两个字符串的内存地址，这样可以使得对字符串相等性的测试更为直观。例如下述程序段：

```
string s1="山东省";
string s2="山东省";
Console.WriteLine(s1== s2);
```

执行这个程序段的结果在控制台显示 True。s1 和 s2 是两个字符串。当使用“==”直接对两个字符串变量进行比较时，系统将比较其字符串内容。

2.5.4 装箱和拆箱

值类型与引用类型之间的转换被称为装箱与拆箱，这是数据类型转换的一种特殊应用。其实，装箱和拆箱也是类型转换，只不过在 C#里这么称呼它们而已。

之所以要进行装箱和拆箱操作，是因为 C#中某些方法要求使用引用类型的参数，这时如果要使用值类型变量作为这些方法的参数，就必须先将其转换为引用类型。

装箱是将值类型转换引用类型，即把值类型转换为 object 类型，或者转换为由值类型所实现的任何接口类型。把一个值类型的值装箱，也就是创建一个引用类型的对象并把这个值赋给该对象。以下是一个装箱的代码：

```
int i=345;
object obj=i;                //装箱操作
```

拆箱操作正好相反，是从 object 类型转换为值类型，或者将一个接口类型转换为一个实现该接口的值类型。只有对被装过箱的对象才能进行拆箱操作，而且必须知道装箱之前该对象的数据类型。

拆箱的过程分为两个步骤：一是检查对象实例是否是给定的值类型的装箱值，二是将值从对象实例中复制出来。以下是一个简单的拆箱操作代码：

```
int i=345;
object obj=i;                //装箱操作
int j=(int)obj;              //拆箱操作
```

虽然装箱与拆箱会带来性能上的损失，但是对于使用者来说，这样做的好处是可以使用相同的方式去对待值类型和引用类型。然而，对于装箱与拆箱所产生的性能损失也不能忽略。在没有必要使用此功能的情况下，应尽量避免使用。

【注意】

当一个装箱操作把值类型转换为一个引用类型时，不需要显式地进行强制类型换；而拆箱操作把引用类型转换到值类型时，由于可以强制转换到任何可以相容的值类型，所以必须显式地进行强制类型转换。

【例 2.3】演示 string 引用类型特殊性的程序。

① 启动 Visual Studio 2010，新建一个名为“string 类特性演示”的控制台应程序项目。

② 编制如下的程序：

```
using System;
using System.Collections.Generic;
using System.Linq;
using System.Text;

namespace string类特性演示
{
    class Program
    {
        static void Main(string[] args)
        {
            double d1=3.14;
            double d2=d1;
            Console.WriteLine("d1与d2内存地址是否相同："+
                            ((object)d1==(object)d2));
            object o1=d1;     //装箱操作
            object o2=o1;
            Console.WriteLine("o1与o2是否指向同一个内在地址："+
                            ((object)o1==(object)o2));
            d1=3.1415;
            //d1改变不影响o1的值，说明o1不是指向d1的内存地址
            Console.WriteLine((double)o1);
            string s1="Visual C#";
            string s2=s1;
            Console.WriteLine("s1与s2是否指向同一个内在地址："+
                           ((object)s1==(object)s2));
            //修改字符串，在内存中创建新的内在位置，创建了新的s1实例
            s1="C#";
            Console.WriteLine("改变s1后，s1与s2是否指向同一个地址："+
                            ((object)s1 == (object)s2));
            //修改字符串，在内存中创建新的内在位置，但与s1内存位置不同
            s2="C#";
```

```
                Console.WriteLine(s1==s2);       //说明string类型只判断值
            }
        }
    }
```

③ 按Ctrl+F5键，运行程序，得到如图 2.6 所示的运行实例结果。

图 2.6　例 2.3 程序运行实例

【程序说明】

① 代码“(object)d1”是把 double 类型的 d1 强制转换为 object 类型。

② 由于字符串的长度是不确定的,因此当字符串变量的值发生变化时必须重新分配内存单元保存这个变化了的值。一个 string 类型变量的值被修改后，实际上要创建另外一个内存单元来保存新的值，并让该变量指向新的内存单元。

③ 使用“==”操作符判断两个字符串是否相等时，只根据字符串变量的值进行判断。

一、选择题

1. C#中有(　　)和(　　)两种数据类型。

A. 值类型　　B. 调用类型　　C. 引用类型　　D. 关系类型

2. C#中的值类型包括三种，它们是(　　)。

A. 整型、浮点型、基本类型　　B. 数值类型、字符类型、字符串类型

C. 简单类型、枚举类型、结构类型　　D. 数值类型、字符类型、枚举类型

3. 枚举类型是一组命名的常量集合，所有整型都可以作为枚举类型的基本类型，如果省略类型，则约定为(　　)。

A. uint　　B. sbyte　　C. int　　D. ulong

4. C#的引用类型包括类、接口、数组、委托、object 和 string。其中 object(　　)的根类型。

A. 只是引用类型　　B. 只是值类型

C. 只是 string 类型的　　D. 是所有值类型和引用类型的

5. 浮点常量有三种格式，下面(　　)组的浮点常量都属于 double 类型。

A. 0.618034，0.618034D，6.18034E-1　　B. 0.618034，0.618034F，0.0618034el

C. 0.618034，0.618034f，0.618034M　　D. 0.618034F，0.618034D，0.618034M

6. 下列标识符中，命名正确的是（　　）。

A. _int，Int，@int　　B. using，_using，@using

C. N01，NO_1，NO　　D. A3，_A3，@A3

7. 设有说明语句 int x=8; 则下列表达式中，值为 2 的是（　　）。

A. x+=x-=x;　　B. x%=x-2;

C. x>8? x=0:x++;　　D. x/=x+x;

二、填空题

1. C#中可以把任何类型的值赋给 object 类型变量，当把值类型变量赋给一个 object 类型变量时，系统要进行________操作；而将 object 类型变量赋给一个值类型变量时，系统要进行________操作，并且必须加上________类型转换。

2. 定义一个值为 5 的整型常量 A1 的语句是________________。

3. 已知字符串变量 ss 的值为"523.45"，用 ss 的值初始化 double 类型变量 x 的语句是：______________________。

4. 如果 x 属于[0, 1)区间时，y 的值等于 2*x，否则 y 的值等于 x*x，为 y 赋值的语句是________________________________。

5. 执行下述语句后，a，b 的值分别为______________和________________。

```
int a=12<<1;
int b=23>>2;
```

6. 下述程序的运行结果是________________。

```
using System:
namespace Exe1
{
    public class Program
    {
        public static void Main(string[] args)
        {
            int x, y, z;
            bool s;
            x=y=z=0;
            s=x++!=0 || ++y!=0 && ++y!=0;
            Console.WriteLine("x={0}, y={1}, z={2}, s={3}", x, y, z, s);
        }
    }
}
```

7. 下述程序的运行结果是________________。

```
using System;
namespace Exe2
{
    class Program
```

```
        {
            static void Main()
            {
                int a, b;
                a=b=1;
                b+=a/b++;
                Console.Write("a={0}, b={1},", a, b);
                b+=a+++b;
                Console.WriteLine("a={0}, b={1}", a, b);
            }
        }
    }
```

实验 2

1. 编写项目名称为 S02.1 的控制台程序，在程序中声明变量，计算表达式的值。

① 当变量 x=3.5，y=13，z=2.5F 时，先用手算求表达式 x+y%4*(x+z)%3/2 的值，再用程序验证。

② 当变量 a=1，b=2，c=3 时，先用手算求出逻辑表达式 a+b>c || b==c 的值，再用程序验证。

③ 先用手算求出执行下述程序段后 x 的值，再用程序验证。

```
int x=10;
int y=3;
x+=y;
x/=y;
```

④ 已知变量a=3，b=4，c=2，先用手算求出执行下述语句后a，b，c的值，再用程序验证。

```
a=(++a/b++)-c--;
```

⑤ 当i=100，j=80时，先用手算求出执行下述语句后max的值，再用程序验证。

```
max=i>j?i:j;
```

2. 编写项目名称为S02.2的控制台应用程序，要求在输入了圆锥的高和底面半径后，计算并显示圆锥的体积。

3. 编写项目名称为“求两个分数的和”的Windows窗体应用程序，按下述要求进行操作，实现求两个分数和的功能。

① 在窗体上设置9个Label标签控件，10个TextBox文本框控件和一个Button按钮控件，初始界面如图2.7所示。

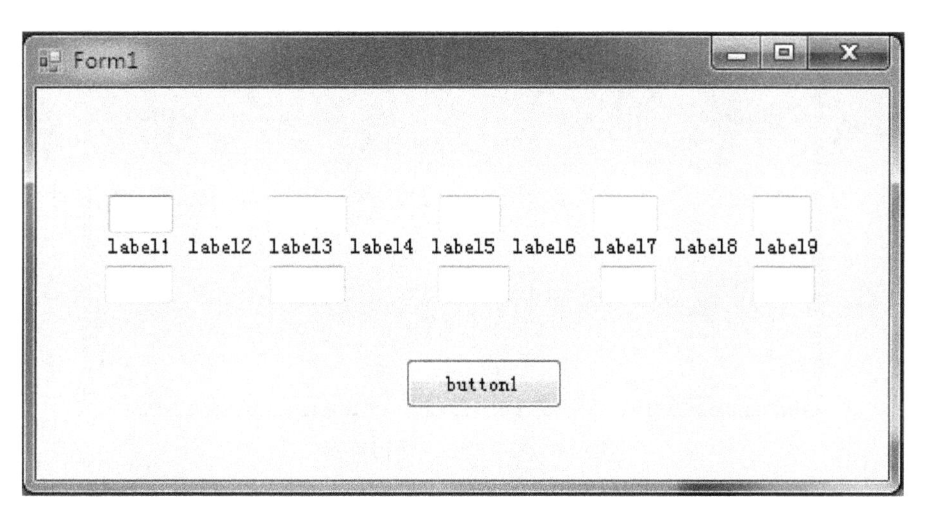

图2.7　窗体初始设计界面

② 按表 2.17 所示，设置相关对象的 Text 属性。

表 2.17　相关对象的 Text 属性

对　象	Text 属性	对　象	Text 属性
label1、label3、label5、label7、label9	-------	button1	计算
label2、label6	+	Form1	求两个分数的和
label4、label8	=		

设置后的窗体如图 2.8 所示。

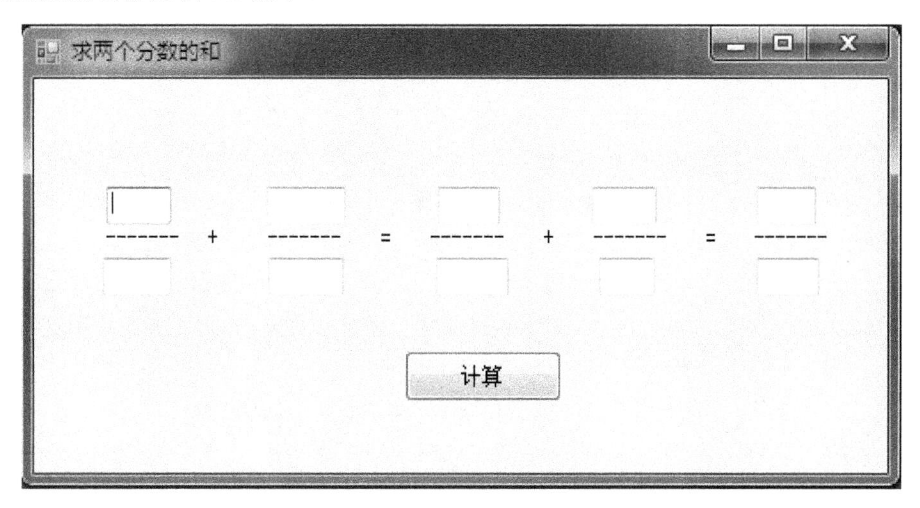

图2.8　设置Text属性后的窗体设计界面

③ 编写 计算 按钮的单击事件驱动程序，要求运行程序时，在最左面的四个文本框中分别输入两个分数的分子和分母的值(均为整型数值)，单击 计算 按钮后，对两个分数通分，通分结果显示在第 3 列和第 4 列的四个文本框中，两个分数相加的结果显示在最右面一列的两个文本框中。图 2.9 显示了一个运行实例效果。

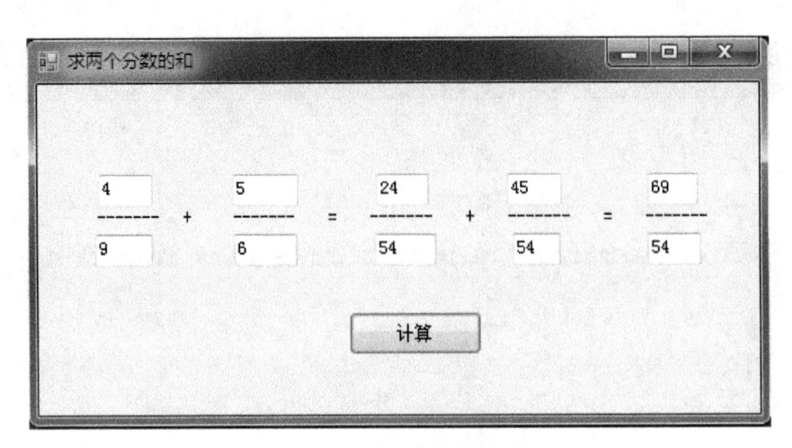

图2.9　程序的一个运行实例

【注意】

图 2.9 所显示的最后结果不是最简分数，还应该对它进行化简，将它约成最简分数。我们在学习了下一章后，再进一步修改本程序的代码，把结果约成最简分数。

另外，在表示分母的文本框中输入的数字不能等于 0，以免发生 0 做除数的情况。

第3章　程序控制结构

前两章编写的程序运行时基本上都是按照代码的顺序执行的，实际中程序并不都是按代码的编写顺序执行的，常需要转移或者改变程序执行的流程才能达到目的，这就需要对程序流程进行控制。有三种程序控制结构：顺序结构、分支结构和循环结构。

顺序结构的程序在运行时，按输入代码的先后顺序执行，其流程如图 3.1 所示。

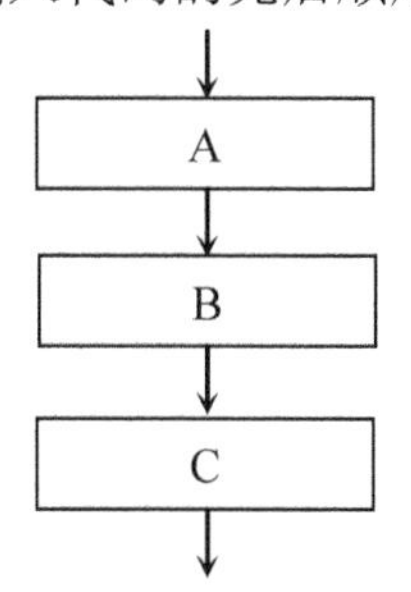

图 3.1　顺序结构程序执行流程

3.1　分支结构

分支结构(也称为选择结构)的程序根据某个条件进行判断，由判断结果决定下一步程序执行方向。

3.1.1　if 语句

if 语句有几种典型的使用形式，它们分别是：if 框架、if… else 框架、if… else if 框架及嵌套的 if 语句，下面逐一介绍。

1. if 框架

语法格式：

```
if(布尔表达式)
    语句;
```

如果布尔表达式的结果是真，则执行语句。这里的语句可以是单个的语句，也可以是一组语句，如果是一组语句，应将这一组语句用“{”和“}”括起来，构成一个块语句，在语法上一个块语句可以视作一条语句，下面涉及的语句都是这个概念。

if 语句的执行流程如图 3.2 所示。

下面给出两段示例程序。

示例 1：

```
if(x<0)
    x=-x;                                   //取 x 的绝对值
```

示例 2：

```
if(a+b>c && b+c>a && a+c>b)                 //判断 a，b，c 能否作为三角形的三条边长
{
    p=(a+b+c)/2;
    s=Math.Sqrt(p*(p-a)*(p-b)*(p-c));       //求三角形面积
}
```

【说明】

Sqrt 是 Math 类的一个方法，用来求参数的算术平方根。

2. if… else 框架

语法格式：

```
if(布尔表达式)
    语句 1;
else
    语句 2;
```

如果表达式结果为真，则执行语句 1；否则，执行语句 2。其执行流程如图 3.3 所示。

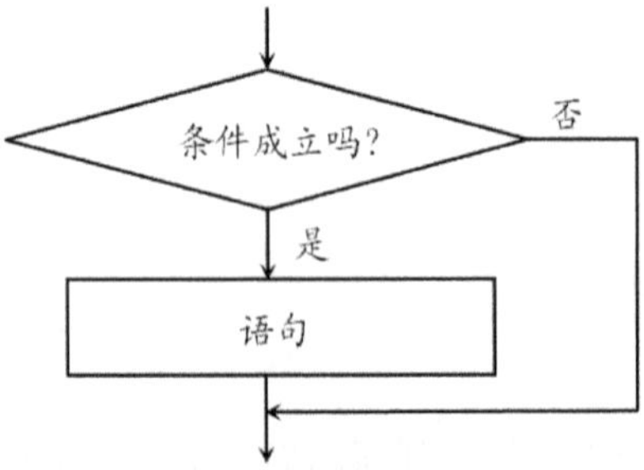

图 3. 2　if 框架执行流程

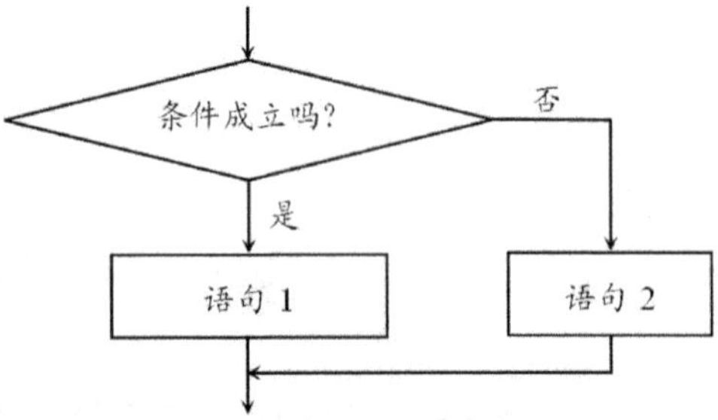

图 3. 3　if…else 框架执行流程

例如：

```
if(a+b>c && b+c>a && a+c>b)                          //判断数据合法性
{
    p=(a+b+c)/2;
    s=Math.Sqrt(p*(p-a)*(p-b)*(p-c));                //求三角形面积
    Console.WriteLine("三角形的面积为{0}", s);
}
else
    Console.WriteLine("三角形的三条边数据有错！");     //输出出错信息
```

3. 嵌套的 if … else 框架

上述语句 1 和语句 2 既可以是一个简单的语句，也可以是另一个分支结构。

例如：

```
if(布尔表达式 1)
    if(布尔表达式 2)
        语句 1              //表达式 1 为真，且表达式 2 也为真时执行
    else
        语句 2              //表达式 1 为真，且表达式 2 为假时执行
else
    语句 3                  //表达式 1 为假时执行
```

4. if … else if 框架

图 3.4 所示是一个多路分支的问题。

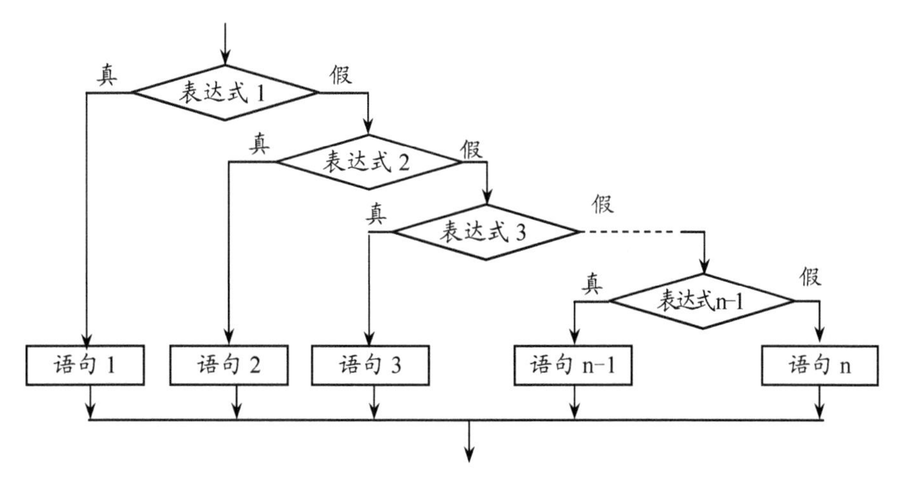

图 3.4　多路分支结构流程图（图中的表达式均为布尔表达式）

可以采用下述分支嵌套形式解决图 3.4 所示的问题：

```
if(表达式 1)
    语句 1
else
    if(表达式 2)
        语句 2
    else
        if(表达式 3)
            语句 3
            ……
        else
            if(表达式 n-1)
                语句 n-1
            else
                语句 n
```

上面的这种方式不容易表示清楚，可以改用下述 else if 框架实现：

```
if(表达式 1)
    语句 1
else if(表达式 2)
    语句 2
else if(表达式 3)
    语句 3
……
else if(表达式 n-1)
    语句 n-1
else
    语句 n
```

上述两种形式代码的区别：前者需用多层阶梯缩进才能表达得比较清楚，后者不用阶梯缩进即可表达清楚；前者采取 else 中嵌套分支结构，后者使用语句 else if 结构。

【例 3.1】编制控制台应用程序，从键盘输入 a，b，c 的值，求一元二次方程 $ax^2+bx+c=0$ 的根。

【操作步骤】

① 启动 Visual Studio 2010，新建一个名为“求一元二次方程的根”的控制台应用程序项目。

② 充分考虑 a、b、c 的各种取值情况，编制如下的程序(省略了引用命名空间的语句)：

```
namespace 求一元二次方程的根
{
    class Program
    {
        static void Main(string[] args)
        {
            double a, b, c, disc, x1, x2, p, q;
            Console.Write("输入二次项系数a:");
            a = Convert.ToDouble(Console.ReadLine());
            Console.Write("输入一次项系数b:");
            b = Convert.ToDouble(Console.ReadLine());
            Console.Write("输入常数项c:      ");
            c = Convert.ToDouble(Console.ReadLine());
            disc = b * b - 4 * a * c;                //计算根的判别式Δ
            if(Math.Abs(a) <= 1e-6)                  //判断a是否相当小
            {   //a=0时，输入的系数不能构成二次方程
                Console.WriteLine("输入的系数不能构成二次方程！");
            }
            else if(Math.Abs(disc) <= 1e-6)          //Δ=0时有两个相等的根
```

```
                Console.WriteLine("方程有二相等实根：{0}", -b/(2*a));
            else  if(disc > 1e-6)                       //Δ>0时有两个实数根
            {   x1 = (-b + Math.Sqrt(disc)) / (2*a);
                x2 = (-b - Math.Sqrt(disc)) / (2* );
                Console.WriteLine("方程有二实根:{0},{1}", x1, x2);
            }
            else                                        //Δ<0时有两个复数根
            {   p = -b / (2*a);
                q = Math.Sqrt(-disc) / (2*a);
                Console.WriteLine("方程有两个复数根:");
                Console.WriteLine("{0}+{1} i", p, q);    //i表示虚数单位
                Console.WriteLine("{0}-{1}  i", p, q);
            }
        }
    }
}
```

【程序说明】程序中用 disc 表示 b^2-4ac，先计算 disc 的值，以减少以后进行判断和计算时的重复计算。当判断 a 和 disc（即 b^2-4ac）是否等于 0 时，要注意一个问题，由于 a 和 disc 是实数，而实数在计算和存储时会有一些微小的误差，因此不能直接用“a==0”和“disc==0”进行判断，因为这样可能会对本来是零的量，由于出现误差而被判断为不等于零，从而导致结果错误。本例中采取的办法是使用 Math.Abs()方法判断它们的绝对值是否小于或等于一个很小的数（如 10^{-6}），如果小于或等于此数，就认为它们等于 0。

③ 按Ctrl+F5键，运行程序，图 3.5 所示是程序的三个运行实例。

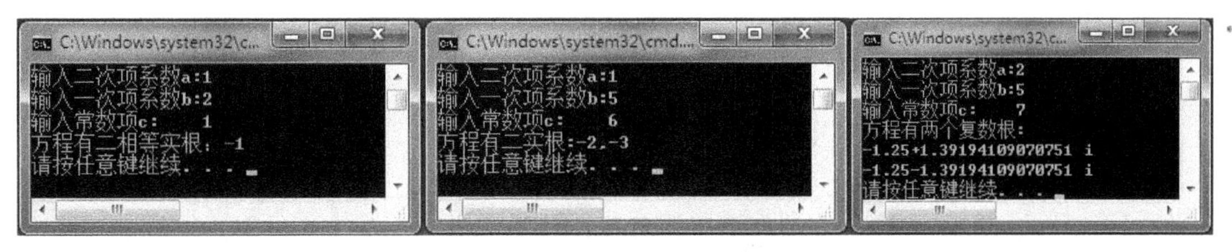

图 3.5　例 3.1 程序运行实例

3.1.2　switch 语句

对于多分支结构，使用分支嵌套形式编程，得到的程序往往变得十分冗长，降低可读性，这时可以采用 switch 语句来实现多分支结构，它通过 switch 语句中表达式的值与多个不同值进行比较，选择相应的 case 语句来处理多个选择。switch 语句实现的功能与 if…else if 结构很相似，但在大多数情况下，switch 语句表达方式更直观、清晰、简单和有效。语法格式如下：

```
switch(表达式)
{
    case  常量表达式 1:
        语句序列 1;              //由零个或多个语句组成
        break;
```

```
        case 常量表达式 2:
            语句序列 2;
            break;
        ……
        default:                        //default 是可选项，可以不出现
            语句序列 n;
            break;
    }
```

一个 switch 语句的执行过程如下：

① 先计算 switch 后面括号中的表达式的值，该表达式的结果必须是整数类型。

② 在各个 case 标签中顺序查找。如果①中求得的表达式的值和某个 case 标签中的常量表达式的值相等，程序就执行该 case 标签后的语句组，直到碰上 break 语句才结束。break 语句的作用就是中断当前的匹配过程，跳出 switch 语句。

③ 如果每个 case 标签中的常量表达式都不等于 switch 表达式的值，且存在一个 default 语句，则执行 default 语句后的语句组。

④ 如果每个 case 标签中的常量表达式都不等于 switch 表达式的值，且不存在 default 语句，将转到 switch 语句的结束点，继续执行下面的程序。

【注意】

① 如果同一个 switch 语句中的两个或多个 case 标签的常量表达式的值相等，将发生编译错误。

② 一个 switch 语句中最多只能有一个 default 语句。default 语句是可选的，总是出现在 switch 语句块的最后。

③ 如果多个 case 标签后语句组是相同的，可以写成：

```
case 1:
case 2:
    Console.WriteLine("用同一种方法处理 1、2 两种情况。");
    break;
```

当程序执行到 case 1 标签时，因为没有语句组，则顺序执行下面的 case 2 标签的语句组。

对于 C#的 switch 语句需要注意以下几点：

① switch 语句中表达式的结果必须是整数类型，如 char、sbyte、byte、ushort、short、uint、int、ulong、long 或 string、枚举类型，case 后的常量表达式必须与 switch 语句中表达式类型相兼容，case 后的常量的值必须互异，不能有重复。

② C、C++程序允许把一个 case 语句序列直接写在另一个 case 语句序列之后，在 C#中不允许出现这样的现象，如果出现了，系统会提示发生了“贯穿”错误。C#程序中，在一个 case 语句序列后必须编写转向语句，通常选用 break 作为跳转语句，也可以用 goto 转向语句等。不允许贯穿是 C#对 C、C++语言中 switch 语句的一个修正，这样做的好处如下：一是允许编译器对 switch 语句做优化处理时可自由地调整 case 的顺序；二是防止程序员不经意地漏掉 break 语句而引起错误。

③ 虽然不能让一个 case 的语句序列贯穿到另一个 case 语句序列，但是可以有两个或多

个 case 前缀指向相同的语句序列。

【例 3.2】编制控制台应用程序，输入某学生成绩(用变量 score 表示)，根据成绩(0～100)的情况输出相应的评语。当 90≤score≤100 时，输出“优秀”的评语；当 70≤score<90 时，输出“良好”的评语；当 60≤score<70 时，输出“合格”的评语；当 score<60 时，输出“不合格”的评语。

【操作步骤】

① 启动 Visual Studio 2010，新建一个名为“评定成绩等级”的控制台应用程序项目。

② 编制如下的程序(省略了引用命名空间的语句)：

```
namespace 评定成绩等级
{
    class Program
    {
        static void Main(string[] args)
        {
            Console.Write("请输入学生的成绩(0～100)：");
            int score = Convert.ToInt16(Console.ReadLine());
            if(score > 100 || score < 0)
            {
                Console.WriteLine("输入的成绩不在指定范围内!");
                return;             //退出程序
            }
            switch(score / 10)
            {
                case 10:
                case 9:
                    Console.WriteLine("优秀!");
                    break;
                case 8:
                case 7:
                    Console.WriteLine("良好!");
                    break;
                case 6:
                    Console.WriteLine("合格!");
                    break;
                default:
                    Console.WriteLine("不合格!");
                    break;
            }
        }
    }
```

}

③ 按Ctrl+F5键，运行程序，得到如图 3.6 所示的运行实例结果。

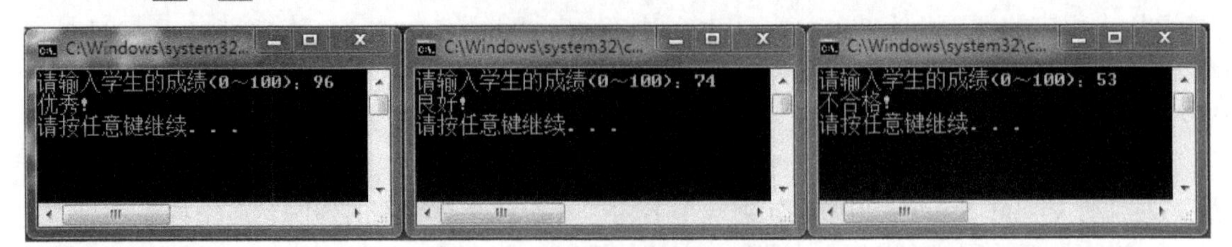

图 3.6　例 3.2 的三个运行实例

【程序说明】

① 一般情况下最好给所有 switch 语句的结尾添加 default 标记，用以完成默认情况不能运行到的 case 标签。

② 语句“return;”用来退出当前方法。

3.2　循环结构

程序设计中，经常需要对某段代码重复执行多次，这可以通过循环结构来实现。

3.2.1　while 语句

while 是“当”的意思，即“当条件成立时，执行循环体语句”。该语句的一般格式为：

```
while(布尔表达式)          //布尔表达式为循环条件
{
    循环体语句;
}
```

while 语句的执行过程如下：

① 计算 while 后面布尔表达式的结果。

② 如果布尔表达式的值为 true，执行循环体语句；循环体语句执行结束后，返回到 while 语句，再次计算布尔表达式，判断条件是否成立；

③ 如果布尔表达式的值为 false，结束 while 语句的执行。

While 循环语句的执行过程如图 3.7 所示。

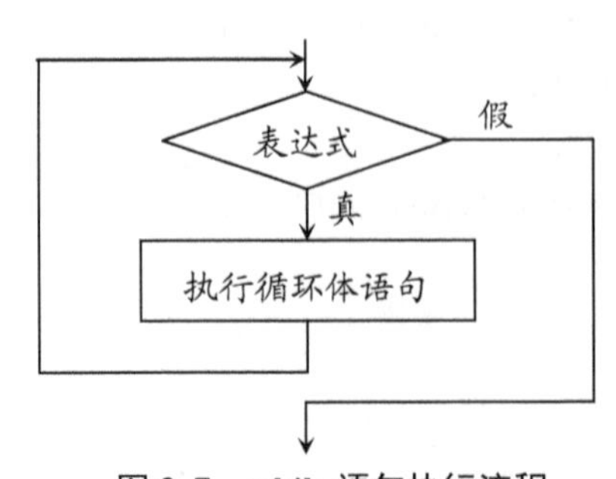

图 3.7　while 语句执行流程

【例 3.3】编制控制台应用程序，求从 1 到 100 的累加和。

【操作步骤】

① 启动 Visual Studio 2010，新建一个名为“求 1 到 100 的累加和”的控制台应用程序项目。

② 编制如下的程序(省略了引用命名空间的语句)：

```
namespace 求1到100的累加和
{
    class Program
    {
        static void Main(string[] args)
        {
            int i = 1, sum=0;
            while(i <= 100)          //当i的值不大于100时，执行循环体语句
            {
                sum += i;            //把变量i的值加到变量sum中
                i++;                 //变量i增加1，从而使它从1到100变化
            }
            Console.WriteLine("从1到100的累加和是：{0}", sum);
        }
    }
}
```

③ 按Ctrl+F5键，运行程序，得到如图 3.8 所示的运行结果。

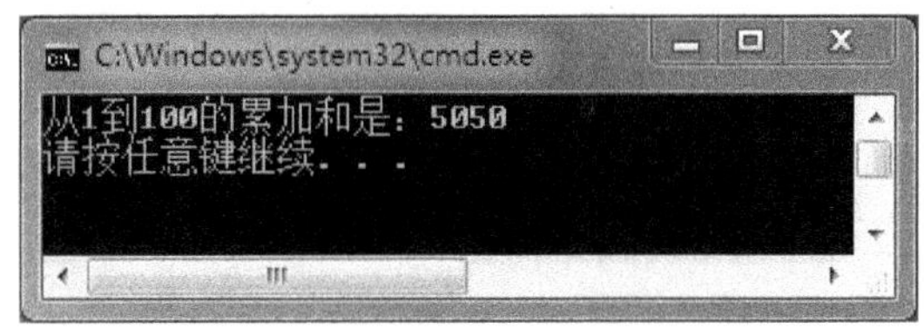

图 3.8　例 3.3 程序运行效果

【注意】

要保证在执行到某一次循环体语句后，能出现 while 语句括号中的表达式得不到满足的情况，否则将出现循环体语句无限制地执行下去的错误，这种错误称为死循环。例如执行下述程序段将出现死循环：

```
int i=8, j=2;
while(j==2)
{    j=i%3;   }
```

3.2.2　do… while 语句

do… while 语句的一般格式为：

```
do
{
    循环体语句;
}while(布尔表达式);
```

【注意】

在“while(布尔表达式)”后面不要漏写“;”。

do … while 语句的执行过程是：

① 执行循环体语句。

② 计算布尔表达式的值，如果值为 true，转向 do 语句处；否则结束 do…while 语句。

do…while 语句的执行过程如图 3.9 所示。

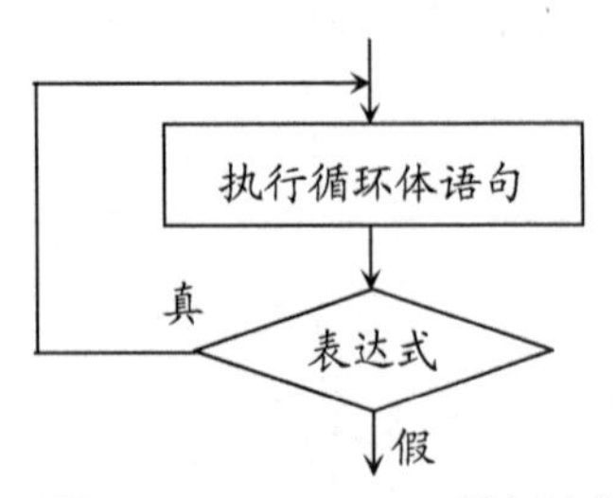

图 3.9 do … while 语句执行流程

do … while 语句和 while 语句的执行过程相似，不同点在于：do … while 语句中，循环体语句至少执行一次；while 语句中，循环体语句可能一次也不执行。

【例 3.4】用 do … while 语句改写例 3.3 中的编写的程序。

```
namespace 求1到100的累加和
{
    class Program
    {
        static void Main(string[] args)
        {
            int i = 1, sum=0;
            do
            {
                sum += i;
                i++;
            }while(i <= 100);
            Console.WriteLine("从1到100的累加和是：{0}", sum);
        }
    }
}
```

3.2.3 for 语句

1. for 语句的格式

for 语句属于“预测试”的循环，即在循环执行某些语句前，先对循环条件进行判断，如果条件值为 true 则进入循环，否则结束循环。当循环次数已知时，使用 for 语句的优势非常明显。

for 语句的基本格式如下：

```
for(初始化; 循环条件表达式; 改变循环变量值的表达式)
{
    循环体语句;
}
```

下面对 for 后面括号中的内容进行解释：

① 初始化：循环前执行的语句或语句块，该部分代码在整个循环过程中仅执行一次。一般是一个赋值表达式，用来初始化循环计数器变量，当该部分代码为多个语句(语句块)时，语句与语句之间用逗号分隔开。

② 循环条件表达式：一个布尔表达式，用于计算表达式的结果，以决定是否执行循环。

③ 改变循环变量值的表达式：递增或递减循环计数器变量的表达式语句，也可以包含一个用逗号分隔的语句表达式列表。

2. for 语句的执行过程

① 执行初始化语句，此步骤只执行一次。

② 计算循环条件表达式，如果其值为 true，则执行第③步；否则执行第⑤步。

③ 执行循环体语句。

④ 给循环变量增值(正值或负值)，然后返回第②步。

⑤ 结束 for 语句的执行。

【例 3.5】用 for 语句改写例 3.3 中的编写的程序。

```
int sum=0;
for(int i=1; i<=100; i++)
{
    sum +=i;
}
```

for 语句括号中包含的复合结构可以使程序变得更加简洁。当 for 语句的循环体只有一条语句时，可以去除大括号{}，例如上述程序可以改写为：

```
int sum=0;
for(int i=1; i<=100; i++)
    sum +=i;
```

不过就算 for 循环体只有一条语句，也建议使用大括号，因为这样可以让程序的结构显得更加清晰。

【例 3.6】6 能被 1、2、3、6 整除，这些数称为 6 的因子。编制控制台应用程序，输入一个数以后，列出该数的所有因子。

【分析】求一个数 a 的所有因子，就是求 1～a 中哪些整数可以整除 a。通过%取模运算符，可用于求两数相除的余数。能否整除，只要看余数是否为 0 即可。

【操作步骤】

① 启动 Visual Studio 2010，新建一个名为“列出一个数的所有因子”的控制台应用程序项目。

② 编制如下的程序(省略了引用命名空间的语句)：

```
namespace 列出一个数的所有因子
```

```
{
    class Program
    {
        static void Main(string[] args)
        {
            Console.Write("请输入一个正整数：");
            int a=Convert.ToInt32(Console.ReadLine());
            for(int i = 1; i <= a; i++)
            {
                if(a % i == 0)
                    //多输出几个空格，当做数与数之间的间隔
                    Console.Write("{0}    ", i);
            }
            Console.WriteLine();
        }
    }
}
```

③ 按Ctrl+F5键，运行程序，得到如图 3.10 所示的运行实例结果。

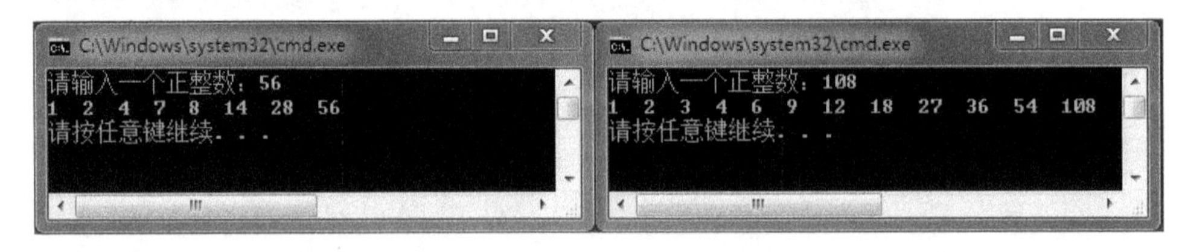

图 3.10　例 3.6 的两个运行实例

【程序说明】

① 在 for 语句中，首先声明并初始化变量 i，然后判断 i 是否小于或等于 a。如果为 true，则执行循环体语句。

② 执行完循环体语句后，改变条件，i 自加 1，继续判断 i 值是否小于或等于 a。如果为 true，重复循环，一直持续到 i 值递增到大于 a，循环条件为 false 为止，退出 for 循环。

③ 在 for 语句括号()中三个部分的任何一个或所有组成部分都可以省略，但是两个分号必须保留。不管省略哪一部分，都要保证 for 语句满足有效循环的以下必要条件:

- 一般需要进行一定的初始化操作;
- 有效的循环需要能够在适当的时候结束;
- 在循环中能够改变循环条件的成立因素。

3.2.4　循环结构嵌套

在例 3.6 中，看到了两种结构的结合：在 for 语句的循环体中还包含 if 语句。在实际问题的解决过程中，往往需要将分支结构和循环结构组合在一起。下面要讲的多层循环嵌套也是这类组合的一种。

【例 3.7】使用多层循环嵌套在控制台上输出九九乘法口诀表，运行结果如图 3.11 所示。

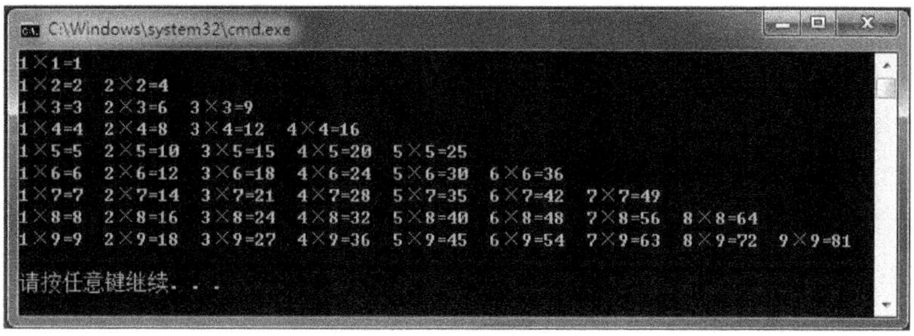

```
C:\Windows\system32\cmd.exe
1×1=1
1×2=2  2×2=4
1×3=3  2×3=6  3×3=9
1×4=4  2×4=8  3×4=12  4×4=16
1×5=5  2×5=10  3×5=15  4×5=20  5×5=25
1×6=6  2×6=12  3×6=18  4×6=24  5×6=30  6×6=36
1×7=7  2×7=14  3×7=21  4×7=28  5×7=35  6×7=42  7×7=49
1×8=8  2×8=16  3×8=24  4×8=32  5×8=40  6×8=48  7×8=56  8×8=64
1×9=9  2×9=18  3×9=27  4×9=36  5×9=45  6×9=54  7×9=63  8×9=72  9×9=81

请按任意键继续. . .
```

图 3.11　例 3.7 运行结果

【分析】

① 在控制台窗口逐行输出九九乘法口诀表，一共有 9 行，如果用 i 表示行数，i 要从 1 到 9 进行循环。

② 每一行的内容具有如下特点：

第 1 行有一个输出项：1×1=1

第 2 行有两个输出项：1×2=1　2×2=4

第 3 行有三个输出项：1×3=3　2×3=6　3×3=9

……

各行内容的规律是：设当前行为第 i 行，则输出 j×i，其中 j 从 1 循环到 i。

【操作步骤】

① 启动 Visual Studio 2010，新建一个名为“输出九九乘法口诀表”的控制台应用程序项目。

② 编制如下的程序(省略了引用命名空间的语句)：

```
namespace 输出九九乘法口诀表
{
    class Program
    {
        static void Main(string[] args)
        {
            for(int i = 1; i <= 9; i++)
            {
                for(int j = 1; j <= i; j++)
                {
                    Console.Write("{0}×{1}={2}    ", j, i, j * i);
                }
                Console.WriteLine();
            }
        }
    }
}
```

③ 按Ctrl+F5键，运行程序，得到如图 3.11 所示的运行结果。

【程序说明】

① 本程序包含两层 for 循环。

② 外层 for 循环的计数器变量是 i，用于循环具体的行数，判断 i 是否小于或等于 9。如果为 true，就执行循环体语句。

③ 内层 for 循环的计数器变量是 j，用于循环每一行中输出项个数，判断 j 是否小于或等于 i。如果为 true，就执行循环体语句。

④ 外层循环体中的 Console.WriteLine() 方法用于换行输出。

3.3 跳转语句

1. break 语句

在执行循环的时候，有可能希望在循环体执行到满足某个条件时就退出循环，而不是在执行完整个循环体，再进行循环条件判断决定是否退出。此时，可以使用 break 语句。

在 switch 语句中使用 break 语句可以退出 switch 语句，在循环语句中使用 break 语句则导致直接退出循环，如果是多层循环，执行 break 语句退出当前循环层。

2. continue 语句

continue 语句也是一个跳转语句，它和 break 语句的区别是：后者直接跳出循环，不再执行任何循环语句；而前者仅仅从当前一轮循环位置跳至循环条件处，判断是否进入下一轮循环，例如对于 while 循环语句，执行到 continue 语句后，忽略其后的循环体语句，直接返回 while 语句，计算 while 后面括号中表达式，并根据表达式的值的进行条件判断。

【例 3.8】 求整数 1～100 中，个位数不是 6 的所有数的和。

【分析】可以在求和循环中添加一个判断，如果某个整数的个位数是 6，就跳过该数不累加。用%运算符，将正整数除以 10，如果余数是 6，则说明这个整数的个位数字是 6。

【操作步骤】

① 启动 Visual Studio 2010，新建一个名为“求累加和”的控制台应用程序项目。

② 编制如下的程序(省略了引用命名空间的语句)：

```
namespace 求累加和
{
    class Program
    {
        static void Main(string[] args)
        {
            int sum = 0;
            for(int i=1; i<=100; i++)
            {
                if(i%10==6)
                    continue;      //如果个位数字是6，不执行下面的累加语句
                sum+=i;;
```

```
            }
            Console.WriteLine("1到100之间个位不是6的所有数的和为：{0}", sum);
        }
    }
}
```

③ 按Ctrl＋F5键，运行程序，结果如图 3.12 所示。

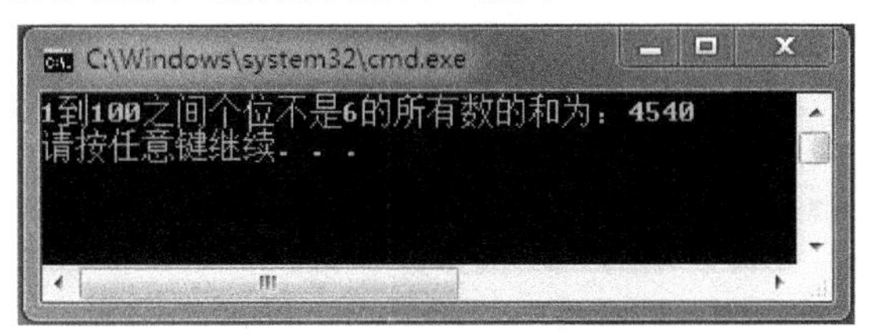

图 3.12　例 3.8 运行结果

3. **return 语句**

return 语句出现在一个方法中，执行到该语句后，退出当前方法。

【例 3.9】除了 1 以外的只能被 1 和本身整除的自然数称为质数。编制 Window 窗体应程序，在界面上任意输入一个自然数，判断它是否是质数，并显示结果。

【分析】假设被判断的自然数为 x，如果 x 是质数，则它只能被 1 和本身整除。因此可以使用循环语句，用从 2 开始的自然数依次去除 x，第 1 个能整除 x 的数是它的最小质因数，如果这个数等于 x，则 x 是质数，否则不是质数。

例如：若 x = 35，从 2 开始第 1 个能整除 x 的自然数是 5，它不等于 35，因此 x 不是质数；若 x=7，从 2 开始第 1 个能整除 x 的自然数就是 7，因此 x 是质数。

据此可以设计出如图 3.13 所示的程序流程。

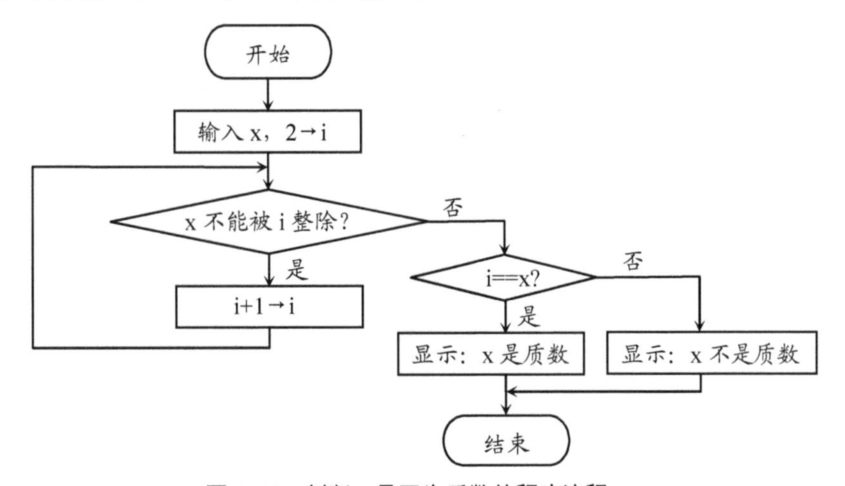

图 3.13　判断 x 是否为质数的程序流程

【操作步骤】

① 启动 Visual Studio 2010，新建一个名称为“判断一个数是否为质数”的 Windows 窗体应用程序项目。

② 在窗体中设置两个 Label 标签控件、一个 TextBox 文本框控件，一个 button 命令按钮控件，如图 3.14 的左图所示，按图 3.14 的右图所示，设置窗体、两个 Label 标签控件和 button

命令按钮控件的 Text 属性。

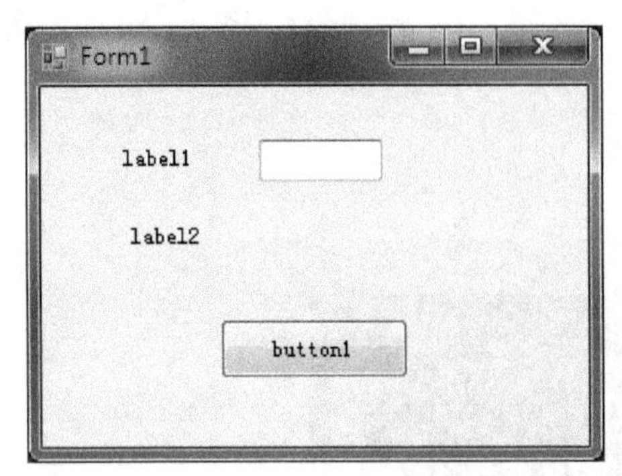

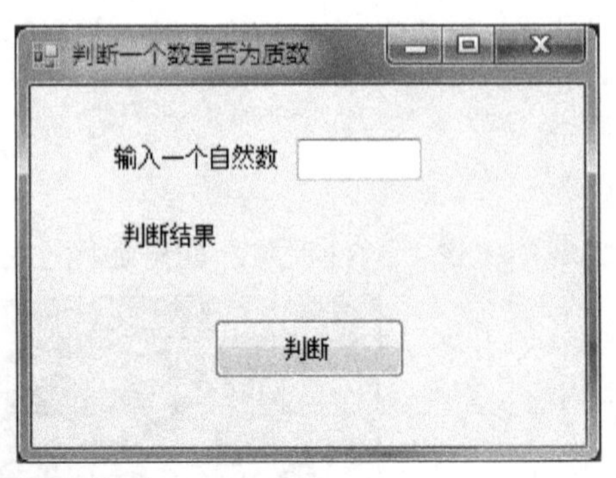

图 3.14 设置窗体界面

③ 编制命令按钮的单击事件驱动程序(button1_Click 程序)：

```
using System;
using System.Collections.Generic;
using System.ComponentModel;
using System.Data;
using System.Drawing;
using System.Linq;
using System.Text;
using System.Windows.Forms;

namespace 判断一个数是否为质数
{
    public partial class Form1 : Form
    {
        public Form1()
        {
            InitializeComponent();
        }
        private void button1_Click(object sender, EventArgs e)
        {
            long x, i;
            x = Convert.ToInt64(textBox1.Text);
            for(i = 2; i <= x; i++)
                if (x % i == 0)
                    break;
            label2.Text=Convert.ToString(x)+((x != i) ? "不" : "")+"是质数";
        }
    }
}
```

④ 按Ctrl+F5键，运行程序，图 3.15 显示了两个运行实例结果。

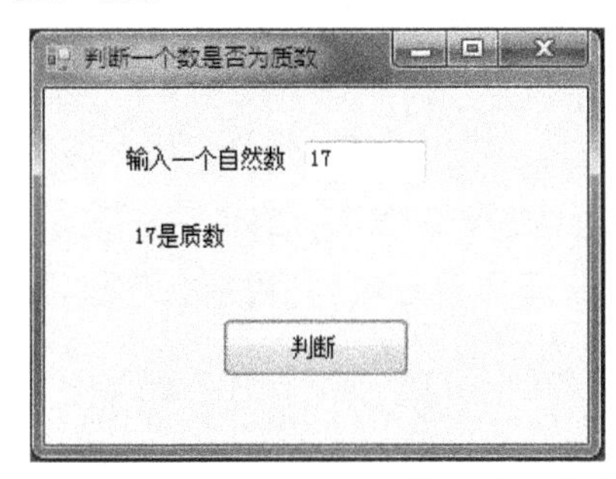

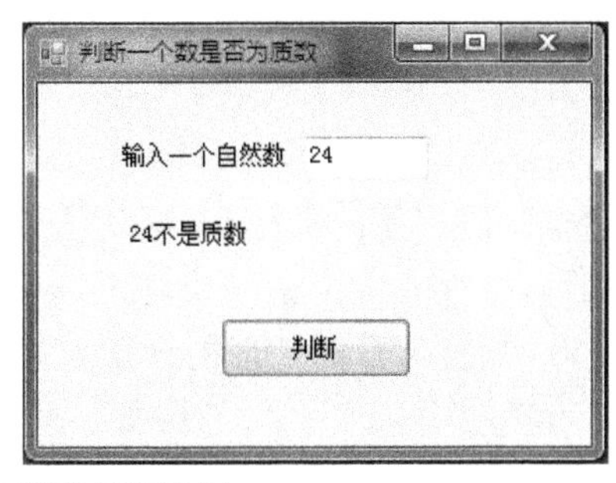

图 3.15　例 3.9 程序运行结果

3.4　异常处理

在运行 C#程序时，会出现一些例外的情况，此时就会引发“异常”，使预想的操作不能正常进行。例如进行整数除法运算时，若用 0 做了除数，将引发一个 DivideByZeroException 类型的异常；进行将字符串转换为数值的操作时，若字符串中包含非数字字符，将引发一个 FormatException 异常。例如，运行例 3.9 所示的程序，如果在文本框中没有输入数字，或者输入的数字不是整数，就单击了 判断 按钮，程序就将出现异常，并弹出一个的提示框，指出发生了什么错误，如图 3.16 所示。

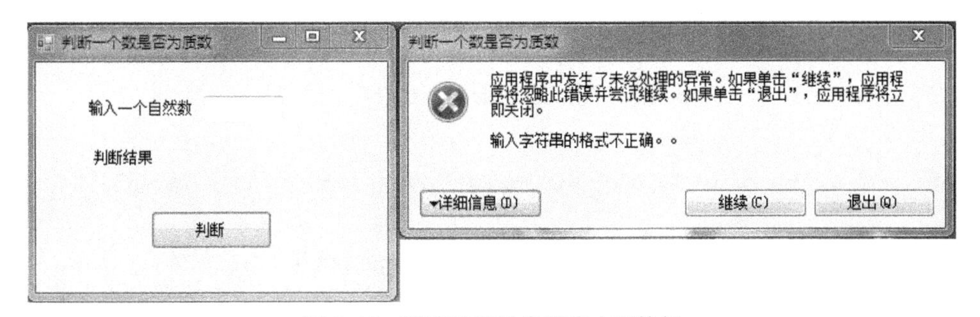

图 3.16　程序出现异常后将中断执行

一旦出现异常，程序将中断，为了避免因异常导致程序中断，可以在程序中编写异常处理语句。异常处理语句的语法形式为：

```
try
{
    语句块
}
catch(异常类型  标识符)
{
    语句块
}
```

```
finally
{
    语句块
}
```

上述语句的执行流程是：执行 try 语句块时，如果发生异常，则转向 catch 语句块，执行完 catch 语句块后再执行 finally 语句块。finally 语句块是离开 try 语句块后必须执行的语句块，主要用于释放资源。(有关异常处理的详细叙述参见本书的附录。)

【例 3.10】编写当进行整数除法时如果除数为 0，出现异常后的处理程序。

【操作步骤】

① 启动 Visual Studio 2010，新建一个名为“除数为 0 的异常处理”的控制台应用程序项目。

② 编制如下的程序(省略了引用命名空间的语句)：

```
namespace 除数为0的异常处理
{
    class Program
    {
        static void Main(string[] args)
        {   int a = 12, b = 0;
            try
            {      a /= b;
            }
            catch(DivideByZeroException de)
            {      Console.WriteLine(de.Message);
                   return;
            }
            finally
            {      Console.WriteLine("执行到finally语句块");
            }
        }
    }
}
```

③ 按Ctrl+F5键，运行程序，得到如图 3.17 所示的运行实例结果。

图 3.17　例 3.10 程序运行效果

【例 3. 11】修改例 3.9 编写的程序，添加异常处理语句，用来处理转换字符串过程中可能出现的异常。

【操作步骤】

① 将存放例 3.9 所编制的程序的文件夹(假设为“D:\李明\3\例 3.9”文件夹)复制到一个新文件夹中(假设为“D:\李明\3\例 3.11”文件夹)。

② 启动 Visual Studio 2010，执行“文件”→“项目/解决方案”菜单命令，屏幕上弹出“打开项目”对话框，在对话框中打开存放例 3.11 的文件夹，再打开“判断一个数是否为质数”子文件夹，双击 判断一个数是否为质数.sln 文件，打开该项目。

③ 如下所示，修改命令按钮的单击事件程序：

```
private void button1_Click(object sender, EventArgs e)
{
    long  x, i;
    try
    {
        x = Convert.ToInt64(textBox1.Text);
    }
    catch
    {
        return;
    }
    finally
    {
        label2.Text = "请在文本框中输入一个正整数！";
    }
    for(i = 2; i <x; i++)
        if(x % i == 0)
            break;
    label2.Text=Convert.ToString(x)+((x != i) ? "不" : "")+"是质数";
}
```

④ 按Ctrl+F5键，运行程序，得到如图 3.18 所示的运行实例结果。

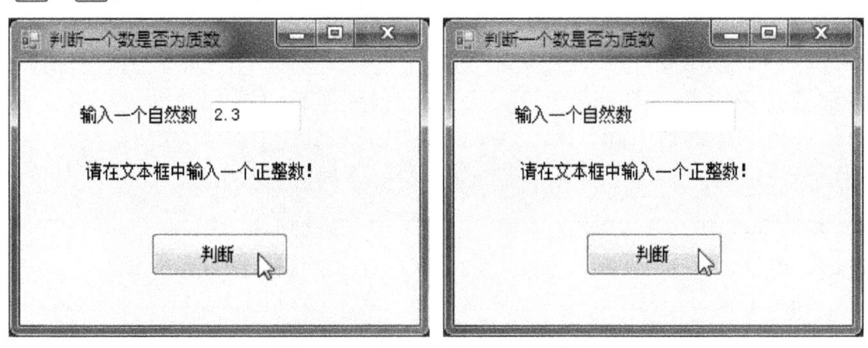

图 3.18　例 3.11 程序运行效果

现在不会再出现图 3.16 所示的提示框了。当出现“请在文本框中输入一个正整数!”的提示后，可以继续在文本框中输入一个自然数，进行判断。

【思考】

如果在文本框中输入了0或者输入了一个负整数，会出现怎样的结果？请进一步修改程序，处理这类情况。

习题 3

一、 选择题

1. 有以下程序段：

```
int  a = 3, b = 4, c = 5, d = 2;
if(a > b)
     if(b > c)
         Console.WriteLine(d++ +1);
     else
         Console.WriteLine(++d +1);
Console.WriteLine(d);
```

运行该程序段后的输出结果是(　　)。

A. 2　　B. 3　　C. 43　　D. 44

2. 若变量已正确定义，要求下述程序段完成求5!的计算，不能完成此操作的程序段是(　　)。

A. `for(i=1, p=1; i<=5; i++) p*=i;`

B. `for(i=1; i<=5; i++)  {p=1; p*=i;}`

C.
```
i=1; p=1;
while(i<=5)   {p*=i; i++;}
```

D.
```
i=1; p=1;
do{p*=i;i++;} while(i<=5);
```

3. 有以下程序段：

```
int  i, s=0;
for(i=1; i<10; i+=2)
        s+=i+1;
Console.WriteLine(s);
```

运行该程序段后的输出结果是(　　)。

A. 自然数1～9的累加和　　B. 自然数1～10的累加和

C. 自然数1～9中奇数之和　　D. 自然数1～10中偶数之和

4. 以下程序段中与语句“k=a>b?(b>c?1:0):0;”功能等价的是(　　)。

A.
```
if((a>b)&&(b>c)) k=1;
else  k=0;
```

B.
```
if((a>b)||(b>c)) k=1;
else  k=0;
```

C.
```
if(a<=b) k=0;
else if(b<=c) k=1;
```

D.
```
if(a>b) k=1;
else  if(b>c) k=1;
else  k=0;
```

5. 有以下程序段：

```
int i;
for(i=1; i<6; i++)
{    if(i%2==0)    { Console.Write("#");    continue;}
     Console.Write("*");
}
```

运行该程序段后的输出结果是(　　)。

A. #*#*#　　B. #####　　C. *****　　D. *#*#*

6. 有以下程序段：

```
int k=4, n=0;
for( ; n<k; )
{    n++;
     if(n%3!=0)    continue;
     k--;
}
Console.WriteLine("{0}, {1}", k, n);
```

运行该程序段后的输出结果是(　　)。

A. 1, 1　　B. 2, 2　　C. 3, 3　　D. 4, 4

7. 有如下程序段：

```
int i, sum;
for(i=1; i<=3; sum++)
    sum+=i;
Console.WriteLine(sum);
```

运行该程序段后的结果是(　　)。

A. 输出6　　B. 输出3　　C. 输出0　　D. 编译时出错

8. 有以下程序段：

```
int x=1, y=2, z=3;
if(x<y)
     if(y<z)
         Console.Write(++z);
     else
         Console.Write(++y);
Console.WriteLine(x++);
```

运行该程序段后的输出结果是(　　)。

A. 331　　B. 41　　C. 2　　D. 1

二、填空题

1. 运行以下程序段的输出结果是____________。

```
int a=100;
if(a>100)
```

```
        Console.WriteLine(a>100);
    else
        Console.WriteLine(a<=100);
```

2. 当 a=1，b=2，c=3 时，执行以下语句后，a，b，c 的值分别为________、________、________。

```
    if(a>c)
        b=a;   a=c;   c=b;
```

3. 运行以下程序段后，输出结果是____________。

```
    int  a, b, c, d, i, j, k;
    a = 10; b = c = d = 5; i = j = k = 0;
    for (; a > b; ++b)      i++;
    while (a > ++c)       j++;
    do k++; while (a > d++);
    Console.WriteLine("{0}, {0}, {0}", i , j, k );
```

4. 运行以下程序段的输出结果是________。

```
    int  k, n, m;
    n=10;    m=1;     k=1;
    while(k++<=n)     m*=2;
    Console.WriteLine(m);
```

5. 以下程序段的功能是：从键盘上输入若干学生的考试分数，当输入负数时结束输入，统计输入的考试分数中的最高分和最低分，最后输出这两个分数，请在下述程序段中填空。

```
    double  x, max, min;
    int  i = 1;
    Console.Write("请输入第{0}个同学的成绩：", i);
    x= Convert.ToDouble(Console.ReadLine());
    max=x; min=x;
    while(x>=0)
    {     if(x>max)
              ________;
          if(_______)
              min=x;
          ________;
        Console.Write("请输入第{0}个同学的成绩：", i);
        x = Convert.ToDouble(Console.ReadLine());
    }
    Console.WriteLine("max=_______, min=_______", max, min);
```

实验 3

1. 一个三位整数如果恰好等于其各个数位上数字的立方和，则称该三位数为“水仙花数”，例如153就是一个“水仙花数”，因为153=1×1×1+5×5×5+3×3×3。编写一个名称为“水仙花数”的控制台程序，用键盘输入一个三位数，判断它是否为水仙花数。

【提示】

① 编写提示语句，提示用户输入一个三位整数。

② 声明一个整型变量，用于存储用户输入的三位数。使用Convert类的方法将字符串转换为整数。

③ 声明三个整型变量，用于存储该三位数的三个数位的值。可使用整除 / 、取余%等运算符。

④ 通过if语句判断该三位数是否等于其各个数位的立方和，如果相等，输出该数是水仙花数，否则输出该数不是水仙花数。

2. 编写一个名称为“月份数字对应的月份英语单词”的控制台程序，用键盘输入一个月份数，然后输出该数字对应的月份的英语单词，要求使用switch语句。

3. 编写一个名称为“输出图形”的控制台程序，要求输出以下图形：

```
*
**
***
****
*****
******
*******
********
*********
```

【提示】

本题要使用两层循环，外层循环变量从1循环到9。内层循环变量从1循环到外层的循环变量的当前值。注意编写换行语句。

4. 一个数如果恰好等于除去它本身之外的各个因子之和，则称该数为“完数”，例如，6除了本身外的因子为1、2、3，且6=1+2+3，说明6是一个完数。编写一个控制台程序，求出1000以内的所有“完数”。

【提示】

① 本题要使用两层循环，外层循环变量从1循环到1000，用内层循环变量当做外层循环变量的因子，从1循环到外层的循环变量的一半。

② 计算每个数字的因子和，将因子和与数字相比较，如果结果相等，则输出相应的提示信息。

5. 将20元兑换成一元、二元、五元的纸币，规定每一种纸币最少要有一张，编写一个控制台程序，求出所有的兑换方式。

6. 编写一个控制台程序，求出100以内的所有“质数”。

7.“实验2”的习题3编写了一个“求两个分数的和”的Windows窗体应用程序，运行该程序最后显示的结果不一定是一个既约分数，请修改该程序，使最后得到的结果是一个既约分数。图3.19显示了一个运行结果实例。

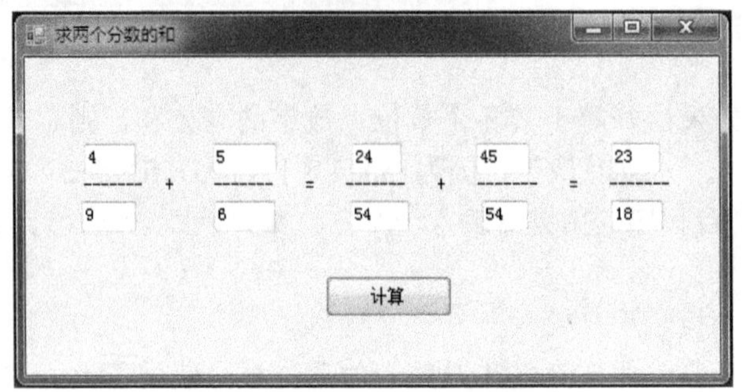

图3.19　程序的一个运行实例

【提示】

① 求出两个分数的和之后，用分子、分母同时除以它们的最大公约数，当做新的分子、分母，即可得到一个既约分数结果。

② 可以使用循环结构的程序求两个数x和y的最大公约数，先让变量z取x和y的最小值，然后让循环变量 i从 z到 1取值，第一个能够同时整除x和 y的 i，就是x和y的最大公约数。

8. 使用

```
Random rd= new Random();
```

语句可以创建随机数对象，然后按下述语句所示，使用该对象的 Next() 方法：

```
rd.Next(x1, x2)
```

可以得到在 x1 到 x2-1 之间的随机整数，其中 x1 和 x2 是两个整数。例如执行

```
int i = rd.Next(1, 7);
```

语句后，i 就是一个 1 到 6 之间的随机数。

一个骰子有 6 个面，每个面上分别刻有 1、2、3、4、5、6 个点，随意向桌面掷一个骰子，如果骰子是均匀的，则每一面向上的概率是 1/6(≈0.166667)。编制 Windows 窗体应用程序，用 Random 对象产生 1 到 6 之间的随机数，对应骰子 1、2、3、4、5、6 点面向上的情况，验证以下现象：当大量重复掷骰子时，每一面向上的次数和总次数之比接近 1/6。

① 设计如图3.20所示的窗体。

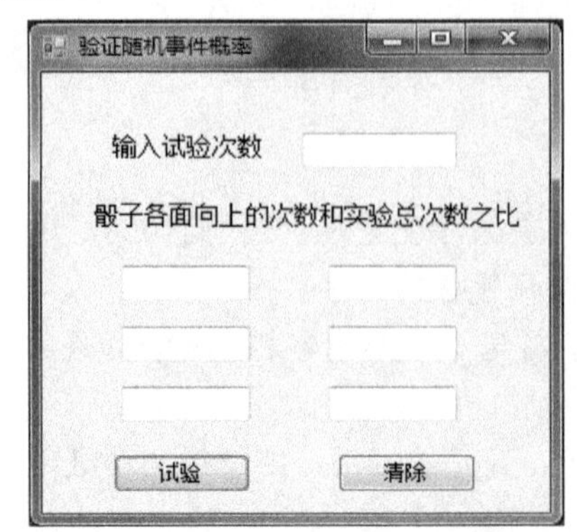

图3.20　第8题程序界面和运行效果

② 在下述按钮的单击事件程序代码中填空，完成程序编制。

```
private void button1_Click(object sender, EventArgs e)
{
    long a1, a2, a3, a4, a5, a6, i, j, x;
    double y, z;
    a1 = a2 = a3 = a4 = a5 = a6 = _______;
    Random rd = new Random();
    i = Convert.ToInt64(textBox7.Text);       //输入试验次数
    for(j = 1; j <=_______; j++)
    {
        x = rd.Next(1, ____);
        if (________)            a1++;
        else if (________)       a2++;
        else if (________)       a3++;
        else if (________)       a4++;
        else if (________)       a5++;
        else if (________)       a6++;
    }
    y = i;
    z = a1 / y;     textBox1.Text = z.ToString();
    z = a2 / y;     textBox2.Text = z.ToString();
    z = a3 / y;     textBox3.Text = z.ToString();
    z = a4 / y;     textBox4.Text = z.ToString();
    z = a5 / y;     textBox5.Text = z.ToString();
    z = a6 / y;     textBox6.Text = z.ToString();
}
private void button2_Click(object sender, EventArgs e)
{
    textBox1.Text = "";
    textBox2.Text = "";
    textBox3.Text = "";
    textBox4.Text = "";
    textBox5.Text = "";
    textBox6.Text = "";
}
```

③ 运行程序，在“输入试验次数”文本框(即textBox7文本框)中输入不同的数字，单击“试验”按钮，观察程序运行效果，图3.21的显示了两个运行效果。

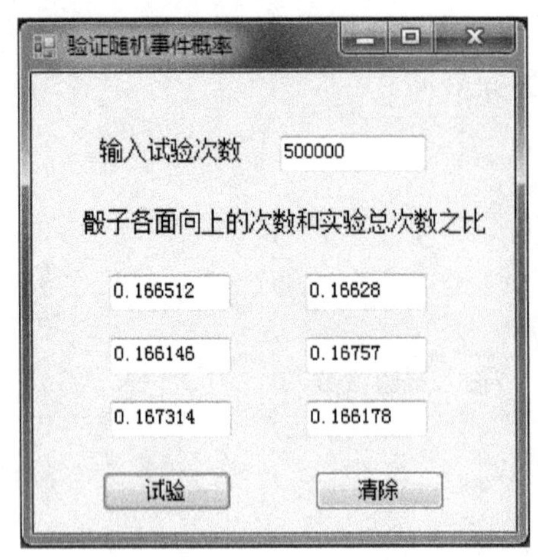

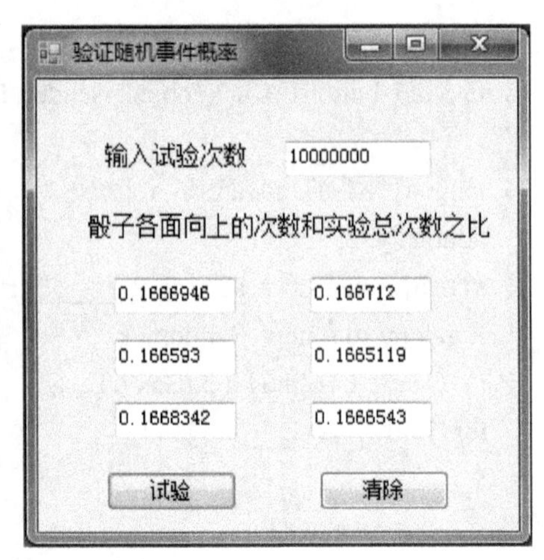

图3.21 第8题程序运行效果

9. 个人所得税的计算公式如下：

个人所得税 = 缴纳基数×税率 - 速算扣除数

缴纳基数等于全部工薪收入减去个人缴纳的“四险一金”金额后(为方便计，简称其为月现金收入)再减去 3500，当月现金收入不大于 3500 元时，不交个人所得税。税率与速算扣除数如表 3.1 所示。编制控制台应用程序，在输入了月现金收入后，计算应缴纳的个人所得税。

表 3.1 个人所得税税率与速算扣除表

缴纳基数 x 的范围	税率	速算扣除数	缴纳基数 x 的范围	税率	速算扣除数
0 < x ≤ 1500	3%	0	35000 < x ≤ 55000	30%	2755
1500 < x ≤ 4500	10%	105	55000 < x ≤ 80000	35%	5505
4500 < x ≤ 9000	20%	555	x > 80000	45%	13505
9000 < x ≤ 35000	25%	1005			

10. 递推法也称为迭代法，是一类利用递推公式或循环算法构造序列，不断用变量的旧值递推出新值的求问题近似解的方法。

求正数 a 的平方根的递推公式为：$x_{n+1}=\frac{1}{2}\left(x_n+\frac{a}{x_n}\right)$。本题的要求是：编写 Windows 窗体应用程序，用递推法求一个正数平方根的近似值，要求前后两次求出的平方根的近似值的误差小于 10^{-6}。

【分析】输入一个正数 a 后，令 x_0 等于 a，然后使用循环结构程序，令 $x_1=\frac{1}{2}\left(x_0+\frac{a}{x_0}\right)$，当 $|x_1-x_0|<10^{-6}$ 时，退出循环，否则再令 x_0 等于 x_1，继续递推，求新的 x_1。

① 设计程序界面，参见图 3.22 的左图。

② 在下述程序代码中填空，完成程序编制。

```
namespace 递推法求一个数的平方根
{
    public partial class Form1 : Form
    {
```

```
        public Form1()
        {
            InitializeComponent();
        }

        private void button1_Click(object sender, EventArgs e)
        {
            double a, x0, x1;
            textBox2.Text = "";
            a = Convert.ToDouble(textBox1.Text);
            if(a < 0)
            {
                MessageBox.Show("a 必须是非负数！ ");
                ______________;
            }
            x0 = a;
            do
            {
                x1=(x0 + a / x0)/2;
                if(Math.Abs(x1 - x0) < 0.000001)
                    break;
                x0 = __________;
            }while(true);
            textBox2.Text=Convert.ToString(x1);
        }
    }
}
```

③ 运行程序，验证效果，图 3.22 的右图显示了一个运行效果

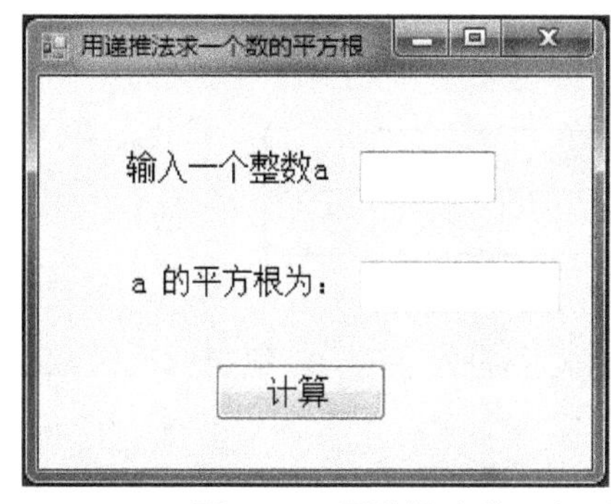

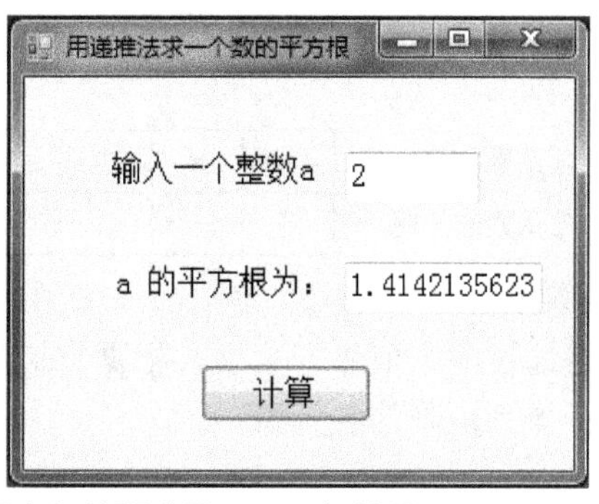

图 3.22　用递推法求一个正数平方根的程序界面和运行效果

第4章 数组、集合、字符串

在以前的程序中，我们使用的变量都是独立的，每个变量表示一个值，这种变量称为普通变量。在实际应用中，普通变量往往不能满足要求。为了提高程序设计能力，本章将介绍数组、集合变量的概念，还要进一步介绍字符串的用法。

4.1 数组

4.1.1 数组概念

现实生活中经常会遇到需要批量处理的数据，例如，把全班同学各门课程的平均分从高到低排列一遍，统计若干种商品的销售额等。这类问题中要处理的数据的类型相同，各自需要处理的方法也一致。为方便处理，需要把这些同种数据类型的数据组织在一起。在C#中，可以用数组来实现这一目标。

数组是一个元素序列，它使用共同的名称表示相同类型变量的集合。一个数组中的所有元素位于一个连续存储的内存块中，每个元素都有一个整数索引(也称为下标)。可以通过下标来访问数组元素，C#中数组下标从0开始。

数组是一种引用类型，由数据名、数据元素的类型和维数来描述。其数据元素可以是任意类型。表示数组元素的下标个数称为该数组的维数。只有一个下标的数组称为一维数组，有两个下标的数组称为二维数组，以此类推。

1. 一维数组

只包含单个下标的数组称为一维数组，例如表示26个英文大写字母的一维数组元素及其下标如下所示。

数组元素的值：	A	B	C	D	……	Y	Z
数组元素的下标：	[0]	[1]	[2]	[3]	……	[24]	[25]

2. 多维数组

多维数组通过多个值进行索引，根据它们的维数来称呼，如二维数组或三维数组等。例如，下述3行4列矩阵的各元素：

$$\begin{bmatrix} 21 & 53 & 42 & 8 \\ -22 & 74 & 81 & 13 \\ 9 & 34 & 29 & -7 \end{bmatrix}$$

可以用一个包括3行4列的二维数组表示，每个数组元素包含两个下标，第1个下标从

0 到 2，第 2 个下标从 0 到 3。例如元素 42 在第 1 行第 3 列，其下标是[0, 2]，元素 34 在第 3 行第 2 列，其下标是[2, 1]。

4.1.2　声明和初始化数组

1. 声明数组变量

要使用数组，首先需要声明数组。声明数组的语法格式如下：

数据类型[] 数组变量名

其中：

① 数据类型：说明数组元素的类型，可以是基本值类型，也可以是引用类型。

② 方括号[]：表示声明的变量是一个数组变量。方括号中间可用逗号“,”标识数组的维数。

③ 数组变量名：遵循标识符的命名规则。数组变量名代表数组在内存中存放的首地址。

例如：

```
int[] aa;             //声明一个 int 类型的一维数组 aa
double[,] xx;         //声明一个 double 类型的二维数组 xx
char[, ,] ch;         //声明一个 char 类型的三维数组 ch
```

2. 创建数组实例和初始化数组

声明了一个普通变量即可使用该变量，而在声明数组变量后，必须先创建数组实例，才能使用数组。创建数组实例要使用 new 关键字，格式如下：

new 数据类型[数组大小];

例如：

```
int[] aa=new int[10];          //创建包含 10 个元素的整型数组实例
char[, ] ch=new char[3, 5];    //创建包含 3 行 5 列的二维字符数组实例
                               //共包含 3×5=15 个元素
```

上述的每条语句可以分别写成两条语句：

```
int[] aa;
aa = new int[10];
char[, ] ch;
ch = new char[3, 5];
```

3. 初始化数组

创建数组时，系统会根据数组中元素的数据类型自动设置各元素的默认值，如数值数组元素的默认值初始化为零，而引用型元素的默认值初始化为 null。

编写程序时可以在创建数组实例的过程中把数组元素初始化为特定值，格式如下：

new 数据类型[数组大小]{用逗号分隔的初始值列表}

例如，下述语句在声明一个整型数据的 aa 数组的同时，把数组各元素的值初始化为：1、3、5、7、9：

```
int[] aa= new int[5]{1, 3, 5, 7, 9};
```

下述语句声明一个字符串数据的 weekDay 数组，并对它初始化：

```
string[] weekDay= new string[7]{"Sun", "Mon", "Tue", "Wed", "Thu", "Fri", "Sat"};
```

【注意】

上述语句大括号内初始值的个数必须和创建的数组实例的大小精确匹配。如以下语句是错误的:

```
int[] aa= new int[5]{1, 3, 5, 7, 9, 11};
int[] bb= new int[5]{1, 3, 5, 7};
```

如果程序中出现了上述语句，编译时系统将提示“应输入长度为‘5’的数组初始值”。

在初始化数组时，方括号内数组实例的大小可以省略：

```
int[] aa= new int[]{1, 3, 5, 7, 9};
```

这样将创建一个包含 5 个元素的 aa 整型数组，并初始化数组各元素的值。

在初始化数组时，还可以使用简化的语法，即只在大括号中写入用逗号分隔的初始值。例如，对于上面的语句，可以用下述简化后的语句替代：

```
int[] aa= {1, 3, 5, 7, 9};
```

但是，该简化语法只能在声明数组并同时初始化数组时使用，不能使用该语法给已声明或实例化后的数组变量赋值，例如下述语句中的第 2 条语句就是错误的：

```
int[] aa;
aa = {1, 3, 5, 7, 9};
```

总结以上叙述，初始化数组元素的语法格式有如下 3 种：

① 数据类型[] 数组变量名称 = new 数据类型[数组大小]{初始化数值序列};

② 数据类型[] 数组变量名称 = new 数据类型[]{初始化数值序列};

③ 数据类型[] 数组变量名称 ={初始化数值序列};

4.1.3 访问数组

1. 访问单个数组元素

可以通过下标来访问数组元素，C#中数组下标从 0 开始。访问数组中的某个元素的格式如下：

```
数组名[下标];
```

下标可以是整型常量或整型表达式。例如，访问一维的 aa 数组的第 4 个元素，可以使用以下表达式：

```
aa[3]      或      aa[1+2]
```

下述语句是访问数组元素的实例：

```
aa[4]= 6;                              //为数组的第 5 个元素赋值 6
Console.WriteLine(aa[2]);              //显示数组第 3 个元素的值
aa[1]=Convert.ToInt16(Console.ReadLine());    //用键盘输入给数组的第2个元素赋值
```

2. 遍历数组元素

如果要依次访问数组中的每个元素，可以使用循环语句。例如，用 for 语句来遍历所有的数组元素，代码如下：

```
int[] aa ={1, 3, 5, 7, 9};
for(int i=0; i<=aa.Length-1; i++)
    Console.WriteLine(aa[i]);
```

其中，i 为下标值，Length 属性为数组的元素个数。C#中数组的下标从 0 开始，因此，i 的范围是从 0 到 Length-1。

C#还提供了一个可以更方便地遍历数组元素的 foreach 语句，其格式为：

```
foreach(数据类型 变量名 in 数组名称)
{
    循环体语句;
}
```

其中，变量的数据类型与数组数据元素的数据类型必须保持相同或相兼容。in 是一个关键字。

例如用 foreach 语句遍历 aa 数组所有元素的程序代码如下所示：

```
int[] aa={1, 3, 5, 7, 9};
foreach(int x in aa)
    Console.WriteLine(x);
```

上述代码中，foreach 语句声明了一个变量 x，它自动依次获取数组中每个元素的值，然后通过 WriteLine()方法输出它们。foreach 语句具有更强的可读性，因为它更直接表达了代码的意图，并且屏蔽了可能出现异常的地方。

foreach 语句有以下特点：它总是遍历整个数组，它的循环体语句的访问是只读的。因此，在下列情况下仍然建议使用 for 语句。

① 只需要遍历数组的特定部分(例如前半部分)，或者需要绕过特定的元素(例如只遍历下标为偶数的元素)。

② 需要反向遍历。

③ 执行循环体语句时，需要知道元素的索引，而不仅仅是元素值。

④ 需要修改数组元素。

【例 4.1】编写一个控制台应用程序，用来输入一个等差数列的首项、公差、项数，然后用一个数组表示该等差数列的每一项并输出每一项的值，最后输出该数列各项的和。

【操作步骤】

① 启动 Visual Studio 2010，新建一个名为“输出等差数列的各项及各项的和”的控制台应用程序项目。

② 编制如下的程序(省略了引用命名空间的语句)：

```
namespace 输出等差数列的各项及各项的和
{
    class Program
    {
        static void Main(string[] args)
        {
            int a1, d, n, sum=0;
            Console.Write("输入等差数列的首项：");
            a1=Convert.ToInt16(Console.ReadLine());
            Console.Write("输入等差数列的公差：");
```

```
                d = Convert.ToInt16(Console.ReadLine());
                Console.Write("输入等差数列的项数：");
                n = Convert.ToInt16(Console.ReadLine());
                int[] bb= new int[n];
                Console.WriteLine("数组各元素分别为：");
                for(int i=0; i<=n-1; i++)
                {
                    bb[i]=a1+i*d;
                    Console.Write("{0}    ", bb[i]);
                    sum += bb[i];
                }
                Console.WriteLine("\n数组各元素的和为：{0}", sum);
            }
        }
    }
```

③ 按Ctrl＋F5键，运行程序，图 4.1 显示了一个运行实例。

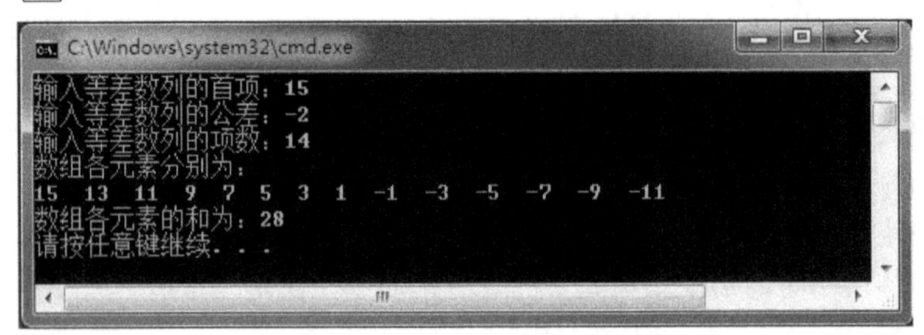

图 4.1　例 4.1 的一个运行结果

【程序说明】

① 在创建数组实例时，数组的大小可以是一个变量，例如上述程序中

int[] bb= new int[n];

语句创建的数组实例，元素个数是变量 n 的值。

② 程序中 for 语句用于访问各数组元素，注意变量 i 的值是从 0 到 n-1，越界的话将引发异常。

4.1.4 System.Array 类

System.Array 类是所有数组的基类，像前面介绍的窗体和控件一样，每一个类都具有自己的属性和方法。Array 类也提供了有关的属性和创建、操作、搜索和排序数组的方法。

1. **Array 类的属性**

表 4.1 列出了 System.Array 类常用的属性。

表 4.1　Array 类常用的属性

属　性	描　　述
Length	获得一个32位整数，表示Array的所有维数中元素的总数
Rank	获取Array的秩（维数）

一旦创建了一个数组实例，就可以通过“数组名.属性名称”来调用其Array基类的属性，例如：

```
int[] aa = new  int[5];                    //创建aa数组实例
Console.WriteLine("数组的元素个数={0}", aa.Length);
```

2. Array 类的方法

表4.2列出了System.Array类常用的方法。

表 4.2　Array 类常用的方法

方　法	描　述
Clear	将一定范围内的元素设为0或null
Copy	将一个Array的一部分元素复制到另一个Array中
CopyTo	将当前一维Array的所有元素复制到指定的一维Array中
Find	搜索与指定谓词定义的条件匹配的元素，然后返回整个Array中的第一个匹配项
FindAll	检索与指定谓词定义的条件匹配的所有元素
FindIndex	搜索与指定谓词定义的条件匹配的元素，然后返回Array或其某个部分中第一个匹配项的从零开始的索引
GetLength	返回指定维度的长度
GetValue	返回当前数组中指定元素的值
IndexOf	返回指定值第一次出现的索引值
Reverse	反转一维数组或部分数组中元素的顺序
Sort	对数组元素排序

下面通过一些例子来说明怎样使用 Array 基类的方法。

（1）Clear()方法

从索引位置 2 开始，将后 3 位的元素清为 0 的代码示例如下：

```
int[] aa={8, 6, 4, 1, 5, 7, 9, 5, 4};   //创建整型数组实例
Array.Clear(aa, 2, 3);                  //aa 数组变成{8, 6, 0, 0, 0, 7, 9, 5, 4}
```

（2）GetValue()方法

获得数组索引位置 2 的元素值的代码示例如下：

```
int[] aa={8, 6, 4, 1, 5, 7, 9, 5, 4};
int  i=(int)aa.GetValue(2);            //i 的值是 4
```

【注意】

需要对 GetValue()方法的返回值进行强制类型转换。

（3）IndexOf()方法

获得数组元素 7 的索引下标值的代码示例如下：

```
int[] aa={8, 6, 4, 1, 5, 7, 9, 5, 4};
int  j=Array.IndexOf(aa, 7);           //j 的值是 5
```

（4）Reverse()方法

将整个数组的元素倒转过来的代码示例如下：

```
int[] aa={8, 6, 4, 1, 5, 7, 9, 5, 4};
```

```
Array.Reverse(aa);                // aa 数组变成{4, 5, 9, 7, 5, 1, 4, 6, 8}
```

(5) Sort()方法

将整个数组的元素按照顺序排列的代码示例如下：

```
int[] aa={8, 6, 4, 1, 5, 7, 9, 5, 4};
Array.Sort(aa);                   // aa 数组变成{1, 4, 4, 5, 5, 6, 7, 8, 9}
```

4.1.5 匿名数组

匿名数组与匿名类型相似，即隐藏了数据类型的数组。其语法是用 var 关键字代替具体的数据类型。例如：

```
var cc = new[] {2, 4, 6, 8, 10};
var studentName = new[] {"李红", "何明", "王刚", "张宇", "胡文", "李玲", "王颖"};
```

【注意】

定义匿名数组时，数组中各个元素必须是可以相互转换的类型，如下述代码就是错误的，因为字符串和数值不能相互转换。

```
var cc = new[] {"李红", 1, "王刚", 3, "胡文", "李玲", "王颖"};
```

【例 4.2】某年级举行英语测验，该年级共有 100 个学生，最低成绩为 81 分，最高成绩为 95 分，用数组元素 aa(0)，aa(1)，…，aa(99)分别表示每个学生的考试成绩，用数组元素 bb(0)，bb(1)，…，bb(14)分别表示考试成绩为 81，82，…，95 的学生人数。编制程序，根据学生的考试分数，求出 bb(0)，bb(1)，…，bb(14)的值。

【解】

假设 aa 数组的各个元素 aa(i)的值已经设置好了，使用下述程序段可以计算出 bb(0)，bb(1)，…，bb(14)的值。

```
int[] bb=new  int[15];                //各元素的初始化值为 0
for(int  j = 0; j<=99; j++)
{
    if (aa(j)==81)          bb(0)  += 1;
    else  if (aa(j)==82)    bb(1)  += 1;
    else  if (aa(j)==83)    bb(2)  += 1;
    ……
    else  if (aa(j)==84)    bb(13)  += 1;
    else                    bb(14)  += 1;
}
```

这段程序的循环体中包含了 15 个条件语句，它们的功能十分相似，即在判断 aa(j)等于某个值(假设为 n)之后，将数组元素 bb(n−81)的值增加 1。因此，这 15 条语句可以用下述两条语句代替。

```
n = aa(j);
bb(n-81)  += 1;
```

更简单地说，这 15 条语句可以用下面一条语句代替。

```
bb(aa(j)-81)  += 1;
```

【程序说明】

从这个例子可以看出，恰当地使用数组可以大大地简化程序代码。

【例4.3】对数组元素进行排序，是处理数据时经常要进行的操作。编写控制台应用程序，用冒泡排序法对一个整型数组的元素按从小到大的顺序排序，输出排序前后的数组元素。

【分析】假设某整型数组包含n个数字，用冒泡排序法对数组实现从小到大排序的基本思想如下所述。

第1趟排序：比较第1个数和第2个数的大小，如果第1个数比第2个数大，则交换两数位置；然后比较第2个数和第3个数，并进行相同的处理；以此类推，直至比较和处理第n-1个数和第n个数为止。这样第一趟排序结束时，第n个元素就是所有数中的最大值了。

第2趟排序：方法同第一趟排序，不过是对前n-1个数进行同样的操作，结果使得第2大的数成为第n-1个元素。

……

第n-1趟排序：对数组中最前面的两个数进行比较，并进行处理。

可以用两层嵌套的循环完成上述操作：外层循环变量i从n-1到1，分别对应第1趟到第n-1趟排序，表示各趟排序分别要对n-1，n-2，…，1对数据进行比较和处理；内层循环变量j从0到i-1，依次比较第j个数组元素和第j+1个数组元素，并进行处理。

【操作步骤】

① 启动 Visual Studio 2010，新建一个名为“用冒泡法对数组元素排序”的控制台应用程序项目。

② 编制如下的程序(省略了引用命名空间的语句)：

```
namespace 用冒泡法对数组元素排序
{
    class Program
    {
        static void Main(string[] args)
        {
            int t;
            int[] aa = new int[] {23, 12, -31, 54, 76, -15, 19, 82, 0, 10};
            int n=aa.Length;
            foreach(int m in aa)                //输出排序前的数组元素
                Console.Write("{0}      ", m);
            Console.Write("\n");
            for(int i = n-1; i >=1; i--)        //用冒泡法对数组元素进行排序
                for(int j = 0; j <= i - 1; j++)
                {
                    if(aa[j] > aa[j + 1])
                    {
                        t = aa[j];
                        aa[j] = aa[j + 1];
```

```
                    aa[j + 1] = t;
                }
            }
            foreach(int  m  in  aa)           //输出排序后的数组元素
                Console.Write("{0}      ", m);
            Console.Write("\n");
        }
    }
}
```

③ 按Ctrl+F5键，运行程序，得到如图 4.2 所示的运行结果。

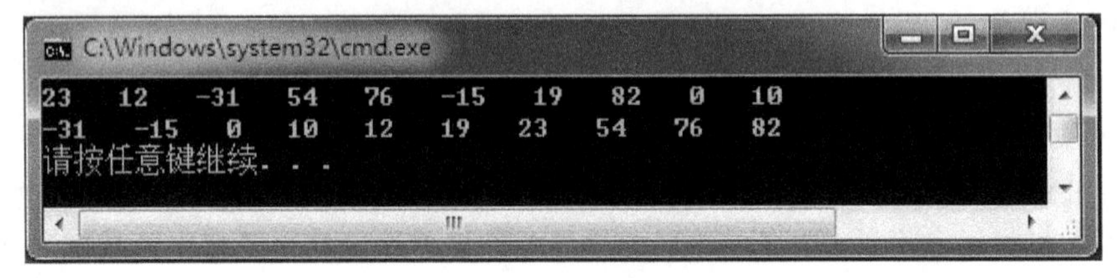

图 4.2　例 4.3 的运行结果

【思考】

看懂程序后，请写出每一趟排序后的数组各元素值:

第1趟排序后:

第2趟排序后:

第3趟排序后:

第4趟排序后:

第5趟排序后:

第6趟排序后:

第7趟排序后:

第8趟排序后:

第9趟排序后:

4.2 集　合

数组具有很多局限性，例如不能动态改变其大小，即不能动态改变它可以包含的元素的个数，这样在设计程序时，如果将数组的大小定义得比较大，将浪费存储空间；如果将数组的大小定义得小了，当遇到特殊情况的时候，又容易出现越界异常。

集合是一个特殊的类，与数组类似，集合可以用来存储和管理一组具有相同性质的对象，集合中包含的对象称为集合元素。与数组不同的是，集合可以按需要动态增加大小，从而克服了数组使用中存在的局限性。除了基本的数据处理功能外，集合还提供了各种数据结构及算法的实现，如堆栈、队列、列表和哈希表等。集合可分为非泛型集合类和泛型集合类两种。

① 非泛型集合类位于 System.Collections 命名空间中。

② 泛型集合类一般位于 System.Collections.Generic 命名空间中。

4.2.1　非泛型集合

非泛型集合 System.Collections 命名空间包含接口和类，这些接口和类定义各种对象(如列表、队列、位数组、哈希表和字典)的集合，如表 4.3 所示。

表 4.3　System.Collections 命名空间

类	说　明
ArrayList	数组集合类，使用大小可按需要动态增加的数组实现IList接口
Hashtable	哈希表，表示键/值对的集合，这些键/值对根据键的哈希代码进行组织
Queue	队列，表示对象的先进先出集合
Stack	堆栈，表示对象的后进先出非泛型集合

表 4.3 中的 ArrayList 类和 Array 类相似，但是其大小可按需动态增加，可以将 ArrayList 类理解为 Array 类的优化版本，该类既有数组的特征，又有集合的特性。在 ArrayList 类中，所有元素的数据类型默认是 object 类型，因此能够接受任何类型的值作为它的元素。例如，可以为 ArrayList 对象添加多个不同类型的元素值。

但是在很多场合应用程序并不需要向一个 ArrayList 集合类中添加各种不同类型的元素值，且 ArrayList 类存在着增加装箱、拆箱操作和类型不安全的缺点。因为 ArrayList 中元素的数据类型默认是 object 类型，在将某个值类型的数据添加到 ArrayList 中时，会引起装箱操作，即把任何值类型转换为 object 类型；而在使用 ArrayList 中的元素时，又会引起拆箱操作，即把 object 类型转换为合适的值类型。这两种操作都会造成一定的性能开销，而且在类型转换中可能会出现错误，导致类型的不安全性。

在.NET 2.0 中引入了泛型来处理这些不足。

4.2.2　泛型集合

泛型是一种类型占位符，指定一个或多个类型占位符，在处理类型操作时，不需要知道具体的类型，而将确定具体类型的工作放在运行时来实现。

泛型最重要的应用就是集合操作，使用泛型集合可以提高代码重用性、类型安全性，并拥有更佳的性能。在 System.Collections.Generic 命名空间中包含的泛型集合类 List<T>，表示可通过索引访问的对象的强类型列表，提供用于对列表进行搜索、排序和操作的方法。List<T> 类是 ArrayList 类的泛型等效类，该类使用大小可按需动态增加的数组实现 IList(T) 泛型接口。创建一个 List<T>泛型集合的语法如下：

```
List<T> 集合名称= new List<T>();
```

例如下述语句创建一个存储整型数的 lt 泛型集合：

```
List<int> lt= new List<int>();
```

在创建泛型集合的语句中，必须指定泛型类型参数“<T>”，其中的 T 是定义泛型类时的占位符，指定集合中元素的数据类型，对集合中元素的数据类型进行约束。

【注意】

对待数组，在声明了数组变量后，必须创建数组实例，同样的，对泛型集合也必须实例化，实例化时必须在后面加上“()”。

表 4.4 列出了 List<T>类常用的若干属性。

表 4.4　List<T>类常用属性

属　性	描　　述
Capacity	获取或设置List<T>可包含的元素数
Count	获取List<T>中实际包含的元素数

表4.5列出了List<T>类常用的若干方法。

表 4.5　List<T>类常用方法

方　法	描　　述
Add	将对象添加到List<T>的结尾处
Clear	从List<T>中移除所有元素
Contains	确定某元素是否在List<T>中
IndexOf	返回List<T>或它的一部分中某个值的第一个匹配项的从零开始的索引
Insert	将元素插入List<T>的指定索引处
Remove	从List<T>中移除特定对象的第一个匹配项
RemoveAt	移除List<T>的指定索引处的元素
Reverse	将List<T>或它的一部分中的元素顺序反转
Sort	对List<T>或它的一部分中的元素进行排序

【例 4.4】List<T>类属性和方法使用示例。

【操作步骤】

① 启动 Visual Studio 2010，新建一个名为“List 类属性和方法使用”的控制台应用程序项目。

② 编制如下的程序(省略了引用命名空间的语句)：

```
namespace List类属性和方法使用
{
    class Program
    {
        static void Main(string[] args)
        {
        // 1. 初始化List<T>类的新实例
            List<int> lt1 = new List<int>();  //创建一个存储整型数的lt1泛型集合
        // 2. 向List<T>类的实例中添加元素
            lt1.Add(9);                      //使用Add()方法添加元素
            lt1.Add(5);
            lt1.Add(3);
            lt1.Insert(1, 7);                //使用Insert()方法在索引1处插入元素7
            Console.Write("lt1集合中的元素如下:\n");
            foreach(int a in lt1)            //遍历lt1集合中的元素
```

```
            Console.Write("{0}    ", a);
        Console.Write("\n\n");
    // 3. 移除List<T>的实例中的元素
        lt1.Remove(7);                  //使用Remove()方法移除元素7
        lt1.RemoveAt(1);                //使用RemoveAt()方法移除指定索引处元素
        Console.Write("移除了两个元素后的lt1集合中的元素如下:\n");
        foreach(int a in lt1)
            Console.Write("{0}    ", a);
        lt1.Clear();                        //清除lt1集合中的所有元素
        Console.Write("\n\n");
    //4. 查找List<T>的实例中的元素
        int[] aa = new int[5]{ 9, 7, 5, 3, 1 };
        List<int> lt2 = new List<int>(aa);        //使用整型数组的元素填充集合
        Console.Write("lt2集合中的元素如下:\n");
        foreach(int a in lt2)
            Console.Write("{0}    ", a);
        Console.Write("\n\n");
        int i = lt2.IndexOf(5);             //变量 i的值是2
        bool ff = lt2.Contains(8);          //变量ff的值false
        Console.Write("在lt2集合中，值为5的元素所在位置为{0}，
                在集合中搜查元素8的结果为{1}\n\n", i, ff);
    //5. 对List<T>的实例中的元素排序
        lt2.Sort();                                //使用Sort()方法对元素排序
        Console.Write("对lt2集合中的元素排序后的结果如下:\n");
        foreach(int a in lt2)
            Console.Write("{0}    ", a);
        Console.Write("\n\n");
    }
  }
}
```

③ 按Ctrl+F5键，运行程序，得到如图 4.3 所示的运行实例结果。

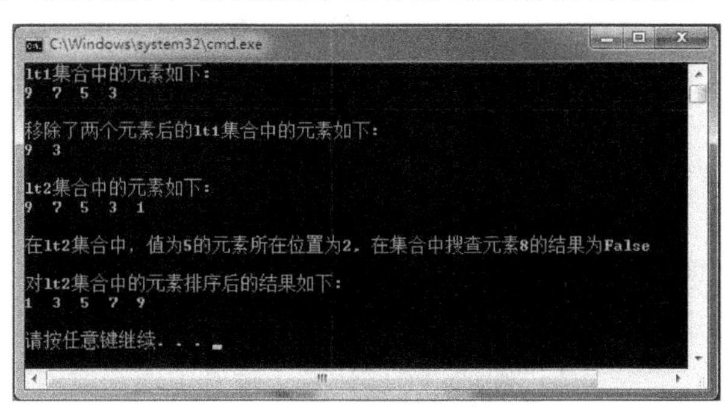

图 4.3　例 4.4 运行结果

4.3 字符串处理

字符串是 Unicode 字符的有序集合，用于表示文本。在 C#中，字符串用 string 关键字表示，string 关键字实际上指向.NET Framework 的 System.String 基类，String 类是专门用于处理字符串的类库。string 相当于 String 类在 C#中的别名。

4.3.1 String 类

String 对象的内容一般包含多个字符，它是 System.Char 对象的数组，用于表示字符串。String 对象是不可变的(只读)，因为一旦创建了该对象，就不能修改该对象的值。有些 String 方法看来似乎是修改了 String 对象，实际上是返回一个包含修改了内容的新 String 对象。

每一个 Char 对象在 String 中都有它自己的位置，这个位置即是“索引”。索引是从字符串的起始位置(其索引值为零)起的非负整数。

例如，对于有下述定义的 string 类型变量：

```
string s="My name is Tom.";
```

使用下述语句可以获得该字符串中索引 3 处的字符：

```
char ch=s[3];              //字符变量 ch 的值是'n'
```

可以使用 Length 属性获取字符串的长度：

```
int i=s.Length             //i 的值是 15
```

String 类本身提供很多方法，假设已经定义了下述两个字符串：

```
string s1="Hello World!";
string s2="hello world!";
```

下面介绍 String 类提供的方法。

1. **比较字符串**

① 使用“==”运算符比较字符串的值是否相等。

```
bool r=(s1==s2);                    //r 的值是 false
```

② 使用 Equals()方法比较字符串的值是否相等。

```
bool r=s1.Equals(s2);               //r 的值是 false
```

【说明】如果字符串 sl 和 s2 的值相等，返回 true，否则返回 false。

③ 使用 StartsWith()或 EndsWith()判断字符串的开头或结尾部分是否与指定的字符串匹配。

```
bool r=s1.StartsWith("Hello");      //r 的值是 true
bool r=s1.EndsWith("world!" );      //r 的值是 false
```

【说明】如果字符串 sl 以子字符串"Hello"开头，结果为 true，否则为 false；如果字符串 sl 以子字符串"world!"结尾，结果为 true，否则为 false。

2. **定位和查找字符串**

① 使用 IndexOf()方法获取一个或多个字符在此字符串中的第一个匹配项的索引值，使用 LastIndexOf()方法获取一个或多个字符在此字符串中的最后一个匹配项的索引值。

```
int i=s1.IndexOf('e');              //i 的值是 1
```

```
int i=s1.IndexOf('lo');                //i 的值是 3
int i=s1.LastIndexOf('l');             //i 的值是 9
```

② 使用 IndexOfAny() 方法获取 Unicode 字符数组中的任意字符在此字符串中第一个匹配项的索引值，使用 LastIndexOfAny() 方法获取 Unicode 字符数组中的任意字符在此字符串中最后一个匹配项的索引值。

```
char[] ch=new char[]{'e', 'l', 'o'};   //ch 为字符数组
int i=s1.IndexOfAny(ch);               //i 的值是 1
int i=s1.LastOfAny(ch);                //i 的值是 9
```

3. 复制字符串

使用“=”运算符将指定的字符串值赋值给新的字符串实例。

```
string s3=s1;
```

4. 分隔与组合字符串

① 使用 Substring() 方法获取字符串中的子串。

```
string s3=s1.Substring(4);             //s3 的值是"o World!"
string s4=s1.Substring(4, 3);          //s4 的值是"o W"
```

② 使用“+”运算符连接两个字符串实例。

```
string s3=s1+s2;                       //s3 的值是"Hello World!hello world!"
```

③ 使用 Split() 方法，按照指定的字符数组的元素对字符串进行分隔，将字符串拆分成若干个子字符串组成的数组；使用 Join() 方法将指定字符串数组的每个元素用指定的分隔符连接起来，从而产生单个字符串。

```
string s3="abcd@163.com";
char[] ch=new char[]{'@', '.'};        //ch 为字符数组
string[] s4=s3.Split(ch);
```

按照字符数组 ch 中给定的分隔字符(即'@'和'.')，将字符串 s3 拆分为 3 个子字符串，分别是"abcd"、"163"和"com"，将它们作为字符串数组 s4 中的 3 个元素。

```
string ss="&";
string s5=String.Join(ss, s4);
```

将字符串数组 s4 的各个元素(即"abcd"、"163"和"com")用分隔符"&"连接起来，产生一个新的字符串 s5，就是"abcd&163&com"。

5. 修改字符串

① 使用 Insert() 方法在字符串指定的索引位置插入一个指定的字符串。

```
string s3=s1.Insert(3, "ABCD");        //s3 的值是"HelABCDlo World!"
```

② 使用 Replace() 方法返回一个字符串中指定的子字符串被另一个子字符串替换结果。

```
string s3=s1.Replace("lo", "ABC");     //s3 的值是"HelABC World!"
```

③ 使用 Remove() 方法从字符串的指定位置开始删除指定个数的字符。

```
string s3=s1.Remove(4);                //s3 的值是"Hell"
string s3=s1.Remove(4, 3);             //s3 的值是"Hellorld!"
```

④ 使用 PadLeft() 方法右对齐指定字符串的字符，在左边用空格或指定的 Unicode 字符填充以达到指定的总长度；使用 PadRight() 方法左对齐指定字符串中的字符，在右边用空格

或指定的 Unicode 字符填充以达到指定的总长度。

```
string s3=s1.PadLeft(20);            //s3 是右对齐的字符串，在 s1 左面填充 8 个空格
string s4=s1.PadLeft(20, '#');       //s4 是右对齐的字符串，在 s1 左面填充 8 个'#'
```

⑤ 使用 Trim()方法移除字符串开始位置和末尾位置的空白字符。

```
string s3="   AB   CD    ";
string s4=s3.Trim();                 //s4 的值是"AB   CD"
```

6. 更改字符串大小写

① 使用 ToLower()方法将字符串转换为小写形式。

```
string s3=s1.ToLower();              //s3 的值是"hello world!"
```

② 使用 ToUpper()方法将字符串转换为大写形式。

```
string s3=s1.ToUpper();              //s3 的值是"HELLO WORLD!"
```

7. 格式化字符串

使用 Format()方法格式化字符串，语法格式如下：

```
string ss=String.Format(格式项, 对象);
```

将指定的对象替换为格式项指定的文本项。每个格式项一般采用下面的形式：

{索引:格式字符串}

其中，索引即占位符，和 Console.Writeline()方法中的占位符一样；格式字符串包含一个或多个格式说明符，以指示如何转换值。常用的格式说明符如表 4.6 所示。

表 4.6　常用的格式说明符

字符	说　明	示　例	输　出
C	货币	String.Format("{0:C3}", 2)	￥2.000
D	十进制	String.Format("{0:D3}", 2)	002
E	科学计数法	String.Format("{0:E}", 12345)	1.234500E+004
G	常规	String.Format("{0:G}", 2)	2
N	用逗号隔开的数字	String.Format("{0:N}", 1234567)	1,234,567.00
X	十六进制	String.Format("{0:X000}", 10)	A
0	格式说明符0	String.Format("{0:000.000}", 12.3)	012.300

4.3.2 StringBuilder 类

String 对象是不可变的，即它们一旦创建就无法更改。每次使用 String 类的方法时，都会在内存中创建一个新的字符串对象，这样如果程序中要多次修改字符串的值的话，效率较低。这种时候，使用 StringBuilder 类效率较高，StringBuilder 类表示可变字序列的字符串。

用 StringBuilder 类创建的字符串也称为动态字符串，这个类包含两个主要属性：Length 属性和 Capacity 属性，分别表示字符串的实际长度和它可以包含的最大字符数。Length 属性值要小于或等于 Capacity 属性值。

下面的代码用来创建一个 StringBuilder 对象，并将其初始化为空字符串，按默认值设置其容量。

```
StringBuilder sb=new StringBuilder();
```

StringBuilder 类的主要方法如表 4.7 所示。

表 4.7　**StringBuilder 类的主要方法**

方　法	描　　述
Append	在字符串的末尾追加指定对象的字符串
AppendFormat	向字符串追加包含零个或更多规范地设置了格式的字符串
Insert	在字符串中的指定字符位置插入指定对象的字符串
Remove	从字符串中移除指定范围的字符
Replace	把字符串所有的指定字符或字字符串替换为其他指定字符或字符串
ToString	把StringBuilder的值转换为String

【例 4.5】编写一个控制台应用程序，使用 StringBuilder 类实现对字符串进行添加、删除和替换的操作。

【操作步骤】

① 启动 Visual Studio 2010，新建一个名为“动态字符串应用”的控制台应用程序项目。

② 编制如下的程序(省略了引用命名空间的语句)：

```
namespace 动态字符串的应用
{
    class Program
    {
        static void Main(string[] args)
        {
            //创建StringBuilder对象，Capacity属性为50，填充字符串"AB"
            StringBuilder sb = new StringBuilder("AB", 50);
            Console.WriteLine("sb字符串最多可包含{0}个字符", sb.Capacity);
            Console.WriteLine("    实际长度为{0}", sb.Length);
            sb.Append(new char[] {'C', 'D', 'E' });
            sb.AppendFormat("FG{0}{1}{2}", 'H', 'I', 'J');
            Console.WriteLine("当前sb字符串为:{0}", sb.ToString());
            Console.WriteLine("    实际长度为{0}", sb.Length);
            sb.Insert(0, "abc");
            sb.Replace('H','华');
            Console.WriteLine("当前sb字符串为:{0}", sb.ToString());
            Console.WriteLine("    实际长度为{0}", sb.Length);
        }
    }
}
```

③ 按Ctrl+F5键，运行程序，得到如图 4.4 所示的运行实例结果。

```
C:\Windows\system32\cmd.exe
sb字符串最多可包含50个字符
  实际长度为2
当前sb字符串为:ABCDEFGHIJ
  实际长度为10
当前sb字符串为:abcABCDEFG华IJ
  实际长度为13
请按任意键继续. . .
```

图 4.4　例 4.5 程序运行结果

【思考】

对照图 4.4 所示的结果，说出程序中各行代码的含义。

习题 4

一、选择题

1. aa 是包含 10 个元素的数组，该数组元素下标的最大值是(　　)。

   A. 11　　B. 10　　C. aa.Length　　D. aa.Length-1

2. 下述创建 aa 数组实例并对其初始化的语句中，不合法的语句是(　　)。

   A. int [,] aa=new int [3,4] { {0, 1, 2, 3}, {4, 5, 6, 7}, {8, 9, 10, 11} };

   B. int [,] aa=new int [,] { {0, 1, 2, 3}, {4, 5, 6, 7}, {8, 9, 10, 11} };

   C. int [,] aa={ {0, 1, 2, 3}, {4, 5, 6, 7}, {8, 9, 10, 11} };

   D. int [,] aa;

      aa = { {0, 1, 2, 3}, {4, 5, 6, 7}, {8, 9, 10, 11} };

3. 下述访问整型数组 aa 第 4 个元素的语句中，错误的语句是(　　)。

   A. int i=aa[3];　　B. int i=aa[1+2];

   C. int i=aa[4];　　D. int i=aa[4-1];

4. 数组 aa 包含的元素依次是 8，7，6，5，4，3，2，1，执行语句(　　)后，i 的值是 7。

   A. int i=aa[2];　　B. int i=aa[1];

   C. int i=Array.IndexOf(aa, 7)　　D. int i=aa[-6];

5. 执行“Console.WriteLine(String.Format("{0:C3}　{1:D3}", 3, 3));”语句后的显示结果是(　　)。

   A. ￥3.00　　B. ￥3.000

   C. ￥3.000　003　　D. ￥3.000　3

6. 执行“StringBuilder sb = new StringBuilder("ABCD", 40);”语句后，如果要使 i 的值为 40，应执行语句(　　)。

   A. int i= sb.Length;　　B. int i= sb.Capacity;

二、填空题

1. 要知道某指定值在数组中第一次出现的索引值，应使用______________方法。

2. 要对整型数组x的元素按从小到大排序，应使用____________语句。

3. 已经创建了一个存储整型数的泛型集合ltx，使用____________和____________语句可以把13、14依次添加到ltx集合末尾，使用____________语句可以移除ltx集合中的所有元素。

4. 下述程序的运行结果是______________________________________。

```
namespace 习题4_2_4
{
    class Program
    {
        static void Main(string[] args)
        {
            const int SS = 10;
            int[] a = new int[SS];
            for(int i=0; i<a.Length; i++)
            {
                a[i]=i*2+1;
                Console.Write("{0, 4}", a[i]);
            }
            Console.Write("\n");
        }
    }
}
```

5. 已知矩阵：

$$\begin{pmatrix} 21 & 53 & 42 & 8 \\ -22 & 74 & 81 & 13 \\ 9 & 34 & 29 & -7 \end{pmatrix}$$

在下述程序中填空，使得程序的运行结果是按行列输出矩阵各元素的值。

```
namespace 习题4_2_5
{
    class Program
    {
        static void Main(string[] args)
        {
            int[,] aa = {________________________________________};
            for(int i=0; i<_____; i++)
            {
                for(int j = 0; j <_____; j++)
                    Console.Write("{0, 5}", aa[i, j]);
                __________________________;
            }
```

```
            }
        }
    }
```

实验 4

1. 编写一个控制台应用程序，声明一个数组，将一年中的12个月的英文单词(January、February、March、April、May、June、July、August、September、October、November、December)存入其中。当用户输入表示月份的数字(1～12)后，显示该月份对应的英文单词。显示后，询问是否继续输入，如果按“Y”键，继续输入，如果按“N”键，退出程序(用循环程序实现)。图4.5显示了程序的一个运行效果。

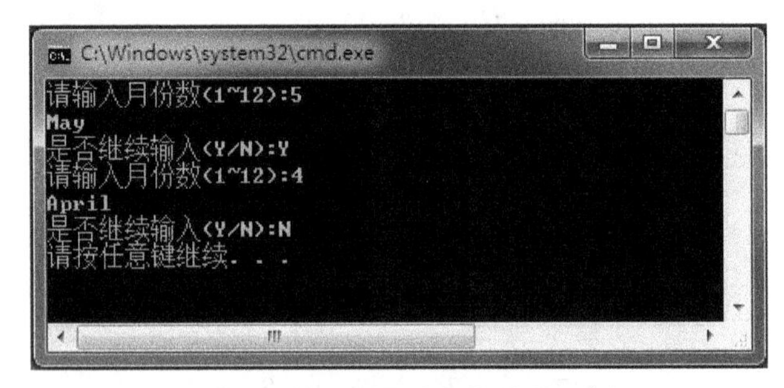

图 4.5　第 1 题程序运行结果示例

2. 编写一个控制台应用程序，声明一个数组，用循环语句从键盘上输入5名学生的成绩，并存放到数组中，计算出这些学生的平均分，然后求出大于或等于平均分的人数和小于平均分的人数(用每个学生的分数和平均分进行比较，如果大于等于平均分，则大于等于平均分的人数加1，否则小于平均分的人数加1)，最后显示这3个数值。图4.6显示了一个运行效果。

图4.6　第2题程序运行结果示例

3. 编写一个控制台应用程序。声明并初始化一个存储整型数值的数组，并按从小到大顺序初始化。定义一个List<int>泛型集合，将数组元素填充到该泛型集合中，显示填充后的泛型集合元素。从键盘输入一个整数n，插入到泛型集合中去，要求插入新数据后的泛型集合仍然按从小到大排序（通过与泛型集合中的原有数据进行比较，查找应该插入的位置，使用Insert()方法将数n插入到相应位置）。最后输出插入新数后的泛型集合元素。图4.7显示了一个运行效果。

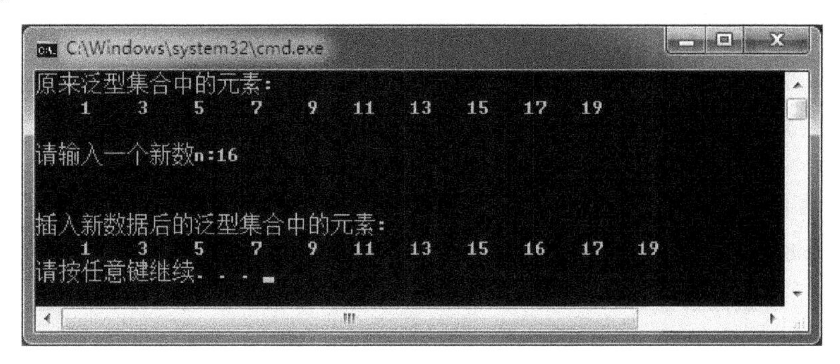

图4.7　第3题程序运行结果

4. 编写一个控制台应用程序。定义一个包含若干句子的字符串，句子以合适的符号分隔。输出该字符串。使用Split()方法拆分这个字符串，并将拆分出来的各个子字符串存储到字符串数组中。最终输出数组中的元素。图4.8显示了一个运行效果实例，该实例中的分隔符号为中文句号。

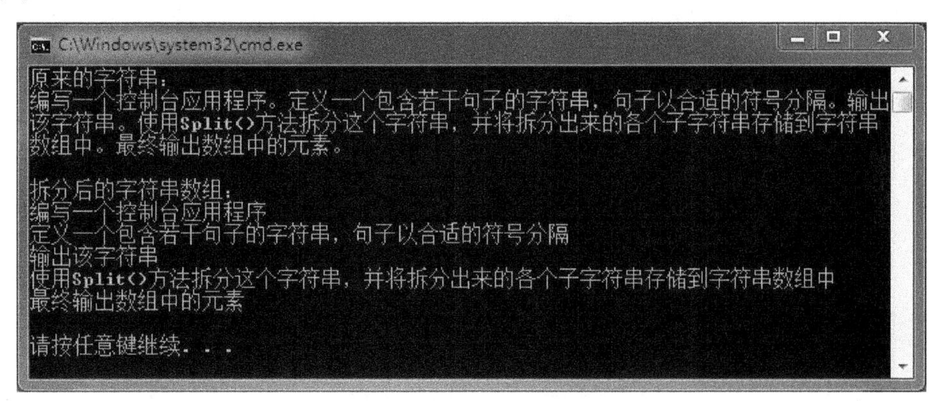

图4.8　第4题程序运行结果

5. 有一个数组包含一个等差数列的各项，该等差数列的首项为4，公差为2，一共有10000项，数列中各元素的值分别是4，6，8，…，20002。编写一个Windows窗体应用程序，在文本框中任意输入一个数，在数组中查找这个数，如果查找成功，给出这个数在数组中的序号；如果找不到，给出相应的提示。

【分析】

可以从头按顺序查找，但这是耗时最多的查找方法。如果数据组中共有n个数据，最少比较1次，最多要比较n次，平均比较 $\frac{n+1}{2}$ 次。在一组无序的数据中查找一个指定的数据，一般情况下只能使用顺序查找法，但如果这组数据已经按一定顺序排列，可以采用效率更高的查找方法。

对于已经排好序的一组数据，可以使用对分查找法提高查找的效率。假设有n个已经按升序排好序的数据为 a(0)，a(1)，…，a(n-1)，被查找的关键字数据为 key。对分查找法具体过程如下：

① 设查找范围的下界与上界分别为 low 和 high，刚开始查找时，low = 0，high = n−1。

② 求出 low 和 high 的中间位置 mid

$$mid = \frac{low+high}{2}$$

③ 比较 key 和 a(mid) 的大小。

❖ 如果 key = a(mid)，表示查找成功，退出查找。

❖ 如果 key < a(mid)，表示应该在 a(low) 和 a(mid − 1) 之间查找 key，此时应该重新设置查找范围的下界和上界。下界仍然为 low，而上界应为 mid −1，为此按下式

high = mid − 1

重新为 high 赋值，改变查找范围的上界。新的查找范围比原来的一半少 1。

❖ 如果 key > a(mid)，表示应该在 a(mid + 1) 和 a(high) 之间查找 key，此时应该将查找范围的下界和上界分别设置为 mid +1 和 high，为此按下式

low = mid + 1

重新为 low 赋值，改变查找范围的下界。新的查找范围也比原来的一半少 1。

④ 对于③中的后两种情况，返回到第②步继续查找。直到出现 key = a(mid) 或者 low > high 的情况为止，前者表示查找成功，后者表示查找失败(即未找到欲查找的值)。

由于对分查找法每一次的查找范围都比原来的一半还少 1，因此可以大大提高查找的速度。但要注意的是，只能对已经排好序的数据使用对分查找法。

对分查找法的流程如图 4.9 所示。

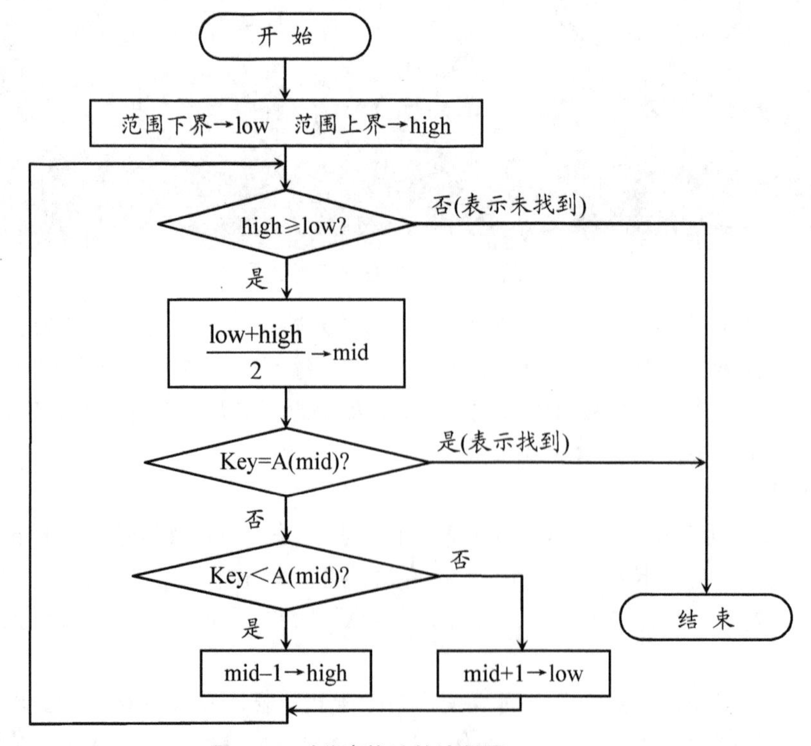

图 4.9 对分查找法的流程图

【解题过程提示】

设计如图 4.10 的左图所示的程序界面，然后按图 4.10 的右图设置各个对象的 Text 属性。运行程序时，在“待查找的数”文本框中输入一个数并单击 查找 按钮后，在“查找结果”文本框中显示一个信息：如果找到了，显示这个数在数组中的序号；如果找不到，显示这个数不在该数列中。另外，在“查找次数”文本框中显示本次操作的查找次数。

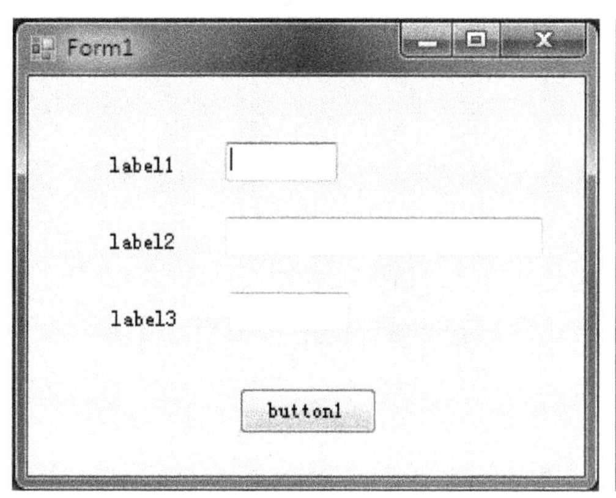

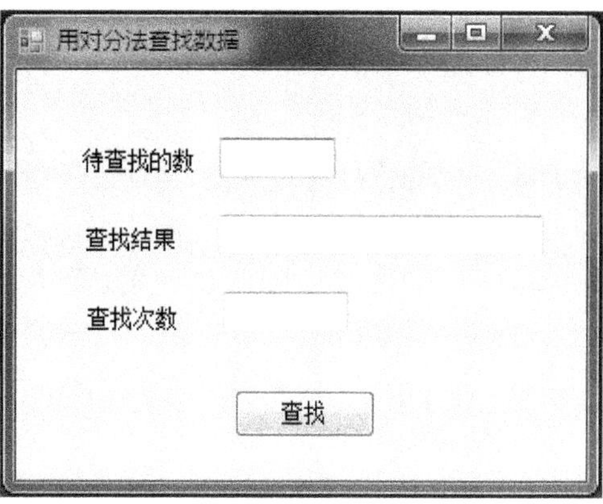

图 4. 10　程序界面

图 4.11 显示了第 5 题程序的两个运行实例结果。

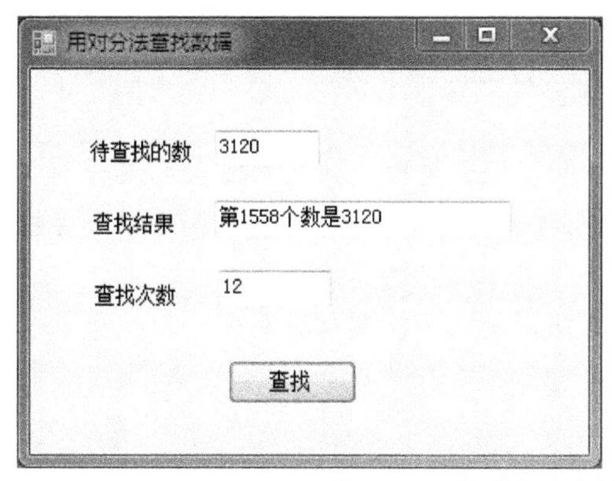

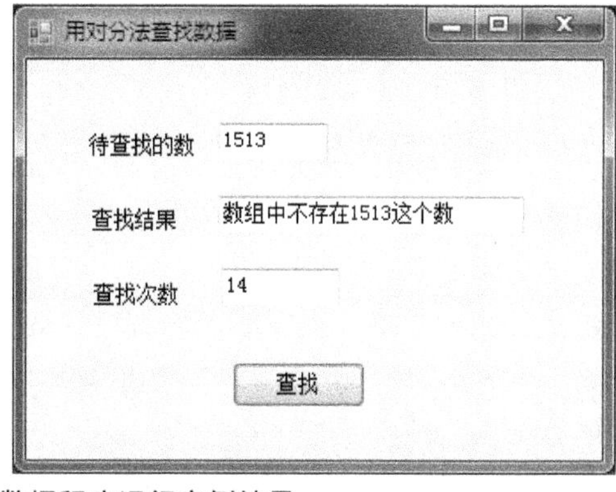

图 4. 11　用对分法查找数据程序运行实例结果

使用对分查找时，当找不到关键字时查找的次数最多。本例的数组中没有1513这个数，这时的查找次数为14。如果按顺序查找法找1513这个数，将查遍整个数组，需要查找10000次。从这里可以看出，用优秀的算法编制出来的程序可以大大提高计算机的运行效率。

第5章 模块化程序设计

一个真正有用的程序可能需要编写数百行，甚至上万行程序代码，这时往往需要一个团队开发。同时，在程序中，某些功能可能会反复多次使用，比如数据查找、排序等。如果每一项应用都编写新的代码，将大大加重编程人员的负担，而且还会增加修改和管理的难度。

因此，在编写程序时，常常把整个程序分成若干个较小的具有独立功能的模块，由开发团队中的不同人员分头编写各个小模块，然后像用积木搭房子一样，把这些小模块放在一起构建成一个完整的程序。

在C#程序中，称具有独立功能的一个模块为一个方法，在其它程序设计语言中，也把它们称为子程序或函数。

5.1 创建方法

在前面几章中我们已经遇到过方法这个概念。但它们都是集成开发环境自动生成的。我们可以创建自己的方法。要创建方法，首先需要对方法进行声明，然后才能使用它，这也是遵循“先定义后使用”的原则。在C#中，只能在类或结构中声明方法。

方法是按照一定格式组织的一段程序代码，方法声明通常由两部分组成：方法首部和方法体。

声明方法的一般格式如下：

```
修饰符 返回值类型 方法名称(参数表)
{
    方法体语句;
}
```

① 修饰符：用于指定方法的访问级别。

② 返回值类型：是一个数据类型的名称，用于指定方法返回的值的数据类型。如果方法没有任何返回值，返回值类型使用void关键字。

③ 方法名称：程序员给方法取的名字，必须符合标识符的命名规则。一般使用动词或动词短语作为方法的名称，并尽可能使其描述方法功能的含义。方法名一般由若干单词直接相连而成，为了区分不同的单词，每个单词的首字母应大写。

④ 参数列表：用于指定传递给方法的数据的类型和名称，如果有多个参数，它们之间要用逗号“,”分隔，如果方法不需要任何参数，可以使参数列表为空，即括号内什么都不写，但括号不可省略。

⑤ 方法体：用花括号“{”和“}”括起来的若干语句，包含了方法被调用时要执行的程序语句，用于实现某些功能。大部分方法的作用就是获取一些数据，然后经过内部处理，将结果返回给调用者。

方法的声明示如下所示。

修饰符　返回值类型　方法名　参数列表

```
static int Max(int a, int b)
{
    int m=a>=b?a:b;
    return m;
}
```

有返回值的方法

```
static void Max(int a, int b)
{
    int m=a>=b?a:b;
    Console.WriteLine("Max({0},{1})={2}", a, b, m);
}
```

没有返回值的方法

图 5.1 的左面显示了一个有返回值(返回值为 int 类型)的方法的声明，右面显示了一个没有返回值的方法的声明。

如果方法有返回值(返回值类型不为 void)，那么在方法体中必须编写 return 语句来返回数据。该语句使用 return 关键字，后面跟一个与返回值类型匹配或可隐式转换为返回值类型的表达式来构成返回语句。

注意，return 语句后面的语句将不会被执行，程序在执行完 return 语句后立刻退出方法，返回到调用该方法的地方。

5.2　调用方法

声明了方法之后，就可以在程序中调用它了。当程序调用一个方法时，执行流程就会跳转到该方法，执行方法体中的语句，当执行到 return 语句或到达方法体语句的终点后，将返回到调用该方法的程序，执行该程序中调用方法语句的下一条语句。

在程序中调用方法时，需要提供方法名称及具体的参数值。调用方法的程序和方法程序之间通常由参数来完成数据传递，声明方法语句中的参数称为形参，调用方法语句中的参数称为实参。调用方法后，将用实参的值代替形参进行运算。

5.2.1　调用方法的三种方式

1. 在单行语句中调用

用单独的一行语句调用方法，此时方法一般没有返回值，用于实现某种功能。例如：

```
class Demo1
{
    static void Add(int a, int b)
    {
        int s=a+b;
```

```
            Console.WriteLine("{0}+{1}={2}", a, b, s);
        }
        static void Main(string[] args)
        {
            Add(106, 59);
        }
    }
```

上述程序在 Main()方法中用“Add(106, 59);”语句调用 Add()方法，其中的 106、59 是实参，调用方法后，它们将分别代替方法说明语句中的形参 a、b。

2. 在表达式中调用

方法可以作为表达式的一部分来调用，此时方法应该有返回值，返回值将参与到表达式的运算中。例如：

```
    class Demo2
    {
        static int Add(int a, int b)          //声明 Add()方法的返回值为 int 型
        {
            int s =a+b;
            return s;                         //用 return 语句返回 s 值
        }
        static void Main(string[] args)
        {
            int result=Add(106, 59);          //在赋值表达式中调用方法
            Console.WriteLine(result);
        }
    }
```

3. 在方法的参数中调用

调用甲方法时，可以用乙方法作为其参数，此时当做参数的乙方法应该有返回值，返回值将作为甲方法的参数进行运算。例如：

```
    class Demo3
    {
        static int Add(int a, int b)
        {
            int s =a+b;
            return s;
        }
        static void Main(string[] args)
        {
            //用 Add()方法当做 WriteLine()方法的参数
            Console.WriteLine("{0}", Add(106, 59));
```

```
        }
    }
```

在调用方法时，必须使实际参数与方法声明中指定的形式参数完全匹配，包括匹配形式参数的类型、个数以及顺序。下面是错误的调用：

```
class Number
{
    static void Add(int a, int b)          //声明方法 Add()为 void 型
    {
        int s = a+b;
        Console.WriteLine("{0}", s);
    }
    static void Main(string[] args)
    {
        Add(1.2+3.4);                      //错误！参数类型不符
        Add(10);                           //错误！参数个数不符
    }
}
```

【例 5.1】编写控制台应用程序，通过调用方法，计算组合数C_m^n的值，组合数C_m^n的计算公式为：

$$C_m^n = \frac{m!}{n!(m-n)!}$$

【分析】

从公式中可以看出，在计算C_m^n时遇到 3 个求阶乘的运算。因此可以编写一个求 a 的阶乘的方法，然后让 a 分别等于 m，n 和 $m-n$，求出 $m!$，$n!$ 和$(m-n)!$，最后求出C_m^n的值。

【操作步骤】

① 启动 Visual Studio 2010，新建一个名为“求组合数”的控制台应用程序项目。

② 编制如下的程序(省略了引用命名空间的语句)：

```
namespace 求组合数
{
    class Program
    {
        static long Fac(int a)
        {
            long f=1;
            for(int i = 1; i <= a; i++)     //求a的阶乘，存入变量f
                f *= i;
            return f;
        }
        static void Main(string[] args)
```

```
        {
            int m, n;
            long c;      //c存放求得的组合数结果，可能较大，用long类型
            Console.Write("请输入m:");
            m = Convert.ToInt16(Console.ReadLine());
            Console.Write("请输入n:");
            n = Convert.ToInt16(Console.ReadLine());
            c = Fac(m) / (Fac(n) * Fac(m - n));
            Console.WriteLine("从{0}个不同物体中任取{1}个物体的组合数是:{2}",
                              m, n, c);
        }
    }
}
```

③ 按Ctrl+F5键，运行程序，得到如图 5.1 所示的运行实例结果。

图 5.1　例 5.1 程序运行实例

5.2.2　递归调用

在调用一个方法的过程中又直接或间接地调用该方法本身，称为方法的递归调用。

如果在 f() 方法中又调用 f() 方法，就是直接递归调用。如果在 f() 方法中调用 g() 方法，而在 g() 方法中又调用 f() 方法，就是间接递归调用。

为了有限制地实现递归调用，即防止无终止地递归调用，可以用 if 语句进行控制，只有满足某一条件时才执行递归调用，否则不再继续调用。

使用有限递归调用解决问题的思路是：如果原有的问题能够分解为一个新问题，而新问题又用到了原有的解法，这时就出现了递归。按照这个原则分解下去，每次出现的新问题是原有问题的简化的子问题。最终分解出来的新问题是一个已知解的问题，这时直接解决该问题，不再继续进行递归调用。

递归调用过程分两个阶段：

① 递推阶段：将原问题不断地分解为新的子问题，逐渐从未知向已知的方向递推，最终达到已知的条件，即递归结束条件，这时递推阶段结束。

② 回归阶段：从已知条件出发，按照“递推”的逆过程，逐一求值回归，最终到达“递推”的开始处，结束回归阶段，完成递归调用。

【例 5.2】 相传古印度贝拿勒斯圣庙中有一块铜板，铜板上有编号为 A、B、C 的 3 根柱子，在 A 柱自上而下按由小到大的顺序串了 64 个金盘(图 5.2 显示的是串了 4 个金盘的情况)。庙中的僧侣们进行一种称为汉诺塔的游戏：把 A 柱上的金盘移到 C 柱上，并仍按原有顺序叠

好。游戏规则是：每次只能移动一个金盘，在移动过程中可以用另一根柱子当过渡柱，但是不允许大盘叠在小盘之上。僧侣们说：当把 64 个金盘都从 A 柱移到 C 柱上时，世界末日就要到了。请编制控制台程序，输入 A 柱上叠放的盘子个数，然后显示在各个柱子间移动盘子的顺序。

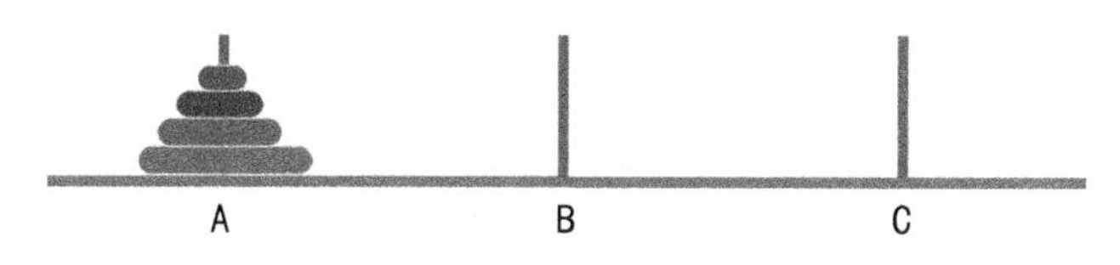

图 5.2　汉诺塔游戏示意

【分析】

不妨先拿 3、4 个盘子来模拟一下，看能否找到某些重复性规律，以便考虑盘子更多的情况。通过模拟可以看到虽然搬动步骤的类型不多，也有重复的要求，但重复步骤不同，无明确的规律，故无法用循环实现。

进一步分析可知，将 n 个盘子从 A 柱搬到 C 柱的递归过程可以如下实现：

① 把 A 柱上的 n-1 个盘子搬到 B 柱（中间过渡柱）上；

② 把 A 柱上的最后一个盘子（n 号盘子）搬到 C 柱（目标柱）上；

③ 把已经搬到 B 柱上的 n-1 个盘子搬到 C 柱上。

其中第 1 步和第 3 步是类似的，都是把 n-1 个盘子从一个柱子搬到另一个柱子，只是柱子的名字不同而已。按照搬动规则，必须有 3 个柱子才能完成搬动，一个柱子是搬动源，一个柱子是目的地，还有一个柱子作为中间过渡。在搬动过程中 3 个柱子的地位是动态变化的，因此，在方法中必须分别指定 3 个柱子，使其作为方法的参数。

递归出口则是 n=1，这时可以直接显示搬动过程。

具体搬动步骤，用 WriteLine() 方法输出。

【操作步骤】

① 启动 Visual Studio 2010，新建一个名为“汉诺塔游戏”的控制台应用程序项目。

② 编制如下的程序（省略了引用命名空间的语句）：

```
namespace 汉诺塔游戏
{
    class Program
    {
        //定义从 a柱到 c柱搬动 n个盘的Hanio方法，b柱为中间过渡柱
        static void Hanio(int n, char a, char b, char c)
        {
            if(n == 1)                          //递归出口
                Console.WriteLine("{0}-->{1}", a, c);
            else
            {
                Hanio(n - 1, a, c, b);          //递归调用
                Console.WriteLine("{0}-->{1}", a, c);
```

```
                Hanio(n - 1, b, a, c);              //递归调用
            }
        }
        static void Main(string[] args)
        {
            int n;
            Console.Write("请输入盘子的个数: ");
            n = Convert.ToInt16(Console.ReadLine());
            Console.WriteLine("移动{0}个盘子的步骤是:", n);
            Hanio(n, 'A', 'B', 'C');                    //调用方法
        }
    }
}
```

③ 按Ctrl+F5键，运行程序，得到如图 5.3 所示的两个运行实例结果。

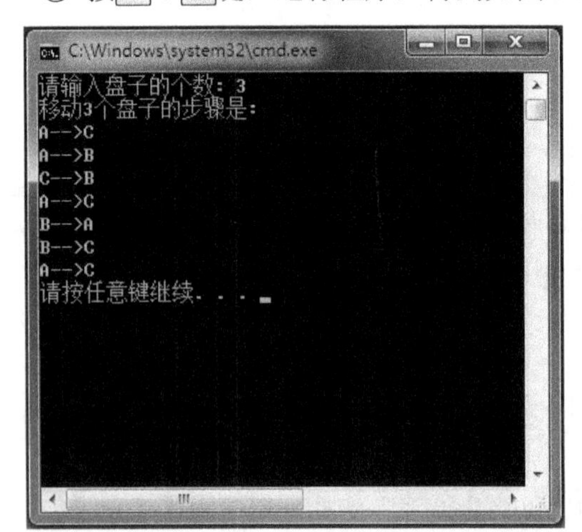

图 5.3 例 5.2 程序运行实例

从运行结果可以看到，对 3 个盘子需要搬动 7 次，对 4 个盘子需要移动 15 次。不难证明，对 n 个盘子需要搬动 2^n-1 次。要搬动 64 个盘子共需 $2^{64}-1$ 次，假设僧侣每天 24 小时不停地搬，并且每秒钟搬动一次，大约需要 6×10^{11} 年，即约 600 亿年，比地球的年龄还要长。所以才会说，搬完 64 个盘子时，“世界末日”也就到了。

设计递归程序时，关键是找出运算规律，即递归公式，千万不要局限于实现细节，否则很难理出头绪，具体实现细节应该让计算机去处理。

5.3 参数传递

5.3.1 参数类别

方法的参数可以是值类型或者是引用类型。

① 用值类型数据作为参数传递给方法时，程序将会复制该数据的一个副本在被调用的方

法内使用，作为实参的数据本身不会因为方法的内部操作而发生改变。

② 用引用类型作为参数传递给方法的时候，被调用的方法将直接操作该引用所指向的那个数据，作为实参的数据会因为方法的内部操作产生变化。

根据参数传递形式的不同，方法调用可分为值参数调用和引用参数调用。

5.3.2 值参数调用

默认情况下，值类型是方法默认的参数类型，这时不需要任何关键字指出参数类型，采用将实参的值复制一份，传递给形参，从而实现参数的传递。在方法执行过程中，形参的变化不会影响实参。另外，形参只在声明它的方法体中存在，当从方法返回时，将释放形参所占用的内存空间。

【例 5.3】调用方法前后，值类型参数情况示例。

【操作步骤】

① 启动 Visual Studio 2010，新建一个名为“值类型参数”的控制台应用程序项目。

② 编制如下的程序(省略了引用命名空间的语句)：

```
namespace 值类型参数
{
    class Program
    {
        static void Swap(int a, int b)               //值类型参数
        {
            int t=a;                                 //交换形参数的值
            a=b;
            b=t;
            Console.WriteLine("在Swap方法中，a={0}, b={1}", a, b);
        }
        static void Main(string[] args)
        {
            int a=-100, b=70;
            Console.WriteLine("调用Swap方法前, a={0}, b={1}", a, b);
            Swap(a, b);                              //值参数调用
            Console.WriteLine("调用Swap方法后，a={0},b={1}", a, b);
        }
    }
}
```

③ 按Ctrl＋F5键，运行程序，得到如图 5.4 所示的运行结果。

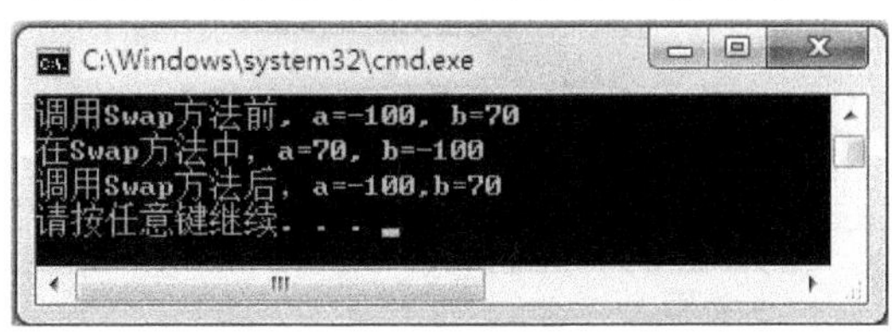

图 5.4　例 5.3 程序运行结果

【程序说明】

① 运行例 5.3 所示的程序，调用 Swap()方法时，由于是使用的是值类型参数，因此只是将实参 a、b 的值复制了一份，赋给 Swap()方法中的形参 a、b。

② 在 Swap()方法内部，对形参 a、b 的值实行了交换。

③ 从运行结果可知，虽然在 Swap()方法内部，形参 a、b 的值发生了交换，但是这种交换对 Main()方法中实参 a、b 的值并未产生影响。

5.3.3 引用参数调用

如果需要在调用的方法中改变实参变量的值，可以使用引用参数调用方法。引用参数调用时，实参和形参都指向同一存储空间，改变形参的值，也将改变实参变量的值。

1. **ref 关键字**

C#用 ref 关键字表示引用类型参数。用引用参数调用方法，在方法中对形参所作的修改都将反映在实参变量中。如果使用 ref 参数，则方法的声明和调用都必须显式使用 ref 关键字。

【例 5.4】调用方法前后，引用类型参数情况示例。

【操作步骤】

① 启动 Visual Studio 2010，新建一个名为“引用类型参数”的控制台应用程序项目。

② 编制如下的程序(省略了引用命名空间的语句)：

```
namespace 引用类型参数
{
    class Program
    {
        static void Swap(ref int a, ref int b)          //a、b为引用类型参数
        {
            int t=a;                                    //交换形参值
            a=b;
            b=t;
            Console.WriteLine("在Swap方法中，a={0},b={1}", a, b);
        }
        static void Main(string[] args)
        {
            int a=-100, b=70;
            Console.WriteLine("调用Swap方法前，a={0},b={1}", a, b);
            Swap(ref a, ref b);                         //引用参数调用
            Console.WriteLine("调用Swap方法后，a={0},b={1}", a, b);
        }
    }
}
```

③ 按Ctrl+F5键，运行程序，得到如图 5.5 所示的运行结果。

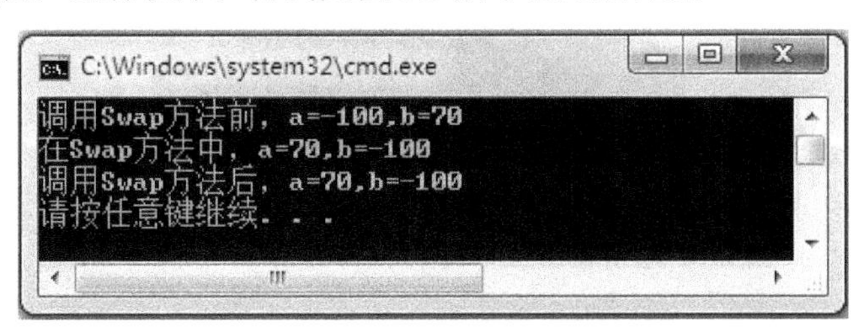

图 5.5　例 5.4 程序运行结果

【程序说明】

① 运行例 5.4 所示的程序，在调用 Swap()方法时，使用了引用参数，实参 a、b 直接参与到方法的执行。

② 在 Swap()方法内部，对形参 a、b 的值实行了交换。

③ 从运行结果可知，在 Swap()方法内部，形参 a、b 的值发生了交换，由于 a、b 是引用参数调用，这种交换对 Main()方法中的实参 a、b 的值也产生了影响。

2. out 关键字

out 关键字也用来表示引用类型参数，它又称为输出参数。在方法中对形参所作的修改都将反映在实参变量中。若要使用 out 参数，则方法的声明和调用都必须显式使用 out 关键字。out 关键字与 ref 关键字很相似，差别在于调用方法前无需对传递的实参变量设置值。在方法内，out 参数被认为是未赋过值的，所以在结束方法之前，必须对 out 参数赋值。

【例 5.5】使用输出参数调用方法的程序示例。

【操作步骤】

① 启动 Visual Studio 2010，新建一个名为“输出参数”的控制台应用程序项目。

② 编制如下的程序(省略了引用命名空间的语句)：

```
namespace 输出参数
{
    class Program
    {
        static void OutMethod(out int i)
        {
            i=100;
        }
        static void Main(string[] args)
        {
            int val;
            OutMethod(out val);             //调用方法前val未赋值
            Console.WriteLine("调用过方法后，val变量被赋值为:{0}", val);
        }
    }
}
```

③ 按Ctrl+F5键，运行程序，得到如图 5.6 所示的运行结果。

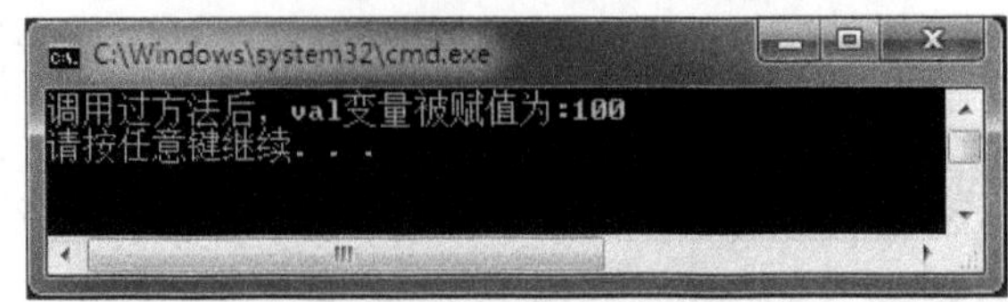

图 5.6　例 5.5 程序运行结果

【程序说明】

① 程序中的形参 i 使用了 out 关键字，通过语句

OutMethod(out val)

调用 OutMethod 方法，事先仅对实参 val 进行了声明，但没有设置值。

② 注意，如果使用 ref 关键字，那么变量 val 需要赋初值，例如 int val=0;。

3. **params 关键字**

一般情况下，调用方法时，实参和形参在类型和数量上应该相匹配。如果使用 params 关键字指定数组参数，则可以指定数目可变的参数。当不能确定一个方法的参数到底有多少个的时候，可以在方法声明中使用 params 关键字。值得注意的是，它必须是最后一个参数，即在 params 关键字之后不允许再出现任何其他参数，而且在方法声明中只允许出现一次 params 关键字。

包含 params 数组参数的语法格式如下所示：

(数据类型 参数 1, 数据类型 参数 2, …, params 数据类型[] 数组名)

【例 5.6】使用数组参数调用方法的程序示例。

【操作步骤】

① 启动 Visual Studio 2010，新建一个名为“数组参数”的控制台应用程序项目。

② 编制如下的程序(省略了引用命名空间的语句)：

```
namespace 数组参数
{
    class Program
    {
        static void ParamsMethod(params int[] list)
        {
            int j=0, m=0;              //j保存具体参数个数，m保存参数最大值
            foreach(int i in list)
            {
                if(j ==0)
                    m = i;             //暂时取第一个参数作为最大值m
                else
                    if(m < i)
                        m = i;         //如果m比后续参数小，为m重新赋值
                Console.Write("{0, 5}", i);
                j++;
```

```
            }
            Console.WriteLine("\n一共处理了{0}个数，最大值为{1}", j, m);
        }
        static void Main(string[] args)
        {
            ParamsMethod(1, 4, 3);              //传递不定个数的参数
            int[] array={1, 2, 7, 4, 5, 6};
            ParamsMethod(array);                //传递数组
        }
    }
}
```

③ 按Ctrl+F5键，运行程序，得到如图 5.7 所示的运行结果。

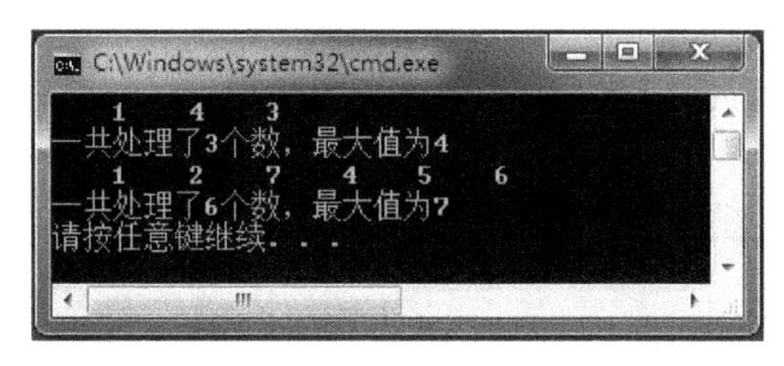

图 5.7 例 5.6 程序运行结果

【程序说明】

在程序中声明 ParamsMethod()方法时使用了 params 关键字。在调用方法时，实参可以是不定个数的参数，或者是一个数组。

5.4 方法重载

在 C#中，同一个类中两个或两个以上的方法可以有相同的名称，只要它们的参数声明得不同即可。在这种情况下，该方法就被称为重载(overload)，这个过程称为方法重载(method overloading)。方法重载是C#非常有用一个特性，有了这个特性，就可以在程序中把一些功能相似但参数列表不同的方法设置成同样的名称，从而增强程序的可读性。

每个重载方法的参数列表必须是不同的，即参数个数、参数类型、参数顺序不同。当调用一个重载方法时，实际参数与形式参数相匹配的方法将被执行。虽然每个重载方法可以有不同的返回值类型，但返回值类型并不足以区分所调用的是哪个方法。

【例 5.7】 方法重载程序示例。

【操作步骤】

① 启动 Visual Studio 2010，新建一个名为“方法重载”的控制台应用程序项目。

② 编制如下的程序(省略了引用命名空间的语句)：

```
namespace 方法重载
```

```
{
    class Program
    {
        static void f(int i)                //形参为一个int型参数
        {
            Console.WriteLine("参数是一个整型数:{0}, 调用f(int i)", i);
        }
        static void f(int i, int j)         //形参为两个int型参数
        {
            Console.WriteLine("参数是两个整型数:{0},{1}, 调用f(int i, int j)", i, j);
        }
        static void f(double k)             //形参为一个double型参数
        {
            Console.WriteLine("参数是一个浮点数:{0}, 调用f(double k)", k);
        }
        static void Main(string[] args)
        {
            f(5);              //实参是一个int型参数，调用f(int i)
            f(7, 11);          //实参是两个int型参数，调用f(int i, int j)
            f(1.23);           //实参是一个double型参数，调用f(double k)
        }
    }
}
```

③ 按Ctrl+F5键，运行程序，得到如图 5.8 所示的运行结果。

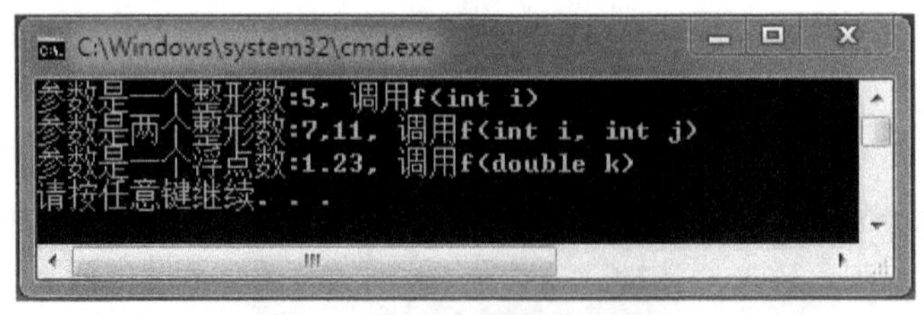

图 5.8　例 5.7 程序运行结果

【程序说明】

在上述程序中，f()方法被重载了 3 次。第一个使用一个 int 型参数，第二个使用两个 int 型参数，第三个使用一个 double 型参数。当重载的方法被调用时，C#根据调用的方法的实参与声明的方法的形参，寻找相匹配的方法。

5.5　变量的作用域

变量的作用域(Scope)是指变量在程序中能够被识别的范围。在同一个作用域中，不能声明两个或者多个同名的变量。但是在不同的作用域中，可以声明同名的变量。如下列代码所示。

```
static void mm1()
{
    int x, y;
    int x;              //不能通过编译，因为变量 x 已经声明过了
}
static void mm2()
{
    int x;              //能通过编译，因为上面的变量 x 和这里的变量 x 作用域不同
}
```

变量可以在方法中声明，也可以在方法外声明。根据声明位置的不同，变量可以分为局部变量和全局变量。

5.5.1　局部变量

在方法内部声明的变量只能在方法内部使用，这种变量称为局部变量(Local Variable)。

局部变量的作用域局限于声明的方法内部，在方法之外，该变量无法被访问和使用。示例代码如下：

```
class Program
{
    static void ff()
    {
        int x=15;           //x是局部变量
    }
    static void Main(string[] args)
    {
        ff();
        Console.WriteLine(x);   //不能通过编译，因为不能访问其他方法中声明的变量
    }
}
```

要注意的是，在用“{”和“}”括起来的语句块中声明的变量的作用域仅仅是它所在的语句块，在语句块外访问和使用这种变量时，也会超出变量的作用域。示例代码如下：

```
class Program
{
    static void Main(string[] args)
```

```
    {
        int i;
        for(int i = 1; i <= 10; i++)
        {
            double x = 15;
        }
        Console.WriteLine(i, x);   //编译出错，当前上下文中不存在名称“i”和“x”
    }
}
```

5.5.2 全局变量

1. 全局变量的作用域

在一个类中的各个方法之外声明的变量是全局变量(Global Variable)。全局变量的作用域大于局部变量的作用域，和声明全局变量的语句在一个类中的程序代码都可以访问和使用它。示例代码如下：

```
class Program
{
    static int a;               //a是全局变量
    static void ff()
    {
        a=15;
    }
    static void Main(string[] args)
    {
        ff();
        Console.WriteLine(++a);
    }
}
```

程序运行结果如图 5.9 所示。

2. 全局变量和局部变量同名时的处理方法

在方法外声明的全局变量可以和方法内声明的局部变量具有相同的名称，此时在局部变量的作用域下访问该变量时，默认情况下将使用局部变量，这个原则称为变量的屏蔽。如果确实要使用全局变量，则需要在变量名前添加类名前缀进行说明。示例代码如下：

```
class Program
{
    static int a=10;
    static void Main(string[] args)
    {
        int a=20;
        Console.WriteLine("方法中局部变量a的值是{0}:", a);
```

```
        Console.WriteLine("程序的全局变量a的值是{0}:", Program. a);
    }
}
```

程序运行结果如图 5.10 所示。

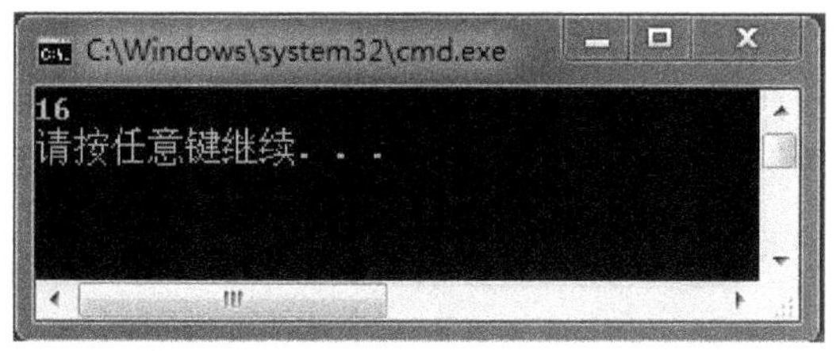

图 5.9　全局变量程序运行结果示例 1

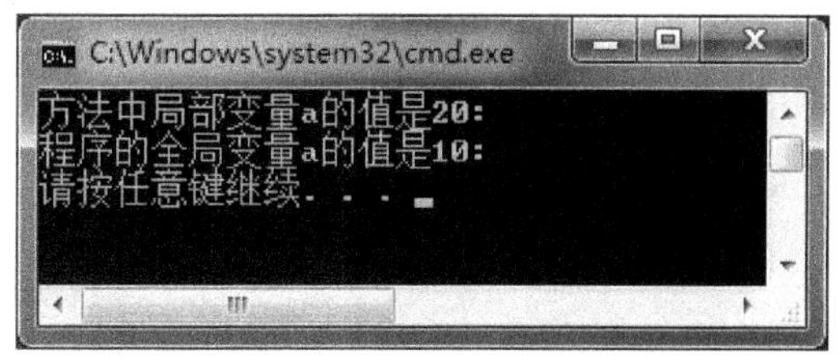

图 5.10　全局变量程序运行结果示例 2

【注意】

因为可以在类的各个方法中修改全局变量的值，所以容易造成混乱，因此在程序设计时应尽量少使用全局变量。

5.6　Main()方法

Main()方法是 C#程序的主方法，它是控制台应用程序或 Windows 窗体应用程序的入口点。启动应用程序时，第一个调用的方法就是 Main()方法。

Main()方法具有如下特征：

① Main()方法是应用程序的入口点，程序控制在该方法中开始和结束。

② Main()方法在类或结构的内部声明，且必须是静态方法(用 static 当修饰符)。

③ Main()方法的返回值类型有两种：void 或 int。

④ Main()方法在声明时包含 string[]形参，在调用它的命令行中也可以不使用参数。

【例 5.8】读取 Main()参数程序示例。

① 启动 Visual Studio 2010，新建一个名为“main 方法”的控制台应用程序项目。

② 编制如下的程序(省略了引用命名空间的语句)：

```
namespace main方法
{
    class Program
    {
        static void Main(string[] args)
        {
            Console.WriteLine("命令行参数个数：{0}", args.Length);
            foreach(string s in args)
                Console.WriteLine(s);
            Console.ReadKey();
```

```
            }
        }
    }
```

③ 按Ctrl+F5键，运行程序，得到如图 5.11 所示的运行结果。

④ 按任意键退出程序，进入存放本程序的文件夹，在“main 方法\main 方法\bin\Debug”文件夹中可以看到“main 方法.exe”文件，将它复制到 D 盘根目录下。

⑤ 在桌面上执行“开始”→“所有程序”→“附件”→“命令提示符”菜单命令，打开执行 DOS 命令的窗口。

⑥ 在“C:\Usres\Administrator>”右面输入“D:main方法 01 02 03 04 05”，按回车键，窗口中显示运行结果，如图 5.12 所示。

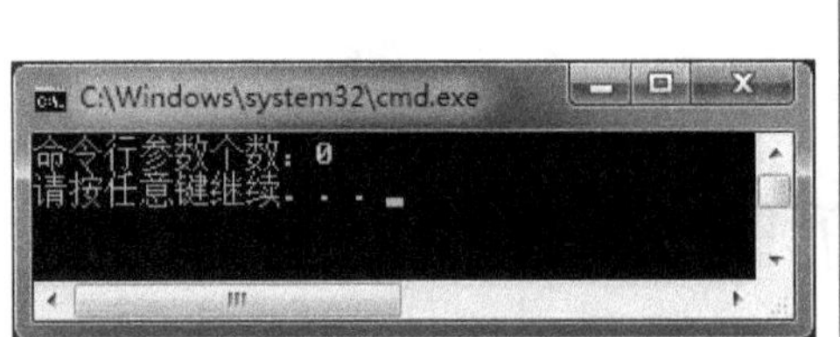

图 5.11　例 5.8 运行结果

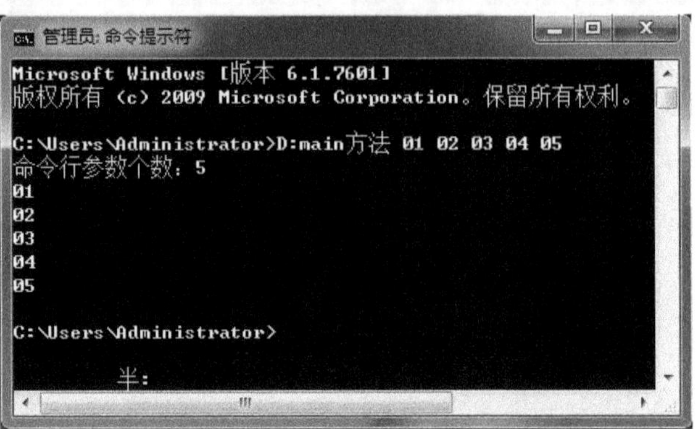

图 5.12　在 DOS 命令窗口执行程序

【程序说明】

在 Visual Studio 集成开发环境中按Ctrl+F5键运行程序时，就对源程序进行了编译，生成了可执行的目标程序“main 方法.exe”。在运行 DOS 命令的窗口中运行该程序，并输入若干字符串(本例输入了 5 个字符串，每个字符串之间用空格隔开)作为入口参数，从运行结果可知，程序可以正确读取和解析入口参数。

一、选择题

1. 方法中的值参数是(　　)的参数。

　A. 按值传递　　　　B. 按引用传递

　C. 按地址传递　　　D. 不传递任何值

2. 下面对方法中 ref 和 out 参数的说明中，错误的是(　　)。

　A. ref 和 out 参数传递方法基本相同，都把实参的内存地址传递给方法，实参和形参指向同一个内存区域，但是对于 ref 参数，要求在调用方法之前必须明确赋值

B. ref 将实参传入形参，out 只能用于从方法中传出值，方法不能接受实参数值

C. ref 和 out 参数传递的是实参的地址，要求实参和形参的数据类型一致

D. ref 和 out 参数传递方法完全相同

3. 有下述程序段：

```
class Program
{
    static int i=10;
    static void Main(string[] args)
    {
        int i=20;
        for(int j = 1; j <= 2; j++)
        {
            Console.Write("{0}    ", i++);
        }
        Console.Write("{0}\n", i);
    }
}
```

编译运行程序的结果是(　　)。

A. 显示 20　21　22　　　　B. 显示 10　11　12

C. 显示 21　22　23　　　　D. 编译出错

4. 被调用方法的程序代码的位置，(　　)。

A. 必须放在调用它的方法之前　　　　B. 必须放在调用它的方法之后

C. 既可以放在调用它的方法之前也可以放在调用它的方法之后

二、填空题

1. 在 C#中，同一个类中多个方法可以有相同的名称，只要________________________即可。

2. 使用 params 关键字指定参数时，它必须是_______________一个参数。

3. 运行下述程序段的结果是显示__________和__________。

```
class Program
{
    static void fun(int a, int b)
    {
        Console.WriteLine(a * b);
    }
    static void fun(double a, double b)
    {
        Console.WriteLine(a*b*b);
    }
    static void Main(string[] args)
```

```
        {
            fun(3.14, 10);
            fun(7, 6);
        }
    }
```

4. 运行下述程序段的输出结果是________。

```
class Program
{
    static int fun2(int a, int b)
    {
        int c;
        c = (a * b) % 3;
        return c;
    }
    static int fun1(int a, int b)
    {
        int c;
        a += a; b += b;
        c = fun2(a, b);
        return c * c;
    }
    static void Main(string[] args)
    {
        int x = 11, y = 19;
        Console.WriteLine(fun1(x, y));
    }
}
```

5. 有以下两个程序，请在注释处填空。

程序 1：

```
class Program
{
    static int a=0;
    static void Main(string[] args)
    {
        a=5;                          //a的值是___________
        int b = f(a)                  //b的值是___________，a的值是___________
        Console.WriteLine(a+b);       //显示结果是___________
    }
    static int f(int x)
```

```
        {
            a = a-1;                    //a的值是__________
            x = a+x;                    // x的值是__________
            return a * x;               //返回值是__________
        }
    }
```

程序 2：

```
    class Program
    {
        static int a=0;
        static void Main(string[] args)
        {
            a=5;                        //a的值是__________
            int b = f(ref a)            //b的值是__________，a的值是__________
            Console.WriteLine(a+b);     //显示结果是__________
        }
        static int f(ref int x)
        {
            a = a-1;                    //a的值是__________
            x = a+x;                    // x的值是__________
            return a * x;               //返回值是__________
        }
    }
```

实验 5

1. 编写控制台应用程序，计算圆的面积和周长。

【要求】

① 声明一个 Area() 方法，方法的参数是圆的半径，用于返回圆的面积。

② 再声明一个 Circle() 方法，方法的参数是圆的半径，用于返回圆的周长。

③ 在 static void Main() 方法中提示并获得用户输入的圆半径值，调用两个方法输出结果。

2. 编写控制台应用程序，在程序中编写含有数组参数的方法，用传递 4 个实际参数和传递包含 7 个元素的数组的方式调用方法，求出传递的参数的平均值。要求使用 out 参数输出平均值。

3. 有 10 箱苹果，第 1 箱有 10 个苹果，此后的第 2，3，……，10 箱苹果分别比第 1，2，……

9 箱多 3 个苹果，编写控制台应用程序，用递归的方法求第 10 箱有多少个苹果？按F11键，逐语句调试，查看相关变量的值。

【提示】

编写返回值是整型数的 ff 递归方法，接受参数 n，当 n>1 时，ff(n)=ff(n−1)+3；当 n=1 时，ff(n)=10。

4. 编写控制台应用程序，输入两个正整数 m 和 n(m<n 且 m≥1，n≤300)，求 m 和 n 之间所有质数的和。要求定义和调用 prime(x)方法判断 x 是否是质数。

5. 1742 年 6 月，德国数学家哥德巴赫在给大名鼎鼎的数学家欧拉的信中提出一个问题：任何一个不小于 6 的偶数都可以表示为两个质数之和吗？这就是著名的哥德巴赫猜想。这个猜想至今尚未得到证明，但是，我们可以在不小于 6 的有限的偶数范围内，验证其正确性。请编写控制台应用程序，在任意给定一个不小于 6 的偶数后，将它分解成两个质数之和。

【提示】假设任意给定的不小于 6 的偶数为 k，可以将其表示为两个正整数 i 和 j 之和:

$$k = i + j$$

本题的目的就是要寻找出都是质数的两个加数 i 和 j。

可以通过下述算法完成这个任务。

① 编写验证一个数是否为质数的方法。

② 输入 k 的值。

③ 让 i 取 2。

④ 调用方法，验证 i 是否为质数。

⑤ 如果 i 不是质数，则让 i=i+1，返回步骤④，否则转向步骤⑥。

⑥ 求出 j=k−i。

⑦ 调用方法，验证 j 是否为质数，如果 j 不是质数，则让 i=i+1，返回步骤④，否则转向步骤⑧。

⑧ 现在 i，j 都是质数，则 i，j 即为所求，输出 k = i + j 这个结果。

6. 编写控制台应用程序，输入一个正整数 n，用递归方法按逆序输出这个整数。

7. 输入一个十进制整数，用递归的方法把它转化为八进制整数并输出。

8. 编写控制台应用程序，使用重载方法声明多个重载版本的 Add()方法，用于求出两个参数加在一起的和，并返回这个和。要求参数的类型分别是 int 型、double 型、string 型，其中 string 型是把两个字符串连接在一起，在 Main()方法中分别用下述语句调用 Add()方法:

```
Console.WriteLine(Add(10, 12));
Console.WriteLine(Add(100, 120.3));
Console.WriteLine(Add("ABCD", "abcd"));
```

观察程序运行结果。

第 6 章 面向对象程序设计

面向对象(Object-Oriented，OO)是一种高效的软件开发方法，它已成为目前最为流行的一种软件开发方法。

6.1 认识面向对象

1. 用面向对象的观点分析问题

首先看一个情景：

小偷 Tom 偷了东西，被警察 Pite 发现，Pite 抓 Tom，Tom 逃跑。

采用面向对象的方法和面向对象的概念对上述情景进行分析，涉及以下几个方面：

① 类：把角色抽象为警察类(包括警察的属性和方法)，小偷类(包括小偷的属性和方法)。

② 属性：定义“警察”类和“小偷”类的属性(如姓名等)。

③ 方法：定义“警察”类的“捉小偷”方法，“小偷”类的“逃跑”方法。

④ 事件：定义“小偷偷东西”事件。

⑤ 对象：实例化“警察”类得到“Pite”对象，实例化“小偷”类得到“Tom”对象。

⑥ 发生 Tom 偷东西事件，触发对应的方法，完成情景。

2. 对象及其描述

对象是在程序设计中，人们要研究的现实世界中某个具体事物。从简单的整数到复杂的航母等都可以视为对象。面向对象程序设计主要从属性和方法这两方面描述对象。

① 属性指对象拥有的各种特征，是对象的静态状态。在上面情景中，“姓名”就是属性。

② 方法指对象能完成什么动作，是对象的动态行为，用于体现现实世界中事物独有的行为操作。在上面情景中，“警察捉小偷”和“小偷逃跑”就分别是两种对象的方法。

概括地说：**对象=属性＋方法**。

3. 类

现实中，人们经常把具有相同特征的类似的事物归为一类，并给出此类的定义。比如，对电器的分类。台式电视和液晶电视虽然外观差别很大，但是它们有很多共同的特征，因此可以把它们归为电视一类电器。这就是面向对象的另外一个重要概念 —— 类。

类是具有相同或相似特征和行为的对象的抽象，类也有属性和方法，它们是一组相似对象的状态(属性)和行为(方法)的抽象。

4. 类和对象的联系与区别

① 对象的抽象是类，类的具体化就是对象，也可以说类的实例就是对象。

② 每个对象都是类的实例，对象和对象之间相互独立。

③ 属于同一个类的对象共享相同的属性名，但属性值可以不同。

6.2 面向对象程序设计基础

6.2.1 声明类和创建对象

C#是面向对象的程序设计语言，用它编写的程序由类组成。

1. 声明类

类是 C#中功能最为强大的数据类型，使用 class 关键字声明，语法格式如下：

```
[访问修饰符] class 类名
{
    //声明类的成员，包括字段、属性、方法、事件等
}
```

class 关键字前面是访问修饰符，后面跟着类的名称，类的名称一般用首字母大写的方式表述。大括号内声明的是类的成员，构成类的主体，用来定义类的属性和行为，包括字段、属性、方法和事件等。

访问修饰符设置类的访问权限，用于指定访问性，可以省略，具体关键字如表 6.1 所示。

表 6.1 访问修饰符

关键字	描　　述
public	公共访问，这是允许的最高访问级别，对所有类都可见
private	私有访问，这是允许的最低访问级别，只有在声明它们的类中才能访问
internal	表示在同一程序集内，内部类型或成员才可以访问
protected	受保护成员，在它的类或派生类中可访问
protected internal	只有派生类型或同一程序集中的类才能访问

访问修饰符要遵守如下规则：

① 访问修饰符是可选的，如果 class 前没加修饰符，默认为 internal。

② 类中的成员如果没加修饰符，默认为 private。

③ 接口(在后面详细介绍接口的概念)中的成员如果没加修饰符，默认为 public。

下面给出一个声明类的例子：

```
public class Police
{
    //声明类的成员
}
```

此例声明了一个 Police 类，具有最高的访问级别。

在.NET Framework 中还引入部分(partial)类这一概念，即在一个文件里定义一个类的某一部分，在另外一个文件里定义此类的另一部分。例如：

```
//文件 A.cs
public partial class Police
{
    //声明类的某一部分成员
}
//文件 B.cs
public partial class Police
{
    //声明类的另一部分成员
}
```

这种方法在整合用户编码和系统自动生成编码时十分有用。

2. 创建对象

类定义了对象的类型，但是它不是对象本身。对象是基于类的具体实现，称为类的实例。创建对象的过程就是类的实例化过程，语法如下：

类名 对象名=new 类名(参数列表)

通过使用 new 关键字，后面跟着所基于的类的名称，就可以创建基于某个类的对象，其中，参数列表是可选的。例如创建 Police 类的一个对象 p 的代码是：

```
Police p=new Police();
```

这样创建了一个对象后，就可以用“p.属性名”和“p.方法名”引用该对象的属性和方法了。

6.2.2 字段

“字段”是直接在类或结构中声明的任何类型的变量，用于封装数据。在类中通过指定字段的访问级别、数据类型、字段名称来声明字段。语法格式如下：

访问修饰符 数据类型 字段名

例如，表示警察的类可能包含 4 个字段：分别表示姓名、性别、年龄、等级，如下所示。

```
public class Police
{
    private string name;
    private string sex;
    private int age;
    private string rank;
}
```

上述字段的访问权限都是私有的。

声明字段时可以使用赋值运算符为字段指定一个初始值。例如：

```
private string name = "Pite";
```

常量是值不能改变的类成员字段，声明时在字段的类型前面使用 const 关键字，常量必须在声明时初始化。

在编译时就要求知道常量的具体值，如果字段的值在编译时无法计算，但要求字段被初始化后就不能被修改，则可以将字段声明为 readonly(只读)。只读字段只能在初始化期间或在构造函数中赋值。例如：

```
private readonly string name = "Pite";
```

有两种访问类中字段的方式：

① 在类的内部访问：直接使用字段名称进行访问。例如：

```
class Police
{
    private static string name ;
    static void Mian(string[] args)
    {
        name="Pite";
        Console.Write("警察的姓名是{0}\n", name);
    }
}
```

② 在类的外部访问：如果把字段声明为public，那么在类的外部可以通过在类的实例对象名后面依次添加一个句点和该成员的名称访问该字段。形式如下：

对象名.字段名

例如：

```
class Police
{
    public string name ;
}
class Program
{
    static void Mian(string[] args)
    {
        Police p=new Police();          //创建 Police 类的对象 p
        p.name="Pite";                  //为对象的 name 字段赋值
        Console.Write("警察的姓名是{0}\n", p.name);
    }
}
```

字段的访问级别通常设置为private，不允许在类的外部直接访问字段。

例如，对上例进行如下修改，在编译时将出错：

```
class Police
{
    private string name ;
}
class Program
{
    static void Mian(string[] args)
```

```
    {
        Police p=new Police();
        p.name="Pite";                                    //编译出错
        Console.Write("警察的姓名是{0}\n", p.name);      //编译出错
    }
}
```

外部的类应当通过方法、属性或索引器来间接访问字段，确保字段被正确地处理，以免破坏类的封装特性。因此，在字段访问级别的设置上，要求：

① 在满足需要的前提下，访问级别应尽可能设置得低一些。

② 最好将所有的字段的访问级别设置为 private，不推荐将所有的字段都设置为 public。

6.2.3　属性

字段的访问级别通常设置为 private，只能在类的内部访问和修改。那么在类的外部怎么访问和修改这个字段的值呢？

属性是字段的一种自然扩展，提供在类的外部访问类中私有字段的方式。属性可以为类字段提供保护，以避免字段在对象不知道的情况下被更改。

与字段不同，属性有访问器，指定读取或写入属性值时执行的语句。声明属性时必须指定属性的数据类型、属性名称和属性的访问器，其语句格式为：

```
访问修饰符 数据类型 属性名
{
    属性访问器
}
```

属性借助 get 和 set 访问器读写属性的值，可以只包含一种访问器，或者两者都有。

① get 访问器包含获取(读取或计算)字段的可执行语句，它相当于一个无参数的方法，声明方式如下：

```
get{return 私有字段值;}
```

该方法具有属性类型的返回值。执行 get 访问器，通过 return 将属性值作为返回值提供给调用表达式。当程序中引用属性时，将自动调用 get 访问器读取相应私有字段的值。

② set 访问器包含设置(写入)字段的可执行语句，在 set 访问器中，使用隐藏的参数 value 表示赋给私有字段的新值，此参数的类型与属性的数据类型相同。声明方式如下：

```
set{私有字段=value;}
```

当程序中对属性赋值时，使用提供的新值(即赋值号右边的值)调用 set 访问器。

【例 6.1】利用属性读写类中私有字段的程序示例。

【操作步骤】

① 启动 Visual Studio 2010，新建一个名为“使用属性演示”的控制台应用程序项目。

② 编制如下的程序(省略了引用命名空间的语句)：

```
namespace 使用属性演示
{
    class Police
    {
```

```
        private string name;                //私有字段，标识符全用小写字母
        public string Name                  //属性，标识符首字母用大写
        {
            get { return name; }            //get访问器，用来读取字段的值
            set { name = value; }           //set访问器，用来设置字段的值
        }
    }
    class Program
    {
        static void Main(string[] args)
        {
            Police p = new Police();              //创建对象
            Console.Write("请输入警察的姓名:");
            string s = Console.ReadLine();
            //为属性赋值时，自动调用set访问器，设置私有字段的属性
            p.Name = s;
            //读取属性时，自动调用get访问器，获取私有字段的name属性
            Console.WriteLine("警察的姓名是{0}", p.Name);
        }
    }
}
```

③ 按Ctrl+F5键，运行程序，得到如图 6.1 所示的运行结果。

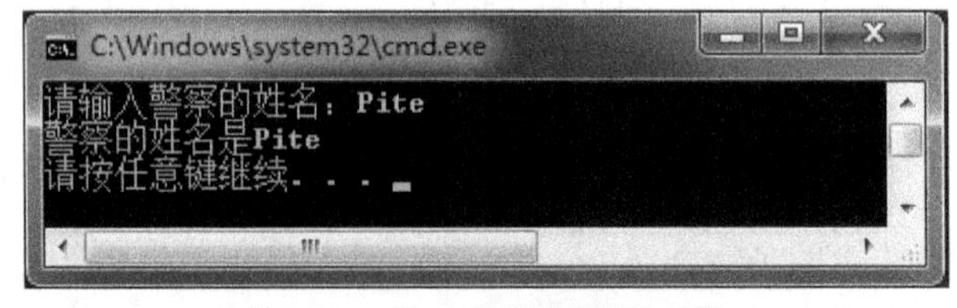

图 6.1　例 6.1 程序运行结果

【程序说明】

① 语句

```
p.Name = s;
```

用来给 Name 属性赋值，执行该语句将自动调用 set 访问器，set 访问器相当于一个 void 方法，该方法包含一个与属性数据类型相同的 value 值参数。上述语句将字符串变量 s 的值传递给 value 参数，再借助 set 访问器:

```
set { name = value; }
```

将值赋给 name 私有字段。

② 语句

```
Console.WriteLine("警察的姓名是{0}", p.Name);
```

引用了 Name 属性，执行该语句将自动调用 get 访问器:

```
get { return name; }
```

获取 name 私有字段的值。

在.NET Framework 3.5 中，为了编写程序方便，引入自动实现属性（Automatic Properties）的概念，如果 get 和 set 访问器没有任务，可以不用编写具体的执行语句，这可使属性声明变得更加简洁，但自动实现的属性必须同时声明 get 和 set 访问器。例如：

```
class Police
{
    public string Name{ get;  set;}
}
```

属性可根据所使用的访问器分类如下：

只带有 get 访问器的属性称为只读属性。无法对只读属性赋值；只带有 set 访问器的属性称为只写属性，只写属性作为赋值的目标外，无法对其进行访问；同时带有 get 和 set 访问器的属性称为读写属性。

6.2.4　索引器

索引器是一种特殊的属性，类的实例对象可以像引用数组一样引用类。当一个类中包含了数组和集合成员（字段）时，使用索引器可以简化对这些类成员的存取操作。声明索引器类似于声明属性，不同之处是索引器的名称为 this 关键字，且至少有一个参数。

【例 6.2】 声明一个存储星期几的 DayArray 类，在其中声明索引器用来接收字符串（星期几），并返回相应的字符串（星期几）。

【操作步骤】

① 启动 Visual Studio 2010，新建一个名为“使用索引器演示”的控制台应用程序项目。

② 编制如下的程序（省略了引用命名空间的语句）：

```
namespace 使用索引器演示
{
    class DayArray                              //声明一个存储星期几的类
    {
        string[] day = new string[7];
        public string this[int i]               //定义索引器
        {
            get { return day[i]; }
            set { day[i]=value; }
        }
    }
    class Program
    {
        static void Main(string[] args)
        {
            DayArray d = new DayArray();   //创建DayArray类的对象d
            //给索引器赋值
```

```
                d[0] = "Sunday"; d[1] = "Monday";
                //读索引器的值
                Console.WriteLine("{0}, {1}", d[0], d[1]);
            }
        }
    }
```

③ 按Ctrl+F5键，运行程序，得到如图 6.2 所示的运行结果。

图 6.2 例 6.2 程序运行结果

【程序说明】

程序中用 this 关键字定义索引器，表示指向当前对象，参数列表包含在方括号而非圆括号之内。索引器的参数可以采用任何类型，通常采用 int 型。当给索引器赋值时，调用 set 访问器；当访问索引器时，调用 get 访问器，因此如果没有 set 和 get 访问器，会发生编译错误。

6.2.5 方法

在面向对象程序设计中，类既包括数据，也包括对数据的行为操作。数据存储在字段中，而对数据的操作是使用方法。方法用来描述对象的行为，主要功能是操作数据，对类的数据成员的操作都封装在类的方法中。没有方法的类是没有意义的。

方法的概念和如何使用已经在第 5 章中介绍过了，这里不再重复。在类的外部，通过类的实例对象名后面依次添加一个句点和该方法成员的名称和实际参数列表来调用方法，格式如下：

对象名.方法名(实参列表)

对象和现实世界中的事物一样，从创建到销毁有一个生命周期。对象的创建和销毁通过类的构造函数和析构函数来完成。下面介绍这两种特殊的构造函数和析构函数。

1. 构造函数

构造函数的名称与类名称相同，当创建一个类的实例对象时，系统会最先自动调用构造函数，它通常用来初始化新对象的数据成员。声明构造函数的格式如下：

```
访问修饰符 类名(参数列表)
{
    //函数体
}
```

【例 6.3】 声明一个具有构造函数的 Police 类，然后实例化该类(即创建该类的对象)。

【操作步骤】

① 启动 Visual Studio 2010，新建一个名为“使用构造函数演示”的控制台应用程序项目。

② 编制如下的程序(省略了引用命名空间的语句)：

```
namespace 使用构造函数演示
{
    class Program
    {
        class Police
        {
            public Police()
            {
                Console.WriteLine("调用构造函数，初始化警察类对象\n");
            }
        }
        static void Main(string[] args)
        {
            Console.WriteLine("程序正在创建警察类对象");
            Police p = new Police();
            Console.WriteLine("警察正在巡逻");
        }
    }
}
```

③ 按Ctrl+F5键，运行程序，得到如图 6.3 所示的运行结果。

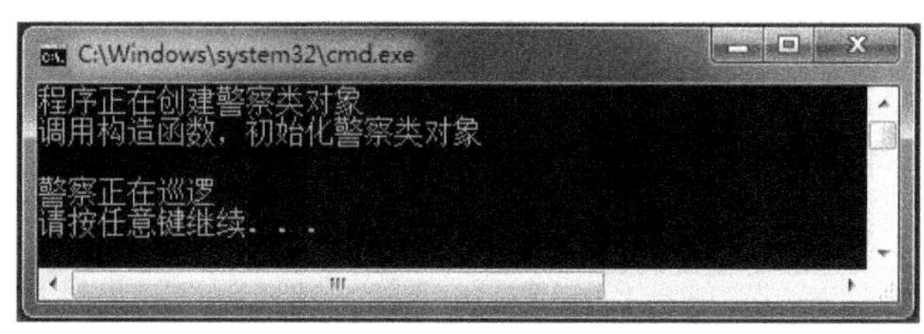

图 6.3　例 6.3 程序运行结果

【程序说明】

运行结果显示，在使用 new 运算符创建 p 对象时，即在对类实例化时，会立即自动调用了 Police 类的 Police()构造函数。

不带参数的构造函数称为“默认构造函数”。当使用 new 运算符实例化类的对象且不提供任何参数时，编译器会自动调用该类的默认构造函数。除了静态类，每个类都有默认的构造函数，即使没有在类中显式声明构造函数，C#编译器也会为其提供一个公共的默认构造函数，以便该类可以实例化。

对于类还可以声明带参数的构造函数，带参数的构造函数必须通过 new 语句或 base 语句来调用，编译器会按参数列表的不同，调用相应的构造函数进行初始化。

【例 6.4】声明一个 Police 类，让它带不同参数列表的构造函数。用程序演示，当使用 new 运算符实例化对象时，编译器会根据不同的参数列表调用相应的构造函数。

【操作步骤】

① 启动 Visual Studio 2010，新建一个名为“调用不同构造函数演示”的控制台应用程

序项目。

② 编制如下的程序(省略了引用命名空间的语句)：

```
namespace 调用不同构造函数演示
{
    class Program
    {
        class Police
        {
            private int age;
            public Police()            //没有参数的构造函数，即默认构造函数
            {
                age = 25;
                Console.WriteLine("第 1 个警察年龄为 {0} 岁", age);
            }
            public Police(int a)       //带有 int 类型参数的构造函数
            {
                age = a;
                Console.WriteLine("第 2 个警察的年龄为 {0} 岁", age);
            }
        }
        static void Main(string[] args)
        {
            Police p1 = new Police();
            Police p2 = new Police(30);
        }
    }
}
```

③ 按Ctrl+F5键，运行程序，得到如图 6.4 所示的运行结果。

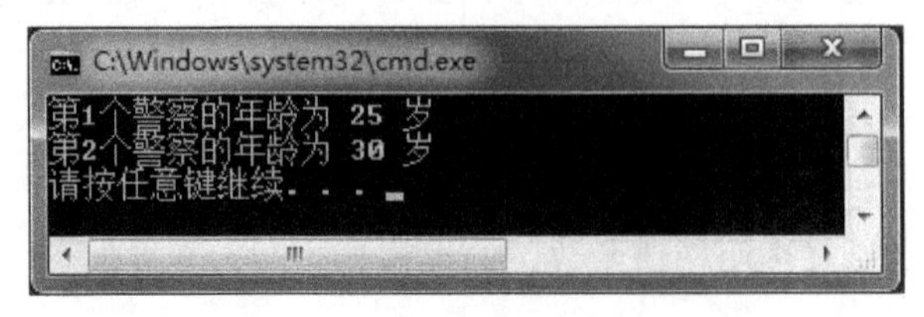

图 6.4　例 6.4 程序运行结果

【程序说明】

本程序中 Police 类拥有两个构造函数，一个不带参数，另外一个带一个整型参数，在实例化 Police 类时，将根据实际参数与形式参数的匹配，自动调用相应的构造函数。

总结例 6.3 和例 6.4，可得构造函数具有如下特殊的性质：

① 构造函数必须与类同名。

② 构造函数没有返回类型，它可以带参数，也可以不带参数，一般用于执行类的初始化任务。

③ 声明类对象时，编译器自动调用构造函数，并最先执行构造函数中的语句。构造函数不能被显式调用。

④ 构造函数可以重载，从而提供不同的初始化类对象的方法。

⑤ 如果类中未声明构造函数，编译器会自动生成默认的构造函数，此时构造函数的函数体为空。

2. 析构函数

析构函数用于在对象生存周期结束时，执行一些必要的操作，例如释放内存空间、回收已分配的资源等。声明析构函数的格式如下：

```
~ 类名()
{
    //函数体
}
```

与构造函数相比，析构函数没有参数，不能被重载，而且没有访问修饰符。通常情况下，不需要自己编写析构函数，C#的垃圾收集器会帮助完成回收资源的工作。

6.2.6 静态成员和实例成员

类的成员分为静态成员和实例成员(也称为非静态成员)，前面提到的字段、属性、索引器、方法、事件都是类的成员。通常来讲，静态成员被看做属于类所有，类的所有对象在类的范围内可以共享此成员；实例成员被看做属于对象(类的实例)所有。

① 用 static 修饰的字段称为静态字段，一个静态字段只标识一个存储位置，无论创建多少个类的实例，静态字段永远都在同一个存储位置存放其值，静态字段是被共享的。

② 没有 static 修饰的字段称为实例字段。每创建一个类的实例，就会为该字段设置一个新的存储位置，不同对象的实例字段的存储位置不相同。因此，修改某一个对象实例字段的值，另外一个对象的实例字段的值不受影响。

例如，创建两个 Student 类的对象 sl、s2，这两个对象的 name 实例字段存储位置不同。因此，修改 sl 对象的 name 字段值对 s2 对象的 name 字段值没有影响。

③ 用 static 修饰的方法称为静态方法。静态方法不操作调用它的对象，所以不能用静态方法来访问实例字段，静态方法只能访问静态字段。

④ 没有 static 修饰的方法称为实例方法。实例方法是由调用它的对象施加操作的方法，实例方法可以访问实例字段，也可以访问静态字段。

1. 在类内部访问静态成员和实例成员

① 实例方法可以访问静态成员，也可以访问实例成员。

② 静态方法只能访问静态成员，不能访问实例成员。

【例 6.5】定义一个类，在其中定义静态成员和实例成员，用程序演示在类内部如何访问不同类型的成员。

【操作步骤】

① 启动 Visual Studio 2010，新建一个名为“在类内部访问不同类型的成员示例”的控

制台应用程序项目。

② 编制如下的程序(省略了引用命名空间的语句)：

```
namespace 在类内部访问不同类型的成员示例
{
    class Program
    {
        int x;                  //实例字段
        static int y;           //静态字段
        void S()                //实例方法
        {
            x = 1;
            y = 2;
        }
        static void J()         //静态方法
        {
            x = 1;              //错误，静态方法J不能访问实例字段x
            y = 2;
        }
        static void Main(string[] args)        //静态方法
        {
            S();                //错误，静态方法Main不能访问实例方法S
            J();
        }
    }
}
```

【程序说明】

① 实例方法 S 可以访问实例字段 x，也可以访问静态字段 y。

② 静态方法 J 只能访问静态字段 y，不能访问实例字段 x；静态方法 Main 只能访问静态方法 J，不能访问实例方法 S。

2. 在类外部访问静态成员和实例成员

① 对静态成员，在类的外部用“类名.静态成员”访问。

② 对实例成员，在类的外部需要先创建对象，再用“对象名.实例成员”访问。

【例 6.6】定义一个类，在其中定义静态成员和实例成员，用程序演示在类外部如何访问不同类型的成员。

【操作步骤】

① 启动 Visual Studio 2010，新建一个名为“在类外部访问不同类型的成员示例”的控制台应用程序项目。

② 编制如下的程序(省略了引用命名空间的语句)：

```
namespace 在类外部访问不同类型的成员示例
```

```
{
    class Cc
    {
        public int x;                       //实例字段
        public static int y;                //静态字段
        public void S()                     //实例方法
        {
            //方法体
        }
        public static void J()              //静态方法
        {
            //方法体
        }
    }
    class Program                       //Program 类在 Cc 类的外部
    {
        static void Main(string[] args)
        {
            Cc t = new Cc();            //创建 Cc 类的 t 对象
            t.x=1;
            t.y=2;                      //错误，不能用对象引用静态字段
            t.S();
            t.J();                      //错误，不能用对象引用静态方法
            Cc.x = 1;                   //错误，不能用类引用实例字段
            Cc.y = 2;
            Cc.S();                     //错误，不能用类引用实例方法
            Cc.J();
        }
    }
}
```

6.2.7　this 关键字

通过 this 关键字，可以引用当前正在执行的类的实例对象。this 关键字仅限于在构造、析构函数、类的方法中使用。在类的构造、析构函数中出现的 this 作为一个值类型，它表示引用正在构造的对象本身；在类的方法中出现的 this 作为一个值类型，它表示引用调用该方法的对象。

在类的构造函数或者方法中，如果传入参数和类的字段同名，可以在名称前加上 this 表示引用类的字段。

【例 6.7】声明一个类，其中构造函数和方法的传入参数与类的中定义的字段同名，编制使用 this 引用类的字段的示例程序。

【操作步骤】

① 启动 Visual Studio 2010，新建一个名为“使用 this 关键字程序示例”的控制台应用程序项目。

② 编制如下的程序（省略了引用命名空间的语句）：

```
namespace 使用 this 关键字程序示例
{
    class A
    {   private int x;              //定义类字段 x
        public A(int x)
        {   this.x = x;             //把参数 x 的值付给类的字段 x
        }
        public void PrintX()
        {   int x=10;
            Console.WriteLine("局部变量 x 的值是：  {0}", x);
            Console.WriteLine("类成员字段 x 的值是：{0}", this.x);
        }
        static void Main(string[] args)
        {   A a = new A(20);
            a.PrintX();
        }
    }
}
```

③ 按Ctrl+F5键，运行程序，得到如图 6.5 所示的运行结果。

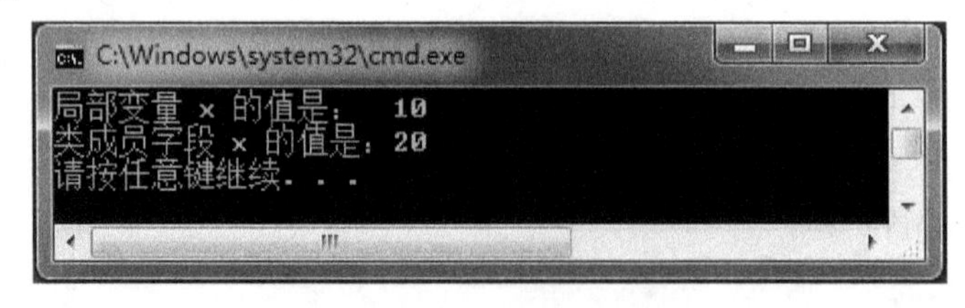

图 6.5　例 6.7 程序运行结果

【程序说明】

① 在构造函数中，使用 this 关键字将参数 x 的值(20)赋给类的字段 x。

② 在 PrintX()方法中，声明了局部变量 x 并初始化为 10，在输出语句中，x 就是局部变量，而 this.x 指的是类的字段。

③ 静态方法不能使用 this 关键字，因为静态成员不属于某个具体的对象。

6.3　委托与事件

6.3.1　委托

1. 什么是委托

在 C#中，可以使用赋值运算符“=”给变量进行赋值操作。

委托(delegate)是一种引用数据类型，应用这种数据类型，也可以像把值赋给变量一样，把方法赋值给委托对象。把方法赋值给委托对象后，委托对象就与该方法具有相同的行为，调用委托时将调用相应的方法。

委托数据类型使用 delegate 关键字来声明，格式如下：

　　[访问修饰符] delegate 返回值类型 委托名(参数列表)

委托类型的声明中包括返回值类型和参数，与它能代理的方法具有相同的返回值类型和参数列表。

声明委托之后要使用委托，首先要实例化委托(即创建委托对象)，实例化委托的语句是：

　　委托名 委托对象名;

此后将相关联的方法赋值给委托对象，就可以通过调用委托对象，执行相应方法的代码，实现委托。委托可以与命名方法或匿名方法关联。

【例 6.8】编写程序演示委托的应用：在类中声明两个具有与委托相同返回值和参数的方法，分别将两个方法赋值给委托对象并调用委托对象。

【操作步骤】

① 启动 Visual Studio 2010，新建一个名为“委托应用示例”的控制台应用程序项目。

② 编制如下的程序(省略了引用命名空间的语句)：

```
namespace 委托应用示例
{
    class Program
    {
        public delegate int Dd(int a, int b);        //声明一个 Dd 委托
        //在类中创建一个和委托具有相同返回值和参数的方法
        static int Add(int x, int y)
        {
            return x + y;
        }
        //在类中再创建一个和委托具有相同返回值和参数的方法
        static int Mul(int x, int y)
        {
            return x * y;
        }
        static void Main(string[] args)
```

```
        {
            Dd d;                               //创建一个 Dd 委托的对象 d
            d = Add;                            //把 Add 方法赋值给 d 委托对象
            Console.WriteLine(d(3, 5));         //通过调用 d 委托对象来调用 Add 方法
            d = Mul;                            //把 Mul 方法赋值给 d 委托对象
            Console.WriteLine(d(3, 5));         //通过调用 d 委托对象来调用 Mul 方法
        }
    }
}
```

③ 按Ctrl+F5键，运行程序，得到如图 6.6 所示的运行结果。

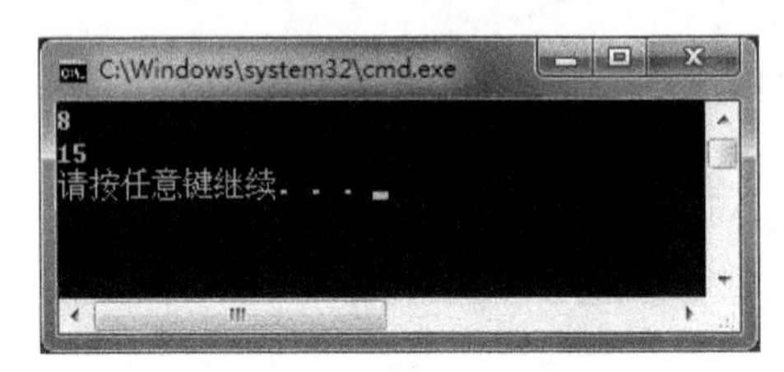

图 6.6　例 6.8 程序运行结果

2. 多播委托

一个委托对象可以包含一个调用列表，列表中可以包含一个或多个方法。当调用委托对象时，将按顺序调用列表中的所有方法，这就是多路广播委托的概念，简称多播委托。使用多播委托，只调用一个委托对象就可以完成对多个方法的调用，并且传递给委托的参数会传递到委托所包含的每一个方法中。

多播委托使用“+”运算符连接两个对象和方法，或使用“+=”运算符连接委托对象和相关方法。与加法运算符含义不同，运算符“+”、“+=”是把方法加入到执行队列(即委托对象所包含的调用列表)中。

【例 6.9】多播委托应用示例：在类中声明多个具有与委托相同返回值和参数的方法，并使用“+”或“+=”运算符将它们赋值给委托对象，然后调用委托对象。

【操作步骤】

① 启动 Visual Studio 2010，新建一个名为“多播委托应用示例”的控制台应用程序项目。

② 编制如下的程序(省略了引用命名空间的语句)：

```
namespace 委托应用示例
{
    class Program
    {
        public delegate void Dd(int a, int b);
        static void Add(int x, int y)
        {
            Console.WriteLine("{0} 和 {1} 的和为 {2}：", x, y, x + y);
        }
```

```
        static void Sub(int x, int y)
        {
            Console.WriteLine("{0} 和 {1} 的差为 {2}：", x, y, x - y);
        }
        static void Mul(int x, int y)
        {
            Console.WriteLine("{0} 和 {1} 的积为 {2}：", x, y, x * y);
        }
        static void Main(string[] args)
        {
            Dd dd;                          //创建委托对象 dd
            dd = Add;                       //把 Add 方法赋值给 dd 委托对象
            dd = dd+ Sub;                   //现在 dd 委托对象对应两个方法
            dd += Mul;                      //现在 dd 委托对象对应三个方法
            dd(3, 5);                       //调用 dd 委托对象
        }
    }
}
```

③ 按Ctrl+F5键，运行程序，得到如图 6.7 所示的运行结果。

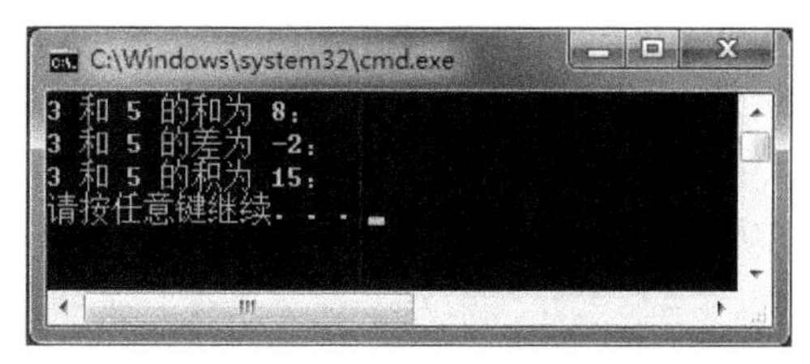

图 6.7　例 6.9 程序运行结果

6.3.2　事件

Windows 的窗体应用程序是基于事件驱动的应用程序。每个窗体及控件都提供了一个预定义的事件集，开发人员可以根据这个事件集编程。当发生了某个事件，并且存在和该事件相联系的代码时，这些代码就被调用。

事件是对象发送的消息，例如，在图形用户界面中单击按钮或选择菜单命令。引发事件的对象称为事件发送方，捕获事件并对其做出响应的对象称为事件接收方。如本章开头所说，小偷偷东西就是一个事件，警察捉小偷和小偷逃跑是这个事件引发的动作。小偷是事件的发送方，警察是事件的接收方。事件发送方确定何时引发事件，事件接收方确定执行何种操作来响应该事件。一个事件可以有多个接收方，但是发送方不知道哪个接收方要处理事件，因此需要在发送方和接收方之间设置一个媒介，这个媒介就是委托。

声明和使用事件的步骤如下：

1. 声明关于事件的委托

```
public delegate 事件委托名称(参数列表);
```

delegate 关键字声明了一个委托类型。事件委托名称建议用 EventHandler 结尾。

2. 在类中用 event 关键字和事件委托名称定义事件

```
public event 事件委托名称 事件名称;
```

这里的事件相当于委托实例化。

3. 在类中引发事件的地方编写引发事件的语句

编写引发事件的语句：

```
事件名称(参数);
```

或者

```
if(事件名称!=null)
    事件名称(参数);
```

引发事件相当于调用委托。

4. 在类中编写事件处理方法

即编写事件发生时应执行的处理方法，它必须和委托对象具有相同的参数和返回值类型：

```
public void 事件处理方法名称(参数列表)
{
    //事件处理方法代码
}
```

5. 订阅事件

所谓订阅事件，就是当事件发生时通知接收方执行事件处理方法。订阅事件的语句就是把事件处理方法赋值给事件名称的语句(相当于把方法赋值给委托对象)：

```
事件发送方对象.事件名称+=事件接收方对象.事件处理方法名称;
```

或

```
事件发送方对象.事件名称+=new 事件委托名称(事件接收方对象.事件处理方法名称);
```

【例 6.10】把小孩生病当做一个事件，当发生这个事件时，触发事件处理方法：母亲前往照看小孩。编写程序，实现上述要求。

【分析】

定义一个代表小孩的 Baby 类，它有一个生病的 Ill()方法。再定义一个代表母亲的 Mother 类，它有一个照看孩子的 TakeCare()方法。

【操作步骤】

① 启动 Visual Studio 2010，新建一个名为“事件应用示例”的控制台应用程序项目。

② 编制如下的程序(省略了引用命名空间的语句)：

```
namespace 事件应用示例
{     //1. 声明关于事件的委托
    public delegate void EventHandler();
    class Baby                                          //表示事件发送方的类
    {
      //2. 声明事件(本例为小孩生病事件)
        public event EventHandler IllEvent;
        public void Ill()
```

```
            {
                Console.WriteLine("小孩发烧生病了！");
        //3. 在引发事件的地方，编写引发事件的语句
                if(IllEvent!=null)
                {
                    IllEvent();
                }
            }
        }
        class Mother                          //表示事件接收方的类
        {
        //4. 编写事件处理方法(本例为母亲前往照顾小孩的方法)
            public void TakeCare()
            {
                Console.WriteLine("母亲前往照看小孩。");
            }
        }
        class Program
        {
            static void Main(string[] args)
            {
                Baby b = new Baby();
                Mother m = new Mother();
        // 5. 订阅事件，b 为事件发送方，m 为事件接收方
                b.IllEvent += m.TakeCare;
                b.Ill();
            }
        }
    }
```

③ 按Ctrl+F5键，运行程序，得到如图6.8所示的运行结果。

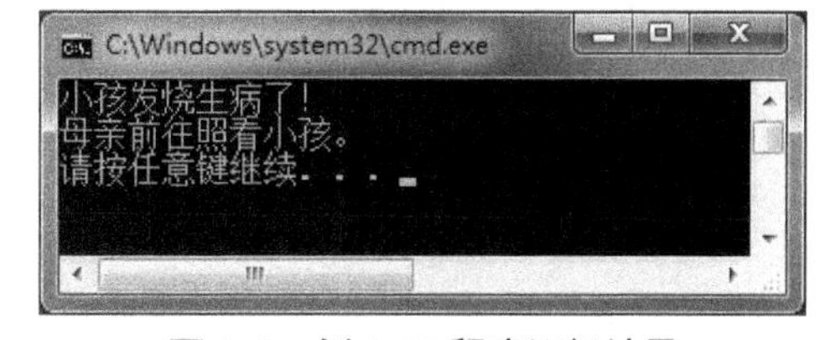

图6.8　例6.10程序运行结果

【程序说明】

① 在程序中，首先声明关于事件的委托EventHander。

② 声明事件发送方Baby类，在其中声明IllEvent事件和Ill()方法，在Ill()方法编写引发事件的代码。声明事件接收方mother类，在其中定义TakeCare()方法，它是事件发生后执行的事件处理方法。

③ 在Main()方法中，分别创建对象，订阅事件，并调用Ill()方法以引发IllEvent事件。

6.4 继承性

面向对象有三大特性：封装性、继承性、多态性。前面介绍了封装性，本节介绍继承性。

6.4.1 什么是继承

继承是指在现有类的基础上创建新类，现有的类称为基类或父类，新创建的类称为派生类或子类。

派生类能自动获得基类中除了构造函数和析构函数之外的所有成员，也可以在其中添加新的成员以扩展功能，但是不能除去已经继承的成员的定义。

继承的最大优点是代码重用，即派生类可以获得除了构造函数和析构函数外的所有成员。在设计类的时候可以在基类中设置公共的成员，在派生类中再设置自己的新的成员。

继承有以下特性：

① 可传递性：如果 C 类派生自 B 类，B 类派生自 A 类，那么 C 类既可以继承 B 类中声明的成员，也可继承 A 类中声明的成员。

② 单一性：派生类只能从一个基类继承，不能同时继承多个基类。

6.4.2 派生类

1. 声明派生类

声明派生类的语法格式如下：

```
[访问修饰符] class 派生类类名:基类类名
{
    //定义派生类成员(定义派生类新的字段、属性、方法、事件等)
}
```

【例 6.11】编制控制台应用程序，定义一个 Animal(动物)基类，在其中定义公共的属性和方法；在 Animal 基类上派生 Cat(猫)类和 Mouse(老鼠)类，在这两个类中再分别定义各自的成员。演示调用基类和派生类成员的结果。

【操作步骤】

① 启动 Visual Studio 2010，新建一个名为“基类和派生类的应用”的控制台应用程序项目。

② 编制如下的程序(省略了引用命名空间的语句)：

```
namespace 基类和派生类的应用
{
    public class Animal
    {
        private string name;
        public string Name                    //Animal 基类共有的属性
        {
```

```
            get { return name; }
            set { name = value; }
        }
        public void Eat()                    //Animal 基类共有的方法
        {
            Console.WriteLine("我正在吃东西。");
        }
    }
    public class Cat:Animal                  //Cat 类是 Animal 类的派生类
    {
        public void Catch()                  //Cat 派生类的方法
        {
            Console.WriteLine("我会捉老鼠。");
        }
    }
    public class Mouse : Animal              //Mouse 类是 Animal 类的派生类
    {
        public void Escape()                 //Mouse 派生类的方法
        {
            Console.WriteLine("我能从猫底下逃脱。");
        }
    }
    class Program
    {
        static void Main(string[] args)
        {
            Cat m = new Cat();
            Console.Write("请输入猫的名字：");
            //通过访问基类的属性，为 m 对象的属性赋值
            m.Name = Console.ReadLine();
            Console.WriteLine("我的名字叫{0}", m.Name);
            m.Eat();                         //调用基类的 Eat 方法
            m.Catch();                       //调用派生类的 Catch 方法
        }
    }
}
```

③ 按Ctrl+F5键，运行程序，得到如图 6.9 所示的运行实例结果。

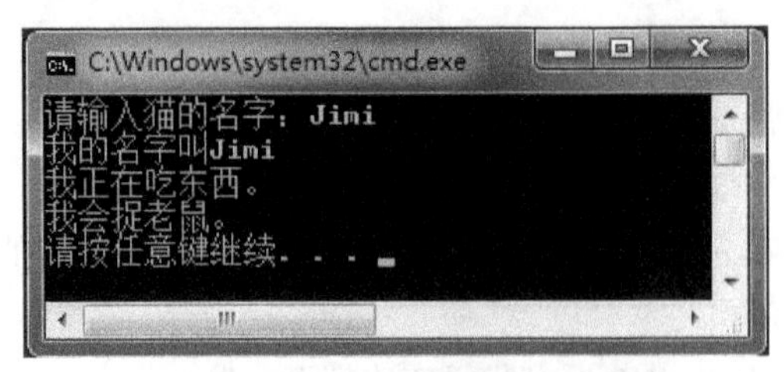

图 6.9　例 6.11 程序运行结果

【程序说明】

基类中声明为 private 的成员不能被基类的派生类访问，例如在 Main()方法中，不能使用“m.name”访问 name 字段。

2. **protected 修饰符**

使用 protected 访问修饰符可以把类的作用域限制在本类和它的派生类中。

例如，如果把例 6.11 中的

```
private string name;
```

改为

```
protected string name;
```

则只能在 Animal 类和它派生的基类(不是在类的对象中)中才能访问 name 字段。

6.4.3　在派生类中调用构造函数

由于派生类要使用基类，因此如果基类和派生类都有构造函数的话，创建派生类对象时，首先调用基类的构造函数，再调用派生类的构造函数。

1. **调用默认构造函数**

【例 6.12】编制控制台应用程序，定义 Animal 基类，在 Animal 基类上派生 Cat 类，在基类和派生类都定义默认的构造函数，创建派生类对象，演示如何调用构造函数。

【操作步骤】

① 启动 Visual Studio 2010，新建一个名为“派生类调用默认构造函数示例”的控制台应用程序项目。

② 编制如下的程序(省略了引用命名空间的语句)：

```
namespace 派生类调用默认构造函数示例
{
    public class Animal
    {
        public Animal()                  //基类构造函数
        {
            Console.WriteLine("调用 Animal 基类的构造函数");
        }
    }
    public class Cat:Animal
    {
        public Cat()                     //派生类构造函数
```

```
            {
                Console.WriteLine("调用 Cat 派生类的构造函数");
            }
        }
        class Program
        {
            static void Main(string[] args)
            {
                Console.WriteLine("创建 Cat 派生类对象时调用构造函数的顺序：");
                Cat c=new Cat();
            }
        }
    }
```

③ 按Ctrl＋F5键，运行程序，得到如图 6.10 所示的运行结果。

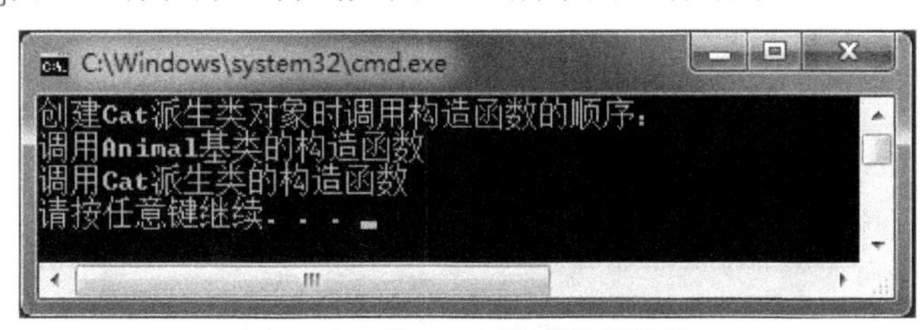

图 6.10　例 6.12 程序运行结果

2. 调用非默认构造函数

如果基类的构造函数具有自己特定的方法签名(方法的名称和它的参数表合起来称为方法的签名)，可以通过使用 base 关键字，指定创建派生类对象时要调用该构造函数。格式如下：

派生类构造函数:base(参数列表)

【例 6.13】编制控制台应用程序，定义 Animal 基类，在其中定义带有一个 int 参数的非默认构造函数，然后利用 base 关键字在其 Cat 派生类中调用 Animal 基类的这一构造函数。

【操作步骤】

① 启动 Visual Studio 2010，新建一个名为“派生类调用非默认构造函数示例”的控制台应用程序项目。

② 编制如下的程序(省略了引用命名空间的语句)：

```
namespace  派生类调用非默认构造函数示例
{
    public class Animal
    {
        public Animal(int age)                    //基类构造函数
        {
            Console.WriteLine("动物的年龄：{0}", age);
        }
```

```
        }
        public class Cat : Animal
        {
            public Cat(int age):base(age)            //派生类构造函数
            {
                Console.WriteLine("猫的年龄：{0}", age);
            }
        }
        class Program
        {
            static void Main(string[] args)
            {
                Console.WriteLine("创建 Cat 派生类对象时调用构造函数的顺序：");
                Cat c = new Cat(3);
            }
        }
    }
```

③ 按Ctrl+F5键，运行程序，得到如图 6.11 所示的运行结果。

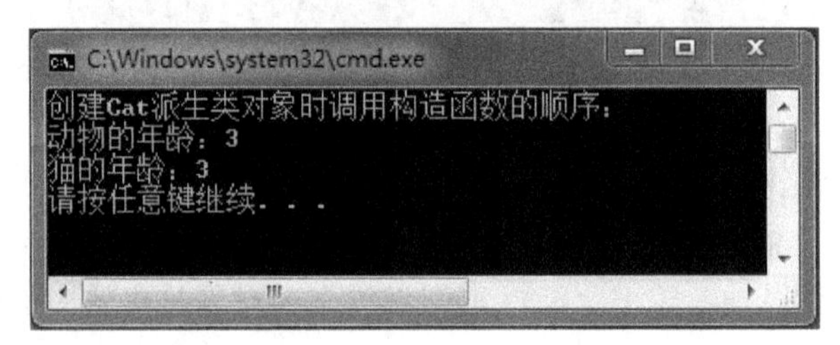

图 6.11　例 6.13 程序运行结果

6.4.4　隐藏从基类继承的成员

在派生类中可以定义和基类同名的成员，这样派生类就隐藏了从基类继承的成员，这不意味派生类删除了这些成员。编译器会对这种现象产生一个警告。可以在同名成员前使用 new 关键字，明确告诉编译器，这是派生类有意隐藏基类的成员。除了隐藏基类的成员外，还可以在派生类中使用名称相同但签名不同(参数不同)的方法重载基类中同名的方法。

【例 6.14】编制控制台应用程序，定义 Animal 基类和它的 Cat 派生类，在两个类中分别定义同名的方法，用不同方式调用方法，观察效果。

【操作步骤】

① 启动 Visual Studio 2010，新建一个名为“派生类隐藏和重载基类成员”的控制台应用程序项目。

② 编制如下的程序(省略了引用命名空间的语句)：

```
namespace 派生类隐藏和重载基类成员
{
    public class Animal
```

```
    {
        public void Rest()
        {
            Console.WriteLine("我在睡觉");
        }
        public void Eat()
        {
            Console.WriteLine("我正在美餐");
        }
    }
    public class Cat : Animal
    {
        new public void Rest()              //使用 new 关键字，隐藏基类的 Rest 方法
        {
            Console.WriteLine("我在玩皮球\n");
        }
        public void Eat(string s)           //使用不同参数，重载基类的 Eat 方法
        {
            Console.WriteLine("我在大嚼{0}\n", s);
        }
    }
    class Program
    {
        static void Main(string[] args)
        {
            Cat c = new Cat();
            c.Rest();
            c.Eat("老鼠");
        }
    }
}
```

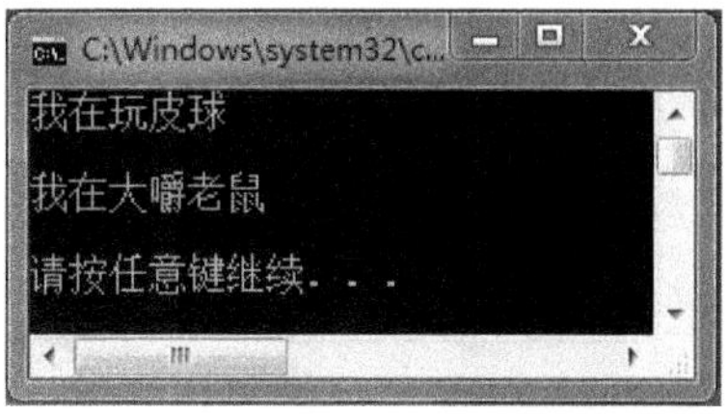

C:\Windows\system32\c...
我在玩皮球
我在大嚼老鼠
请按任意键继续. . .

图 6.12　例 6.14 程序运行结果

③ 按Ctrl+F5键，运行程序，得到如图 6.12 所示的运行结果。

6.4.5　密封类

如果用关键字 sealed 将某个类声明为密封类，则该类不允许其他类继承，语法格式如下：

```
[访问修饰符] sealed class 类名
{
    //类成员定义
}
```

6.5 多态性

面向对象的多态性是指派生类对从基类继承来的统一行为可以做出不同的解释，并产生不同的执行结果。在 C#中通过重写基类中声明的虚方法或抽象方法来实现多态性。

6.5.1 虚方法

1. 声明虚方法

使用 virtual 关键字声明虚方法，语法格式如下：

```
[访问修饰符] virtual 返回值类型 方法名称(参数列表)
{
    //方法体语句
}
```

2. 重写虚方法

派生类可以重写基类的虚方法，此时需要使用 override 关键字。下例在 Animal 基类中声明了一个 Eat()虚方法，然后在其派生的 Cat 类中重写 Eat()方法。

```
public class Animal
{
    public virtual void Eat()          //使用 virtual 关键字，声明虚方法
    {
        Console.WriteLine("我在吃东西");
    }
}
public class Cat : Animal
{
    public override void Eat()         //使用 override 关键字，重写基类的虚方法
    {
        Console.WriteLine("我在吃老鼠");
    }
}
```

3. 调用虚方法

定义一个基于某个基类的派生类对象后，如果基类中含有某个虚方法，当调用该对象的这个方法时，系统会判断具体调用哪个方法。如果基类的虚方法没有被重写，就调用基类的虚方法；否则调用派生类中重写的方法。

【例 6.15】编制控制台应用程序，在基类中声明一个虚方法，在这个基类的基础上建立两个派生类，一个派生类重写虚方法，一个派生类不重写虚方法，创建这两个派生类的对象，分别调用两个对象对应的方法，观察效果。

【操作步骤】

① 启动 Visual Studio 2010，新建一个名为“虚方法的应用 1”的控制台应用程序项目。

② 编制如下的程序(省略了引用命名空间的语句)：

```
namespace 虚方法的应用 1
{
    public class Animal                          //基类
    {
        public virtual void Eat()                //声明虚方法
        {
            Console.WriteLine("我在吃东西");
        }
    }
    public class Cat: Animal                 //派生类
    {
        public override void Eat()           //重写 Eat()方法
        {
            Console.WriteLine("我在吃老鼠");
        }
    }
    public class Dog:Animal                  //派生类
    {                                        //未重写 Eat()方法
    }
    class Program
    {
        static void Main(string[] args)
        {
            Dog d = new Dog();
            d.Eat();                         //调用基类的 Eat()方法
            Cat c = new Cat();
            c.Eat();                         //调用重写的 Eat()方法
        }
    }
}
```

③ 按Ctrl＋F5键，运行程序，得到如图 6.13 所示的运行结果。

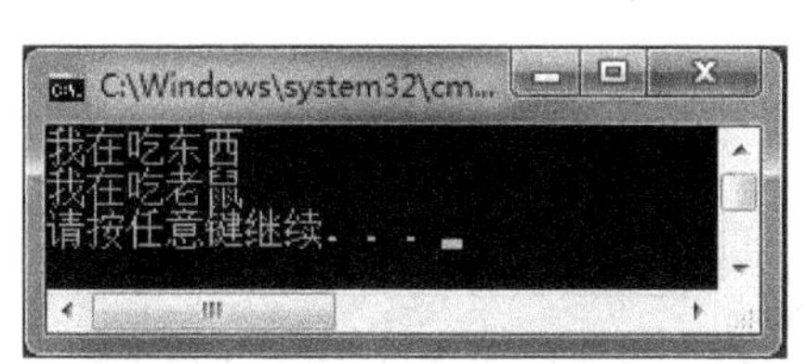

图 6.13　例 6.15 程序运行结果

4. 在派生类中使用基类的成员

在派生类中可以使用 base 关键字访问基类成员，这样在派生类重写基类的虚方法时，可以继续调用基类的虚方法功能，并在此基础上增加新的功能。

【例 6.16】 编制控制台应用程序，在基类中声明一个虚方法，在这个基类的基础上建立派生类，派生类重写虚方法，除了继续调用基类虚方法的功能外，增加新的功能。

【操作步骤】

① 启动 Visual Studio 2010，新建一个名为“虚方法的应用 2”的控制台应用程序项目。

② 编制如下的程序(省略了引用命名空间的语句)：

```
namespace 虚方法的应用 2
{
    public class Animal                         //基类
    {
        public virtual void Eat()               //声明虚方法
        {
            Console.WriteLine("我在吃东西");
        }
    }
    public class Cat : Animal                   //派生类
    {
        public override void Eat()              //重写 Eat()方法
        {
            base.Eat();                         //调用基类的 Eat()方法
            Console.WriteLine("我吃的东西是老鼠");
        }
    }
    class Program
    {
        static void Main(string[] args)
        {
            Cat c = new Cat();
            c.Eat();                            //调用重写的 Eat()方法
        }
    }
}
```

③ 按 Ctrl + F5 键，运行程序，得到如图 6.14 所示的运行结果。

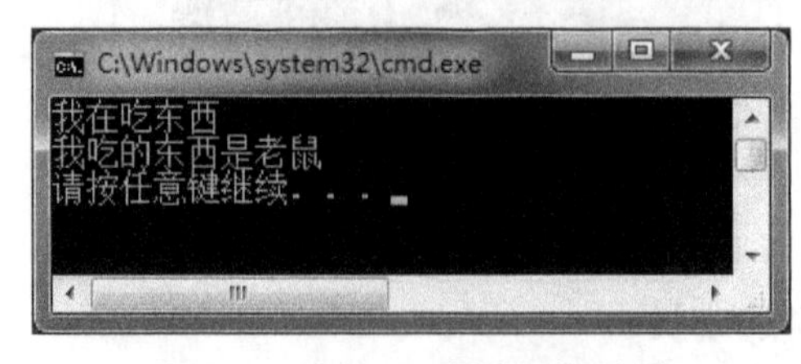

图 6.14　例 6.16 程序运行结果

6.5.2　抽象方法和抽象类

抽象方法是只有方法声明而没有方法体的方法，它是没有实现内容的空方法。

抽象方法是一种抽象成员，包含抽象方法的类是抽象类，但是并不要求抽象类必须包含抽象成员，它也可以包含非抽象成员。

抽象类只能用作基类，不能被实例化，即对抽象类不能使用 new 运算符，而且不能被密封。

1. 声明抽象类和抽象方法

使用 abstract 修饰符声明抽象类和抽象方法。

声明抽象类的语法格式如下：

```
[访问修饰符] abstract class 类名
{
    //类成员声明
}
```

声明抽象方法的语法格式如下：

```
[访问修饰符] abstract  返回值类型  方法名称(参数列表);
```

声明抽象方法的语句以一个分号结束，后面没有一对大括号。

2. 派生类必须重写抽象方法

使用抽象方法的优点是基类中不需要提供实现抽象方法功能的内容，但是如果从一个抽象类中派生出非抽象类，则派生类必须对基类中提供的抽象方法给出实现内容，即派生类必须重写基类中提供的抽象方法。

【例 6.17】编制控制台应用程序，在基类中声明一个抽象方法，在这个基类的基础上建立非抽象派生类，在派生类中重写抽象方法。

【操作步骤】

① 启动 Visual Studio 2010，新建一个名为“抽象类应用”的控制台应用程序项目。

② 编制如下的程序(省略了引用命名空间的语句)：

```
namespace 抽象类应用
{
    public abstract class Animal                    //抽象类
    {
        public abstract void Eat();                 //声明抽象方法
        public virtual void Rest()                  //声明虚方法
        {
            Console.WriteLine("我在睡觉");
        }
        public void Move()                          //声明普通方法
        {
            Console.WriteLine("我在闲庭信步");
        }
    }
    public class Cat : Animal                       //派生类
```

```
    {
        public override void Eat()                    //重写抽象方法
        {
            Console.WriteLine("我在吃老鼠");
        }
    }
    class Program
    {
        static void Main(string[] args)
        {
            Cat c = new Cat();
            c.Eat();                    //调用重写的抽象方法
            c.Move();
            c.Rest();
        }
    }
}
```

③ 按Ctrl+F5键，运行程序，得到如图 6.15 所示的运行结果。

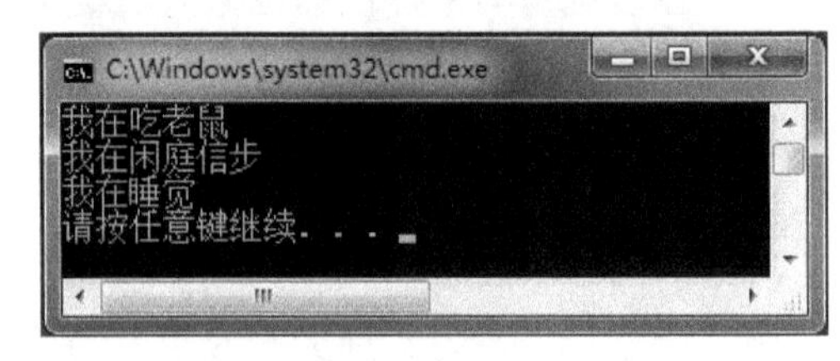

图 6.15　例 6.17 程序运行结果

【程序说明】

例 6.17 的程序中声明了一个抽象类，其中声明了抽象方法、虚方法和普通方法，在其派生类中，必须重写抽象方法，但是对于基类中的虚方法则没要求必须重写。

3. 抽象属性

抽象属性也是一种抽象成员，也要使用 abstract 声明。

下面的代码创建了一个 Animal 抽象类，声明了一个 Color 抽象属性，以此基类创建 Cat 派生类，使用 override 关键字重写基类的 Color 抽象属性。

```
public abstract class Animal                        //抽象类
{
    public abstract string Color{get; set;}         //声明抽象属性
}
public class Cat : Animal                           //派生类
{
    public override string Color{get; set;}         //重写属性
}
```

6.6　接　口

C#的派生类只允许从一个基类继承，但是可以通过接口实现多重继承。

接口是引用类型，其成员包括属性、索引器、方法和事件等。从某种程度上说，接口像一个抽象类，它不提供成员的实现，继承接口的类必须提供接口成员的实现。

6.6.1　接口的声明和实现

1. 声明接口

使用 interface 关键字声明接口，语法格式如下：

```
[访问修饰符] interface 接口名
{
    //接口成员声明
}
```

注意：

① 接口的方法不允许指定方法体，声明语句以分号结尾。

② 接口的成员不允许包含访问修饰符，所有的接口成员都默认是 public 级访问级别。

③ 接口不是类，在接口中不能定义构造函数。

④ 为了明确起见，接口名通常用大写字母 I 开始。

2. 实现接口

在 C#中，把派生类和基类的关系称为继承，把类和接口的关系称为实现。

对于接口要注意以下几点：

① 不能使用 new 运算符实例化一个接口。

② 要实现一个接口，必须在其基础上创建类，并且必须在创建的类中提供所有接口的实现，不允许省略任何接口成员。

③ 类在实现接口成员时，其成员声明必须完全匹配接口中对该成员的描述。

④ 实现接口的类除了必须实现接口的成员外，还可以包含自己的一些特有的成员。

【例 6.18】 创建一个控制台程序，声明一个接口，然后实现接口。

【操作步骤】

① 启动 Visual Studio 2010，新建一个名为“接口应用示例”的控制台应用程序项目。

② 编制如下的程序(省略了引用命名空间的语句)：

```
namespace 接口应用示例
{
    interface IAnimal                      //声明 IAnimal 接口，没有访问修饰符
    {
        string Color { get; set; }         //声明接口的属性，没有访问修饰符
        void Eat();                        //声明接口的方法，没有访问修饰符
    }
```

```
    public class Cat : IAnimal                    //用 Cat 类实现接口
    {
        private string color;
        public string Color                       //必须实现接口的 Color 属性
        {
            get { return color; }
            set { color = value; }
        }
        public void Eat()                         //必须实现接口的 Eat 方法
        {
            Console.WriteLine("我在吃一条小鱼");
        }
        public void Rest()                        //声明类自己特有的 Rest 方法
        {
            Console.WriteLine("我在打瞌睡");
        }
    }
    class Program
    {
        static void Main(string[] args)
        {
            Cat c = new Cat();
            c.Color = "黑白相间";
            Console.WriteLine("我是一条{0}的猫", c.Color);
            c.Eat();                              //接口的行为
            c.Rest();                             //类自己的行为
        }
    }
}
```

③ 按Ctrl+F5键，运行程序，得到如图 6.16 所示的运行结果。

图 6.16　例 6.18 程序运行结果

6.6.2　多接口实现

一个类可以实现多个接口，要实现多个接口，需要用逗号分开各个接口，如下所示：

class 类名:接口 1，接口 2……

这时，类必须实现所有接口的所有成员。

可以使用 is 关键字确定对象是否实现了特定接口。

【例 6.19】编制控制台应用程序，声明两个接口，然后用一个类实现其中的一个接口，用程序判断这个类实现了哪个接口。

【操作步骤】

① 启动 Visual Studio 2010，新建一个名为“判断类对接口的实现”的控制台应用程序项目。

② 编制如下的程序(省略了引用命名空间的语句)：

```
namespace 判断类对接口的实现
{
    interface IAnimal                     //IAnimal 接口
    {
        void Eat();
    }
    interface IPlant                      //IPlantl 接口
    {
        void Photosynthesis();
    }
    public class Cat:IAnimal
    {
        public void Eat()
        {
            Console.WriteLine("我吃鱼和老鼠");  //必须实现接口的方法
        }
    }
    class Program
    {
        static void Main(string[] args)
        {
            Cat c = new Cat();
            if (c is IAnimal)                  //判断实现了哪个接口
                Console.WriteLine("Cat 实现 IAnimal 接口");
            else
                Console.WriteLine("Cat 实现 IPlant 接口");
        }
    }
}
```

③ 按Ctrl+F5键，运行程序，得到如图 6.17 所示的运行结果。

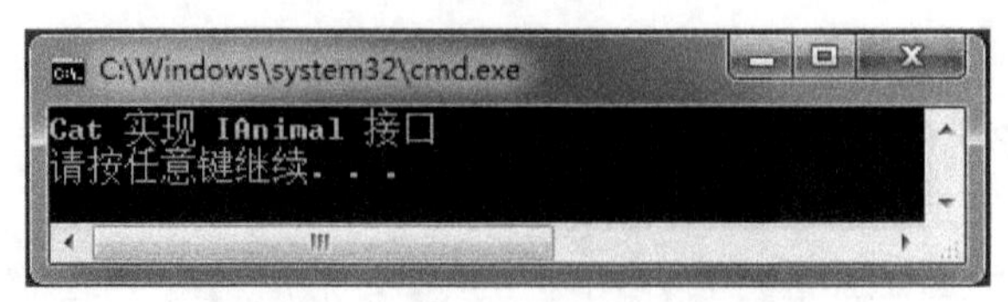

图 6.17　例 6.19 程序运行结果

6.6.3　抽象类和接口的区别

抽象类和接口都不能实例化，但是抽象类和接口还是有区别的。

抽象类的成员可以完全实现、部分实现或者完全不实现，其作用主要是封装继承类的通用功能。

接口则比抽象类还要抽象，其成员完全不能实现，这个成员集所有成员的实现都由实现该接口的类完成。

通过更新抽象类，所有派生类都会自动更新；而接口在创建之后就不能更改，如果需要修改接口，必须创建新的接口。

习题 6

一、选择题

1. 下面的各项叙述中，错误的是(　　)。
   A. 如果类的访问修饰符是 private，表示只有在声明它的类中才能访问
   B. 类中的成员如果没有设置访问修饰符，默认为 public
   C. 类的成员包括字段、属性、索引器、方法、事件
   D. 类和对象是同一种概念
2. 下面的各项叙述中，正确的是(　　)。
   A. 属性就是字段
   B. get 访问器是没有返回值的方法
   C. 使用 set 访问器设置私有字段的值时，必须给 value 参数赋值
   D. 访问属性时，将自动调用 get 访问器和 set 访问器
3. 下面的各项叙述中，正确的是(　　)。
   A. 创建一个类的实例时，必须显式地调用构造函数，以初始化对象
   B. 一个类只能有一个构造函数
   C. 没有参数的构造函数是默认的构造函数
   D. 必须自己编写析构函数，以便当对象消失时，释放对象所占据的内存
4. M1()、M2()、M3()分别是同一个类中实例方法、静态方法和静态方法，下面各项叙述中，错误的是(　　)。
   A. 在 M3()方法中可以使用“M1();”语句调用 M1()方法

B. 在 M3()方法中可以使用"M2();"语句调用 M2()方法
C. 在 M1()方法中可以使用"M2();"语句调用 M2()方法
D. 在 M1()方法中可以使用"M3();"语句调用 M3()方法

5. del 是一个委托对象，创建该对象时，没有为它赋初值。a()、b()是和 del 这个委托对象在同一个类中的两个方法，创建委托对象后，立即执行下列把方法赋值给 del 的语句中，错误的是(　　)。

A. del=a;
del+=b;　　B. del+=a;　　B. del=a+b;　　D. del=null;
del+=a;
del+=b;

6. 下述的关于事件的定义中，正确的是(　　)。

A. public delegate void Change;　　public event Change OnChange;
B. public delegate void Change();　　public event Change OnChange();
C. public delegate Change;　　public event Change OnChange;
D. public delegate void Change();　　public event Change OnChange;

7. 下面的各项叙述中，正确的是(　　)。

A. 一个基类的派生类可以访问该基类的任何成员
B. 派生类只能调用基类的方法，不能声明自己的方法
C. 创建派生类对象时，首先调用基类中默认的构造函数，再调用派生类中默认的构造函数
D. 方法的签名是指方法的返回值类型、方法的名称和参数列表

8. 下面的各项叙述中，正确的是(　　)。

A. 派生类只能重写基类的虚方法，不能重写基类的其他方法
B. 派生类可以重写基类的所有方法
C. 用关键字 sealed 创建的类也可以被其他类继承
D. 派生类对基类的虚方法必须重写

9. 下面的各项叙述中，正确的是(　　)。

A. 抽象方法也可以有方法体
B. 抽象类和接口都不能被实例化，因此抽象类和接口完全一样
C. 用一个类实现接口时，必须实现接口的所有成员
D. 创建接口后，如果对其进行修改，实现它的类会自动更改

二、填空题

1. 声明了 Cc 类后，用______________________________语句创建该类的对象 c。
2. 构造函数的名称与类的名称__________，创建类的对象时，将____________构造函数。
3. 静态字段用_______________关键字修饰。
4. 在类的内部，静态方法不能访问________字段和________方法。
5. 在类的外部对另一个类的成员进行访问，访问静态成员的代码是___________；访问实例成员的代码是_________________。
6. 按程序中给出的输出提示，在程序段中填空。

```
class Test
```

```
{
    public static int x = 1;
    public int y=2;
    public Test()
    {
        x++;
        y++;
    }
}
class Program
{
    static void Main(string[] args)
    {
        Test t = new Test();
        Console.Write("成员 x 的值是{0}: ", _________);
        Console.Write("成员 y 的值是{0}: ", _________);
    }
}
```

7. 声明和使用事件的步骤是：

____

____

____

____

____

8. 声明密封类的关键字是________________，声明抽象类的关键字是________________，声明接口的关键字是________________。

9. 声明虚方法的关键字是________________，重写虚方法的关键字是________________。

10. 所有接口成员都不允许包含______________，它们的访问级别都默认为___________。

11. 一个类只能继承______基类，一个类可以实现______接口。

实验 6

1. 编写控制台应用程序。定义一个Rec矩形类。Rec类中包括两个私有字段：长度length和宽度width，设置这两个字段对应的Length和Width公有属性，定义用来计算矩形面积的公有的Area()成员方法。在Main()方法中创建Rec类对象，通过访问属性给长度和宽度赋值，调用Area()方法输出面积值。

2. 编写控制台应用程序。把学校中的学生和教师抽象为 Student 类和 Teacher 类。在 Student 类中定义“学号”“姓名”“性别”“成绩”私有字段和对应的公有属性，再定义 Study() 学习方法，方法体为输出“学生努力学习”。在 Teacher 类中定义“编号”“姓名”“性别”“职称”私有字段和对应的公有属性，再定义 Teach() 教学方法，方法体为输出“老师认真教学”。在 Program 类的 Main() 方法中创建 Student 类和 Teacher 类的对象，给对象的相关属性赋值，并调用类中的方法。

3. 编写控制台应用程序。完成以下任务。

① 创建 TempRecord 类。

② 在 TempRecord 类中声明私有的 temp 浮点型数组，数组元素为 11，11.1，11.2，11.3，11.4，11.5，11.6，11.7，11.8，11.9。

③ 定义索引器，参数是 int 类型，包括 get 和 set 访问器，get 访问器用来通过索引返回 temp 数组中对应元素的值，set 访问器用来通过索引设置 temp 数组中对应元素的值。

④ 在 Program 类的 Main() 方法中，创建 TempRecord 类的对象。

⑤ 通过索引器分别给对象(把对象看成是数组)的索引为 3 的元素赋值为 21.3，索引为 5 的元素赋值为 21.5。

⑥ 编写 for 循环语句，遍历对象的每一个元素值，并输出。

4. 编写控制台应用程序。完成以下任务。

① 创建Number类，声明私有的整型字段x。

② 在Number类中声明不带参数的构造函数，在函数体中为x赋值1。

③ 在Number类中声明带一个整型参数的构造函数，在函数体中为x赋值2。

④ 在Number类中定义公有的属性X，用于访问私有字段x。

⑤ 在Program类的Main() 方法中，创建Number类的两个对象。用公有属性分别访问两个对象的X属性的值。

5. 在例 6.10 的基础上，进一步实现以下功能。

① 添加一个表示父亲的 Farther 类，定义父亲带孩子上医院看病的 GotoHospital() 方法。

② 在表示小孩的 Baby 类中，添加一个表示体温的 Temperature 数据成员；编写带参数的构造函数，用来设置体温。

③ 在 Program 类的 Main() 方法中创建 Baby 类的对象，创建对象时给体温赋一个大于 37.5 且小于 39.5 的值。

④ 根据体温进行不同的处理：如果体温不大于 38 度，则由母亲照顾孩子；如果体温大于 38 度，则由父亲带孩子上医院看病。

6. 编写控制台应用程序，模拟闹钟，引发起床事件。按以下步骤完成任务。

① 在命名空间中声明一个 EH 委托，返回值为 void 类型，参数列表为空。

② 声明一个 Clock 类，在该类中声明公有的 EH 委托事件 eh，和公有的整型变量 time。

③ 在 Clock 类中定义公有的 Run() 方法，让 time 的值从 0 到 7 变化，显示每个值，在显示每个值时，响一下铃。然后延迟一段时间，当 time 值等于 7 的时候，激活 eh 事件。延迟时间可以用下述代码实现：

```
System.Threading.Thread.Sleep(1000);
```

④ 声明一个 Student 类，在类中声明公有的 Call() 方法，该方法完成的功能是，连续响

10 声铃声，并显示“到 7 点了，该起床了！”

⑤ 在 Program 类的 Main() 方法中创建 Clock 类和 Student 类的对象，在前者的 eh 事件中订阅后者的 Call() 方法。然后运行后者的 Run() 方法。

图 6.18 所示的运行效果供参考。

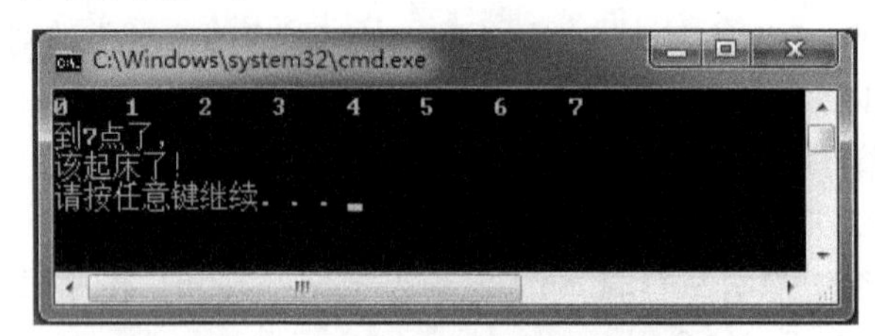

图 6.18 第 6 题程序运行参考效果

7. 编写控制台应用程序，练习类的继承性，完成以下要求。

① 分别声明 Person 类、Student 类和 Teacher 类，其中 Person 类是 Student 类和 Teacher 类的基类。

② Person 类有姓名、性别两个私有字段和对应的两个公有属性，在 Student 类中添加学号私有字段和对应的公有属性，在 Teacher 类中添加职称私有字段和对应的公有属性。

③ 分别定义 Person 类、Student 类和 Teacher 类不带参数的默认构造函数，Person 类构造函数的函数体功能为输入姓名和性别，Student 类构造函数的函数体功能为输入学号，Teacher 类构造函数的函数体功能为输入职称。

④ 在 Person 类中定义一个公有的 Activity() 方法，方法体是显示“普通人的生活”。在 Student 类中隐藏 Activity() 方法，方法体是显示“学习”；在 Teacher 类中隐藏 Activity() 方法，方法体是显示“教学”。

⑤ 在 Program 类的 Main() 方法中实例化 Student 类和 Teacher 类，显示执行构造默认函数的结果，并显示学生的姓名、性别、学号和教师的姓名、性别、职称，然后分别调用两个对象的 Activity() 方法，显示调用结果。

图 6.19 所示的效果供参考。

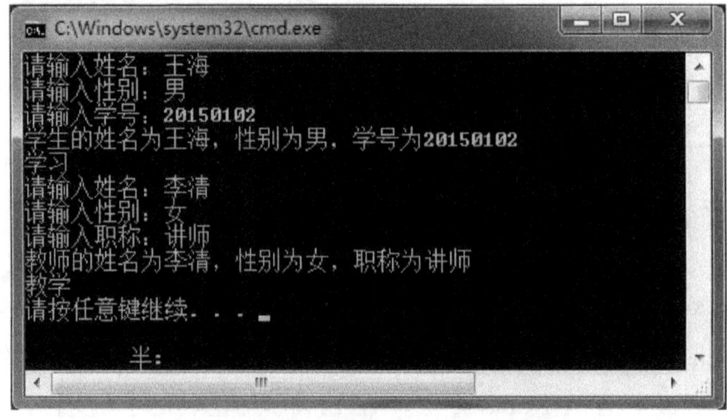

图 6.19 第 7 题程序运行参考效果

8. 编写控制台应用程序，练习类的多态性，完成以下要求。

① 分别声明 Person 类、Student 类和 Teacher 类，其中 Person 类是 Student 类和 Teacher 类的基类。

② Person 类有姓名、性别两个属性，在 Student 类中添加学号属性，在 Teacher 类中添加职称属性。

③ 在 Person 类中定义一个 Activity() 虚方法。在 Student 类中重写 Activity() 虚方法，把行为具体为学习；在 Teacher 类中不重写 Activity() 虚方法。

④ 在 Program 类的 Main() 方法中实例化 Student 类和 Teacher 类，并分别调用两个对象的 Activity() 方法，显示调用结果。

9. 编写控制台应用程序，练习重载、隐藏和重写方法的区别，完成以下要求。

① 声明Animal基类，类的成员包括：

Move() 虚方法，参数为空，返回值为void类型，方法体是输出“移动”；

Eat() 一般方法，参数为空，返回值为void类型，方法体是输出“吃”。

② 声明Lion类继承Animal类，类的成员包括：

重写Move() 方法，参数为空，返回值为void类型，方法体是输出“快速奔跑”；

隐藏Eat() 方法，参数为空，返回值为void类型，方法体输出“狮子吃东西”。

③ 在Lion类中定义另一个Eat() 方法，带一个字符串参数，返回值为void类型，方法体是输出“狮子吃”表示食物的参数值。

④ 在Program类的Main() 方法中创建派生类对象，如下所示：

```
Animal a=new Lion();          //创建基类类型的派生类对象
Lion b=new Lion();
```

⑤ 使用对象a、b分别调用Move()、Eat()、Eat(参数) 方法。

10. 编写控制台应用程序，练习抽象类，完成以下要求。

① 声明Point抽象类，用于描述一个点的坐标，包括：

抽象属性X，记录x坐标值；

抽象属性Y，记录y坐标值；

抽象方法Show()，输出两个坐标值。

② 声明一个派生类继承Point类，重写Point类的抽象属性和抽象方法。

③ 在Program类的Main() 方法中创建派生类的对象，设置属性值，调用相关方法。

11. 编写控制台应用程序，练习接口，完成以下要求。

① 定义一个IFather父亲接口，接口成员包含Eat() 方法。

② 定义一个IMother母亲接口，接口成员包含Move() 方法。

③ 定义一个Child孩子类，同时继承IFather和IMather接口，并实现两个接口中的成员。

④ 在Program类的Main() 方法中创建Child类对象，调用相关方法。

12. 编写控制台应用程序，用来实现在企业中发放不同员工的月工资，具体要求如下。

① 创建Employee(员工) 抽象类，并声明如下成员：

- ❖ 声明以下私有字段，姓名(name)、部门(department)、基本工资(salary)、工资收入(earnings)；
- ❖ 定义公有属性：姓名(Name)、部门(Department)、基本工资(Salary)、工资收入(Earnings)，用于访问对应的私有字段；
- ❖ 定义不带参数的构造函数，函数体为空；
- ❖ 定义抽象的Type只读属性，用于读取员工的类别(Type)。员工类别包括“经理”

"销售""工人"三种；

- ❖ 定义抽象的CountEarnings方法，用于计算工资收入。

② 创建 IOutput(输出)接口，并声明如下成员：

定义 Print 打印方法，用于输出员工的信息。

③ 创建 Employee(员工)类的 Manager(经理)派生类，并继承 IOutput(输出)接口。Manager 类的成员如下：

- ❖ bouns(奖金)私有字段；
- ❖ Bouns(奖金)公有属性，用于访问对应私有字段；
- ❖ 定义不带参数的构造函数，函数体为空；
- ❖ 重写 Type(类别)抽象属性，读取时返回"经理"；
- ❖ 重写 CountEarnings 抽象方法，计算方法为"基本工资+奖金"；
- ❖ 实现接口。

④ 创建 Employee(员工)类的 Sales(销售)派生类，并继承 IOutput(输出)接口。Sales 类的成员如下：

- ❖ commission(当月销售额)、rate(提成率)私有字段；
- ❖ Commission(当月销售额)、Rate(提成率)公有属性，用于访问对应的私有字段；
- ❖ 定义不带参数的构造函数，函数体为空；
- ❖ 重写 Type(类别)抽象属性，读取时返回"销售"；
- ❖ 重写 CountEarnings 抽象方法，计算方法为"基本工资+销售额*提成率"；
- ❖ 实现接口。

⑤ 创建 Employee(员工)类的 Worker(工人)派生类，并继承 IOutput(输出)接口。Worker 类的成员如下：

- ❖ hourSalary(时薪)、hourWorked(当月工作时长)私有字段；
- ❖ HourSalary(时薪)、HourWorked(当月工作时长)公有属性，用于访问对应私有字段；
- ❖ 定义不带参数的构造函数，函数体为空；
- ❖ 重写 Type(类别)抽象属性，读取时返回"工人"；
- ❖ 重写CountEarnings抽象方法，计算方法为"基本工资+时薪*工作小时数"；
- ❖ 实现接口。

⑥ 在Program类的Main()方法中创建各员工类的对象，设置属性值并调用相关方法，要求输出每位员工姓名(Name)、部门(Department)，按员工类别计算工资并输出工资收入(Earnings)。

参考数据：

Manager(经理)：王海东，办公室，基本工资 5000 元，奖金 5000 元。

Sales(销售)：张志平，销售部，基本工资 2000 元，提成率 0.05。

Worker(工人)：刘守宇，第一车间，基本工资 1200 元，时薪 15 元/小时。

第 7 章 窗体应用程序

前面 6 章多数是使用控制台应用程序作为例子讲解有关的知识。本章将较详细地介绍 Windows 窗体应用程序。Windows 窗体应用程序的界面直观、功能强大，可以更好地实现程序员希望实现的功能。

7.1 Windows 窗体应用程序简介

开发 Windows 窗体应用程序时，通常是在项目中添加窗体，然后在窗体上设置控件，再设置窗体和控件的属性并编写事件处理程序。

1. 窗体

窗体是 Windows 窗体应用程序的基本组成部分，它提供了定义窗体外观的属性、定义行为的方法和定义与用户交互的事件。默认情况下，Windows 窗体应用程序的第一个窗体命名为 Form1。一个 Form1 窗体通常对应以下几个文件：

Form1.cs	窗体中包含的后台代码
Form1.Designer.cs	窗体设计
Form1.resx	窗体资源

.NET Framework 中的窗体从 Form 类继承而来，Form 类属于 System.Windows.Forms 命名空间，Form 类对象具有 Windows 应用程序窗口的基本功能，用来创建应用程序中各种形式的窗口。

2. 控件

窗体的功能主要依靠界面中的控件实现。Visual Studio 的“工具箱”中包含许多控件图标，设计时可利用它们将控件添加到窗体中，前面已经通过例题介绍过怎样通过“工具箱”向窗体添加控件，怎样设置控件属性以更改其外观。也可以在运行程序时向窗体添加控件。

“工具箱”中的控件分为可见的控件和不可见的组件，它们的区别是，控件位于窗体上而组件不是，在向窗体添加组件时，组件出现在窗体下方的组件托盘中，运行程序时，窗体上看不到组件，因此也可以说控件是用户界面上可见的组件。

3. 事件

Windows 窗体应用程序是由事件驱动的。当用户更改控件属性值或单击某个控件时，将触发该控件相关的事件。要处理事件，需要注册该事件并提供对应的事件处理程序，事件处理程序就是在发生事件时将采取的操作。在 C#中采用“+=”运算符注册事件。

例如，在 Windows 窗体应用程序中，可以设置 button1 命令按钮控件，当用户单击该按钮时，就会触发其 Click 事件，可以为该事件编写程序(例如执行一个加法运算等)，以处理这一事件。

7.2 Windows 窗体

Windows 窗体从 Form 类继承而来，它是所有控件的最高一级容器，在窗体中可以放置各种类型的控件：公共控件、容器控件、数据控件、菜单和工具栏控件、组件、其他控件。

下面介绍 Form 类的成员。

7.2.1 属性

Form 类的属性定义了窗体的外观效果。例如，FormBorderStyle 属性用来获取或设置窗体的边框样式，默认为 FormBorderStyle.Sizable，即可调整边框的大小；Opacity 属性用来指定窗体及其控件的透明度级别，将此属性设置为小于 100%(1.00)的值时，会使整个窗体(包括边框)更透明，将此属性设置为值 0%(0.00)时，会使窗体完全不可见。

有两种设置窗体属性值的方法：一种是设计窗体时，直接在属性窗口中更改属性值；另一种编写设置属性的程序代码，在运行程序时动态地修改。

Windows 窗体的常用属性如表 7.1 所示。

表 7.1　**Form 类常用的属性**

属　性	描　　述
AcceptButton	获取或设置当用户按Enter键时相当于单击的窗体上的按钮
ActiveForm	获取应用程序的当前活动窗体
AllowTransparency	获取或设置一个值，指示能否调整窗体的不透明度
CancelButton	获取或设置当用户按Esc键时相当于单击的按钮
FomBorderStyle	获取或设置窗体的边框样式
Icon	获取或设置窗体的图标
IsMdiContainer	获取或设置一个值，指示窗体是否为多文档界面(MDI)子窗体的容器
MainMenuStrip	获取或设置窗体的主菜单容器
MaximizeBox	获取或设置一个值，指示是否在窗体的标题栏中显示“最大化”按钮
MinizeBox	获取或设置一个值，指示是否在窗体的标题栏中显示“最小化”按钮
Opacity	获取或设置窗体的不透明度级别
StartPosition	获取或设置运行时窗体的起始位置
Text	获取或设置窗体的标题
WindowState	获取或设置窗体的窗口状态

7.2.2　方法

Form 类的方法定义了窗体所具有的行为操作。主要有：

1. **Show()方法**

Show()方法用来显示窗体，调用格式为：

```
窗体对象. Show();
```

下面是显示另外一个窗体的程序代码：

```
Form2 frm = new Form2();        //创建窗体对象
frm.Show();                     //显示窗体
```

不能使用下面的代码显示窗体：

```
Form2.Show();
```

因为 Show()方法是实例方法(即非静态方法)，而 Form2 是窗体类，只能通过新建窗体对象(即实例化窗体类)来调用 Show()方法。如果是当前正在运行的窗体，可以使用 this 关键字调用它。例如：

```
this. Show();
```

2. **Hide()方法**

Hide()方法用来隐藏窗体，调用格式为：

```
窗体对象. Hide();
```

3. **Refresh()方法**

Refresh()方法用来刷新并重绘窗体，调用格式为：

```
窗体对象. Refresh();
```

4. **Activate()方法**

Activate()方法用来激活窗体并将焦点对准它，调用格式为：

```
窗体对象. Activate();
```

5. **Close()方法**

Close()方法用来关闭窗体，调用格式为：

```
窗体对象. Close();
```

6. **ShowDialog()方法**

ShowDialog()方法用来把窗体显示为模式对话框，调用格式为：

```
窗体对象. ShowDialog();
```

7.2.3　事件

窗体可以响应多个事件，如单击、双击、加载、关闭、改变大小、改变位置等。窗体常用事件如表 7.2 所示。

表 7.2　Form 类常用的事件

事　件	描　　述
Activated	当使用代码激活或用户激活窗体时发生
Closed	关闭窗体后发生
Closing	在关闭窗体时发生

事 件	描 述
Deactivate	当窗体失去焦点并不再是活动窗体时发生
Load	在窗体首次显示时发生
LocationChanged	在Location属性值更改后发生
PreviewKeyDown	当焦点位于此控件上且有按键动作时发生(在KeyDown事件之前发生)
Resize	在调整窗体大小时发生
Shown	只要窗体是首次显示就发生

7.3 Windows 窗体控件的主要共性

Windows 窗体中的所有控件都是从 System.Windows.Forms.Control 类继承而来的，它们自动获得基类中的所有成员，所以所有的 Windows 窗体控件都具有一些共性。

下面介绍 Control 类常用的共有的成员。

7.3.1 属性

Control 类的属性定义了控件可以呈现的外观效果，包括控件的名称、大小、位置等，所有控件都有 Name(名称)属性。除了下面介绍的共同属性之外，不同类型的控件还有一些属于自己的特殊属性。

Control 类常用的共有属性如表 7.3 所示。

表 7.3 Control 控件常用的公有属性

属 性	描 述
BackColor	获取或设置控件的背景色
BackgroundImage	获取或设置在控件中显示的背景图像
CanFocus	获取一个值，指示控件是否可以接收焦点
ContextMenu	获取或设置与控件关联的快捷菜单
Controls	获取包含在控件内的控件的集合
Cursor	获取或设置当鼠标指针位于控件上时显示的光标
DataBindings	为该控件获取数据绑定
Dock	获取或设置哪些控件边框停靠到父控件并确定控件如何随父级一起调整大小
Enabled	获取或设置一个值，指示控件是否可以对用户交互作出响应
Focused	获取一个值，指示控件是否有输入焦点
Font	获取或设置控件显示的文字的字体
ForeColor	获取或设置控件的前景色
Height	获取或设置控件的高度
Left	获取或设置控件左边缘与其容器的工作区左边缘间的距离(以像素为单位)
Location	获取或设置该控件左上角相对于其容器左上角的坐标

属　性	描　　述
Name	获取或设置控件的名称
Parent	获取或设置控件的父容器
Right	获取控件右边缘与其容器的工作区左边缘间的距离(以像素为单位)
Size	获取或设置控件的高度和宽度
TabIndex	获取或设置在控件的容器中的控件的Tab键顺序
Text	获取或设置与此控件关联的文本
Top	获取或设置控件上边缘与其容器的工作区上边缘间的距离(以像素为单位)
Visible	获取或设置一个值，指示是否显示该控件
Width	获取或设置控件的宽度

例如：可以用 Visible 属性设置是否隐藏或显示控件。示例代码如下：

```
控件名称. Visible=false;                  //隐藏控件
控件名称. Visible=true;                   //显示控件
```

7.3.2 方法

Control 类的方法定义了控件所具有的行为。例如，除了使用上面提到的 Visible 属性外，还可以使用 Show() 方法显示控件，而使用 Hide() 方法则可以隐藏控件。

7.3.3 事件

Control 类的事件定义了控件可以响应的用户操作。例如，Control 类的 Click 事件，用于响应用户单击控件的操作，当用户用鼠标单击控件时触发该事件。

Control 类的常用的共有事件如表 7.4 所示。

表 7. 4　**Control 控件常用的事件**

事　件	描　　述
Click	单击控件时发生
DoubleClick	双击控件时发生
EnabledChanged	更改Enabled属性值后发生
Enter	进入控件时发生
GotFocus	控件接收焦点时发生
KeyDown	控件有焦点的情况下，首次按下某键时发生
KeyPress	控件有焦点的情况下按下键时发生
KeyUp	控件有焦点的情况下释放键时发生
Leave	输入焦点离开控件时发生
LostFocus	当控件失去焦点时发生
MouseDown	当鼠标指针位于控件上并按下鼠标键时发生
MouseEnter	鼠标指针进入控件时发生
MouseHover	鼠标指针移到控件上保持静止达一段时间后发生

事 件	描 述
MouseLeave	鼠标指针离开控件时发生
MouseMove	鼠标指针移过控件上时发生
MouseUp	当鼠标指针在控件上并释放鼠标键时发生
Move	移动控件时发生
Paint	重绘控件时发生
Resize	调整控件大小时发生
SizeChanged	更改Size属性值后发生
TabIndexChanged	更改TabIndex属性值后发生
TextChanged	更改Text属性值后发生
VisibleChanged	更改Visible属性值后发生

7.4 Windows 窗体常用的控件

7.4.1 Label(标签)

Label 控件是标签控件，主要用来描述或说明窗体上的其它控件，例如说明一个文本框用来输入圆的半径等。Label 控件用 Text 属性设置和显示其标题文本。运行 Windows 窗体应用程序时，用户不能用交互方式编辑 Label 控件的标签文本。但是可以使用如下所示的代码进行设置：

```
label1.Text=标签内容字符串;
```

Label 控件不接受输入焦点，所以用户不能使用鼠标或 Tab 键选中 Label 控件。

7.4.2 TextBox(文本框)

TextBox 控件是文本框控件，主要用来接受用户输入的文本和显示文本，是最常用的 Windows 窗体控件之一。

1. 属性

TextBox 控件常用的属性如表 7.5 所示。

表 7.5 TextBox 控件常用的属性

属 性	描 述
MaxLength	获取或设置用户在文本框控件中可键入或粘贴的最大字符数
Multiline	获取或设置一个值，指示文本框控件是否可以包含多行文本
PasswordChar	获取或设置字符，用于屏蔽单行 TextBox 控件中的密码字符
ReadOnly	获取或设置一个值，指示文本框中的文本是否为只读
ScrollBars	获取或设置哪些滚动条可以出现在多行的 TextBox 控件中
SelectedText	获取或设置一个值，指示控件中当前选定的文本

属　性	描　　述
SelectionLength	获取或设置文本框中选定的字符数
SelectionStart	获取或设置文本框中选定的文本起始点
Text	获取或设置文本框中的当前文本
TextAlign	获取或设置文本框中文本的对齐方式
TextLength	获取控件中文本的长度
WordWrap	指示多行文本框控件在必要时是否自动换行到下一行的开始

Text 属性用来获取或设置 TextBox 控件中的文本内容，示例代码如下：

```
string s = textBox1.Text;
textBox1.Text =文本内容字符串;
```

TextLength 属性用来获取存储在 TextBox 控件中的文本长度，示例代码如下：

```
int a = TextBox1.TextLength;
```

PasswordChar 属性用来将 TextBox 控件设置为密码文本框，用户在输入文本时将显示特定字符。例如用“*”显示用户输入字符的示例代码如下：

```
textBox1.PasswordChar = "*";
```

MultiLine 属性用来将 TextBox 控件设置为支持多行输入，默认情况下 TextBox 控件仅支持单行文本输入。将 TextBox 控件设置为支持多行输入的示例代码如下：

```
textBox1.Multiline = true;
```

当 TextBox 控件处于多行输入状态下时，可以在水平方向或垂直方向添加滚动条，使用 ScrollBars 属性可以为 TextBox 控件设置滚动条，属性值为 ScrollBars 枚举值，各个值的意义如下：

① None —— 不显示滚动条。

② Horizontal —— 显示水平滚动条。

③ Vertical —— 显示垂直滚动条。

④ Both —— 显示水平滚动条和垂直滚动条。

在程序代码中从多行文本框中获取文本的方法有两种：

① 使用 Text 属性获取所有文本，方法和从单行文本框中获取文本的方法相同。

② 使用 Lines 属性获取多行文本框的每一行文本。Lines 属性返回一个字符串数组，每个数组元素指向一行文本，示例代码如下：

```
string[] strs = textBox1.Lines;                //用字符串数组接受各行文本
foreach(string s in strs)
    MessageBox.Show(s);                        //用消息框分别显示每一行文本
```

2. 方法

TextBox 控件提供了用于文本编辑的方法，如表 7.6 所示。

表 7.6　**TextBox 控件常用的方法**

方　法	描　　述
Clear	清除文本框控件中所有文本
Copy	将文本框中当前选定内容复制到“剪贴板”中

方 法	描 述
Cut	将文本框中当前选定内容移动到“剪贴板”中
Select	选择控件中的文本
SelectAll	选定文本框中的所有文本
Undo	撤销对文本框的上一个编辑操作
Paste	用剪贴板的内容替换文本框中当前选定的内容

Clear()方法用于清除文本框控件中的文本，示例代码如下：

```
textBox1.Clear();
```

Copy()、Cut()方法复制和剪切文本框控件中选定的文本，示例代码如下：

```
if(textBox1.SelectionLength>0)          //如果选定文本长度大于 0
    textBox1.Copy();                    //把文本框中选定的内容复制到剪贴板
if(textBox1.SelectionLength>0)          //如果选定文本长度大于 0
    textBox1.Cut();                     //把文本框中选定的内容剪切到剪贴板
```

Paste()方法把存放在剪贴板的内容粘贴到文本框中，示例代码如下：

```
textBox1.Paste();
```

TextBox 控件的默认事件(编制程序时，双击某个控件后会自动生成的事件过程，此后即可编写该过程的代码)是 TextChanged，每次在文本框中添加、更改、删除文本时都会引发该事件。当文本框控件失去焦点时将引发 LostFocus 事件。

7.4.3 Button(按钮)

Button 控件是按钮控件(也称为命令按钮控件)，一般用来当用户单击按钮时执行某些操作，它也是最常用的 Windows 窗体控件之一。当按钮被单击时，它看起来像是被按下，然后被释放。

Button 控件常用的属性如表 7.7 所示。

表 7.7 Button 控件常用的属性

属 性	描 述
BackColor	获取或设置控件的背景色
Enabled	指示控件是否可以对用户交互做出响应
FlatStyle	获取或设置按钮控件的平面样式外观
ForeColor	获取或设置控件的前景色
Image、ImageList	在控件上显示图像
Text	获取或设置控件上显示的文本
Visible	获取或设置是否显示该控件

FlatStyle 属性用于设置按钮或其它控件的外观，属性值必须设置成 FlatStyle 类型的枚举值，各个值的意义如下：

① Flat—— 平面按钮。

② Popup—— 正常情况下，按钮是平面的，当鼠标指针移到它们上面时，按钮升高。

③ Standard—— 三维边缘的按钮。

④ System —— 操作系统确定的按钮风格。

示例代码如下：

```
button1.FlatStyle= FlatStyle.Standard;
```

Text 属性用来设置按钮上显示的文本，并可包含访问键，“访问键”是控件(如按钮)、菜单或菜单项标签文本中带下划线的字符，设置访问键的作用是允许用户通过同时按 Alt 键和访问键时实现单击按钮的操作。创建控件访问键的方法是在控件的 Text 属性文本中某个字符前添加一个“&”符。示例代码如下：

```
button1.Text= "启用文本框&E";          //把字母 E 设置成访问键
```

Enabled 属性用来设置禁用和启用控件，按钮控件被禁用后，其上的文本呈灰色显示，表示用户将无法选中和单击按钮。设置禁用或启用按钮的示例代码如下：

```
button1.Enabled= false;               //禁用按钮控件
button1.Enabled = true;               //重新启用按钮控件
```

如果把窗体的 AcceptButton 属性设置为某个 Button 控件的名称，就可以把这个 Button 控件指定为“接受”按钮(也称为默认按钮)。每当用户按下 Enter 键时，相当于单击该按钮，而无需事先选中该按钮。

同理，如果把窗体的 CancelButton 属性设置为某个 Button 控件的名称，即可将这个 Button 控件指定为“取消”按钮。每当用户按下 Esc 键时，即相当于单击该按钮，而无需事先选中该按钮，以允许用户快速退出操作。

Button 控件的默认事件是 Click 事件，用于在用户单击按钮时运行某些代码。响应单击按钮的事件。

【例 7.1】编写窗体应用程序，按图 7.1 的左图所示，在窗体中设置 1 个标签控件、1 个文本框控件、两个命令按钮控件，然后按图 7.1 的右图所示设置窗体和各个控件的 Text 属性，编写程序体现命令按钮的作用。

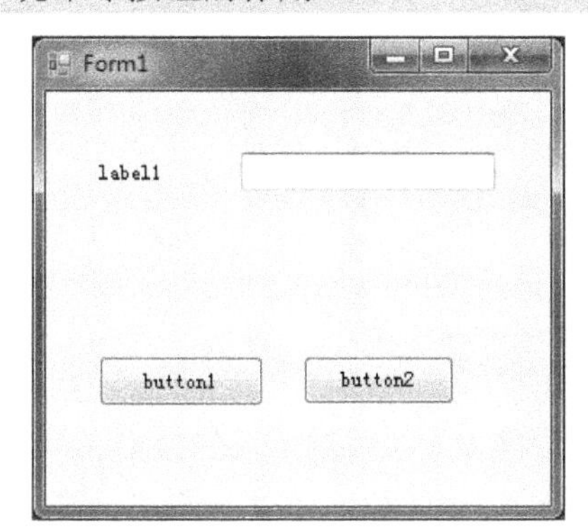

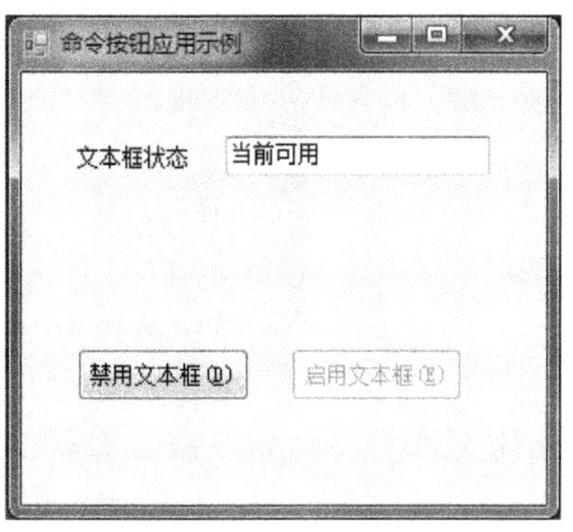

图 7.1　例 7.1 程序界面

【操作步骤】

① 启动 Visual Studio 2010，新建一个名为“命令按钮应用示例”的 Windows 窗体应用程序项目。按题目要求，设置窗体界面，把“启用文本框”命令按钮的 Enabled 属性设置为 False。按F5键，运行程序，得到如图 7.1 的右图所示的结果。可以看到，现在“启用文本框”命令按钮上的文字呈暗色显示，说明该命令按钮现在不可用。

② 关闭窗体，返回窗体设计界面，双击“禁用文本框”命令按钮，进入该按钮的 Click

默认事件，编写如下的程序代码：

```
private void button1_Click(object sender, EventArgs e)
{
    button1.Enabled = false;          //把“禁用文本框”按钮设置为禁用状态
    textBox1.Text = "当前禁用";       //改变文本框中的文字，以指明其当前状态
    textBox1.Enabled = false;         //把文本框设置为禁用状态
    button2.Enabled = true;           //把“启用文本框”按钮设置为可用状态
}
```

③ 双击“启用文本框”命令按钮，进入该按钮的 Click 默认事件，编写如下的程序代码：

```
private void button2_Click(object sender, EventArgs e)
{
    button2.Enabled = false;
    textBox1.Text = "当前可用";
    textBox1.Enabled = true;
    button1.Enabled = true;
}
```

④ 按F5键，运行程序，得到如图 7.1 的右图所示的结果。单击“禁用文本框”命令按钮，得到如图 7.2 所示的效果：“禁用文本框”按钮上的文字呈暗色显示，说明现在该按钮进入不可用状态，另外文本框中的内容变成暗色显示，说明现在该文本框也不可用，而“启用文本框”按钮变成可用状态。

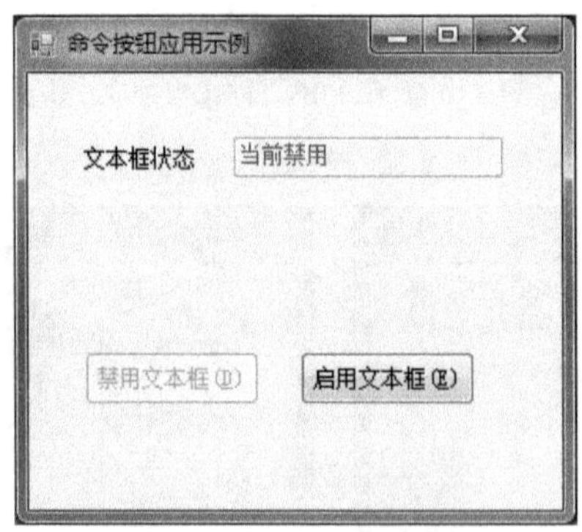

图 7.2　例 7.1 运行效果

⑤ 单击“启用文本框”命令按钮，重新得到如图 7.1 的右图所示的效果。

【思考】

请对照程序，解释上述运行效果。

7.4.4 RadioButton(单选按钮)

1. 单选按钮

RadioButton 控件是单选按钮控件，也称为单选框。在窗体中，可以使用多个单选按钮控件组成一个选项组，用户必须且只能选中其中一个单选按钮，即同一组中的多个单选按钮中最多选中一个。

RadioButton 控件与 Button 控件类似，具有很多相同的属性。此外，CheckAlign 属性用

于设置 RadioButton 控件与其说明文字的相对位置。Checked 属性用于获取或设置是否选中了一个单选按钮，当单击某个 RadioButton 控件时，该控件的 Checked 属性被设置为 true，并触发 Click 事件。

RadioButton 控件的默认事件是 CheckedChanged 事件，当控件的 Checked 属性值发生改变时，会引发 CheckedChanged 事件。

2. 容器控件

单选按钮控件经常和容器控件一起使用，当需要在同一个窗体中建立几组相互独立的单选按钮时，需要使用容器控件将每一组单选按钮框起来，这样对一个框(组)中单选按钮进行操作，就不会影响到框外其他组的单选按钮了。

窗体本身就是一个容器， Panel、GroupBox 等控件也是容器控件。这两个控件的功能类似，但是 GroupBox 控件能用 Text 属性定义在框上显示的标题，而 Panel 控件可以具有滚动条。

7.4.5 CheckBox(复选框)

CheckBox 控件是复选框控件。在窗体中，可以使用多个复选框控件以显示多重选项，用户可以选中一项或多项。复选框控件和单选按钮控件相似，区别是对于复选框控件，可以同时选中多个，而在单选按钮组中一次只能选中一个。

CheckBox 控件与 RadioButton 控件有很多相同的属性。

对于 CheckBox 控件，有两个属性比较重要，它们是 Checked 和 CheckState 属性。Checked 属性用于获取或设置一个值，指示复选框是否处于选中状态，选中为 true，否则为 false。CheckState 属性用于获取或设置控件的状态，属性值必须设置为 CheckState 枚举值中的一个，CheckState 枚举值如下：

① Checked—— 选中复选框。

② Unchecked—— 清除复选框选中状态。

③ Indeterminate—— 复选框既没有被选中也没有被清除，用一个禁用的复选标记表示。

CheckBox 控件的默认事件也是 CheckedChanged 事件，当控件的 Checked 属性值发生改变时，会引发 CheckedChanged 事件。

【例 7.2】设某个年级一共有 3 个班级，编写窗体应用程序，使用单选按钮和复选框，计算某个班级参加年级田径运动会的成绩。

【操作步骤】

① 启动 Visual Studio 2010，新建一个名为“单选按钮和复选框”的 Windows 窗体应用程序项目。按图 7.3 的左图所示，在窗体中先设置 3 个 GroupBox 控件，然后在第 1、2 个 GroupBox 控件中分别设置 3 个 CheckBox 控件，在第 3 个 GroupBox 控件中设置 3 个 RadioButton 控件。再设置一个标签控件和一个文本框控件。

② 如图 7.3 的右图所示，设置窗体和各个控件的 Text 属性。

【说明】

100 米赛跑和 200 米赛跑属于个人项目，一个班级可以在这类项目中同时获得多个名次，因此使用复选框控件表示；4×100 米接力是集体项目，一个班级只能获得一个名次，因此使用单选按钮控件表示。

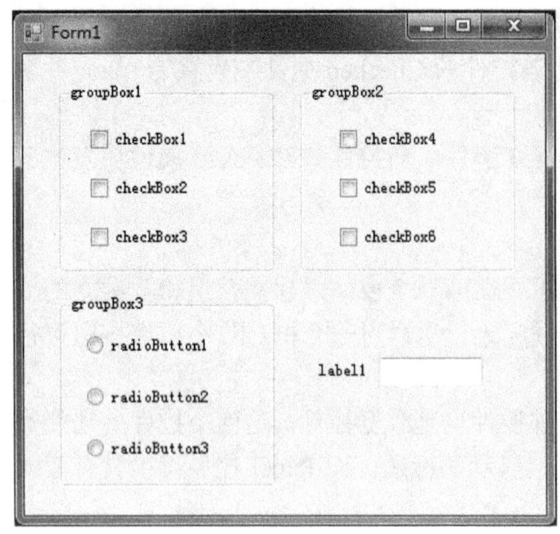

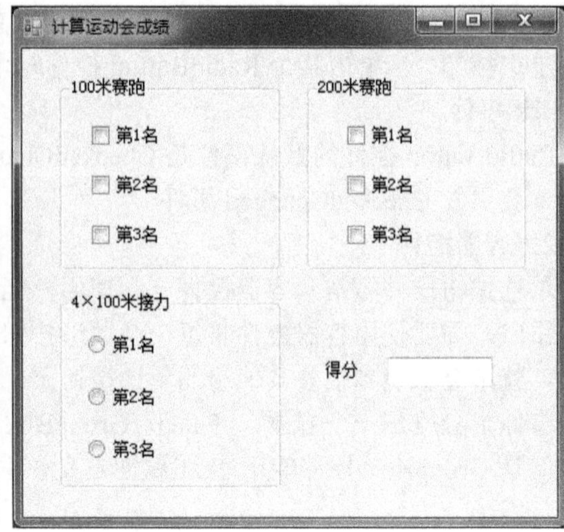

图 7.3 例 7.2 程序界面

③ 双击窗体空白处，编写窗体的 Load 事件程序，设置相关按钮的初始状态，然后再编写下述程序：在 Form1 类中编写一个 js()方法用来计算并显示班级总成绩(个人项目第 1、2、3 名分获 7、4、1 分，集体项目 1、2、3 名分获 14、8、2 分)；编写窗体的 Activated 事件程序，用来计算初始状态下的得分。代码如下所示：

```
namespace 单选按钮和复选框
{
    public partial class Form1 : Form
    {
        public Form1()
        {
            InitializeComponent();          //自动生成的代码，用来初始化窗体组件
        }
        private void Form1_Load(object sender, EventArgs e)
        {
            radioButton1.Checked = true;        //预设相关控件的初始状态
            checkBox1.Checked = true;
            checkBox4.Checked = true;
        }
        public void js()                        //根据各个按钮状态计算总的得分
        {
            int a=0;                            //a 用来表示总的得分
            if(checkBox1.Checked==true)             a+=7;
            if(checkBox2.Checked==true)             a+=4;
            if(checkBox3.Checked==true)             a+=1;
            if(checkBox4.Checked == true)           a+=7;
            if(checkBox5.Checked == true)           a+=4;
```

```
            if(checkBox6.Checked == true)           a+=1;
            if(radioButton1.Checked == true)        a+=14;
            if(radioButton2.Checked == true)        a=+8;
            if(radioButton3.Checked == true)        a+=2;
            textBox1.Text = Convert.ToString(a);
        }
        private void Form1_Activated(object sender, EventArgs e)
        {
            js();
        }
    }
}
```

④ 双击各个按钮，编写各按钮 CheckedChanged 事件程序，在其中均调用 js() 方法(程序代码略)。

⑤ 按F5键，运行程序，一开始出现如图 7.4 的左图所示的结果。单击不同的单选按钮控件和复选框控件，即可计算出不同情况下的总得分，图 7.2 的右图显示了一个运行效果。

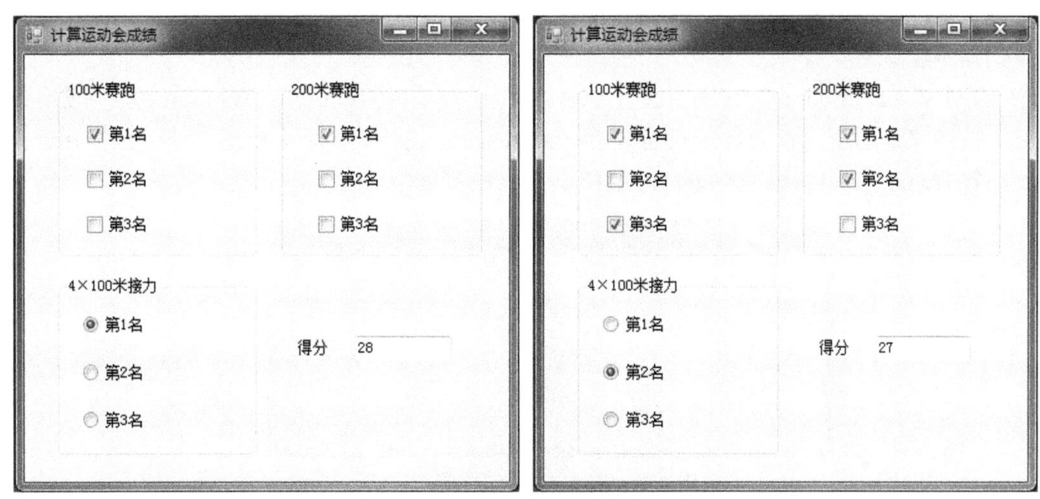

图 7.4　例 7.2 程序运行效果示例

7.4.6　Timer(计时器)

Timer 是在 Windows 窗体中定期引发事件的组件，用于每隔一段时间引发一个 Tick 事件。

可以用 Enabled 属性设置是否启动计时器，属性值设置为 true 时，启动计时器；设置为 false 时，停止计时器。

Interval 属性用于设置引发 Tick 事件的时间间隔，其值以毫秒为单位。

Start() 和 Stop() 方法用于设置打开和关闭计时器，效果与使用 Enabled 属性相似。

Timer 组件的默认事件是 Tick 事件，在计时器处于启动状态且达到时间间隔时发生。例如在 label1 控件上显示当前时间的示例代码如下：

```
private void timer1_Tick(object sender, EventArgs e)
{
```

```
        label1.Text=DataTime.Now.Tostring();
    }
```

7.4.7 ProgressBar(进度条)

ProgressBar 控件是进度条控件，可以让用户了解一个操作的进度，帮助用户了解需要等待一段较长时间才能完成的操作的当前进度。

ProgressBar 控件的常用属性如表 7.8 所示。

表 7.8 **ProgressBar 控件的常用属性**

属 性	描 述
Maximum	设置进度条可以显示的最大值
Minimum	设置进度条可以显示的最小值
Step	用于指定Value属性递增的值
Value	表示操作过程中已完成的进度

ProgressBar 控件的常用方法有 PerformStep()，该方法按照 Step 属性中指定的数量增加进度条的值。

【例 7.3】编写窗体应用程序，综合运用 Timer 和 ProgressBar 控件。

【操作步骤】

① 启动 Visual Studio 2010，新建一个名为“计时器和进度条”的 Windows 窗体应用程序项目。按图 7.5 所示，在窗体中设置 1 个 ProgressBar 控件、1 个 Label 控件、1 个 Button 控件、1 个 Timer 组件(名称为 timer1，组件不显示在窗体中)。

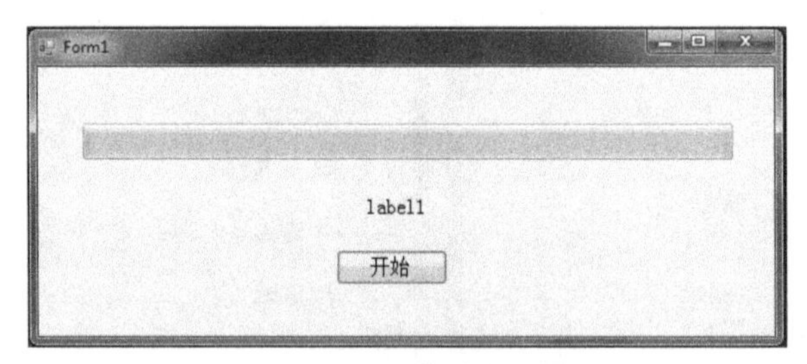

图 7.5 例 7.3 程序设计界面

② 把 button1 按钮的 Text 属性设置为“开始”，把 progressBar1 控件的 Step 属性设置为 1，把 timer1 组件的 Interval 属性设置为 200 毫秒。

③ 编写 button1 按钮的 Click 事件程序和 timer1 组件的 Tick 事件程序如下：

```
private void button1_Click(object sender, EventArgs e)
{
    if(button1.Text == "开始")
    {
        timer1.Enabled = true;          //设置timer1控件为可用
        button1.Text = "停止";
    }
    else
```

```
        {
            timer1.Enabled = false;          //设置timer1控件为不可用
            button1.Text = "开始";
        }
    }
    private void timer1_Tick(object sender, EventArgs e)
    {
        //如果进度条达到最大值，则把它设置到最小值，以便重新开始
        if(progressBar1.Value == progressBar1.Maximum)
        {
            progressBar1.Value = progressBar1.Minimum;
        }
        progressBar1.PerformStep();          //增加进度条的值
        int a;
        a = 100 * (progressBar1.Value - progressBar1.Minimum)/
                (progressBar1.Maximum - progressBar1.Minimum);
        //显示当前进度条的进度值占最大值的百分比
        label1.Text = Convert.ToInt16(a) +"%";
    }
```

④ 按F5键，运行程序，图 7.6 显示了运行效果。

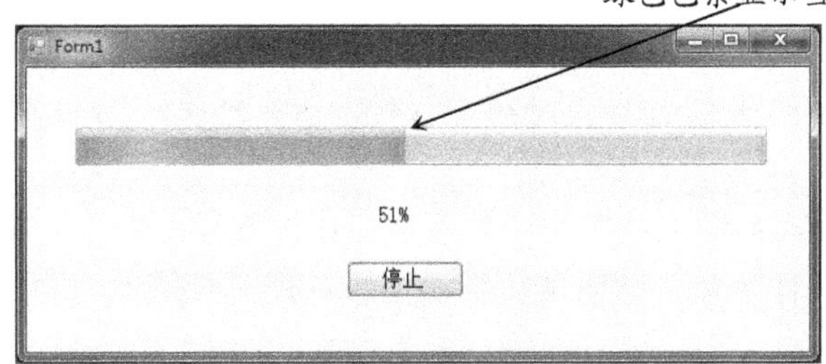

图 7.6　例 7.3 程序运行效果

【程序运行说明】

运行程序后，单击“开始”按钮，该按钮上的文字变成“停止”，与此同时启用 timer1 控件，Tick 事件程序开始运行，每隔 200 毫秒，progressBar1 的 Value 值增加 1，相对应的，进度条上绿色色条不断向右前进，显示当前进度，标签控件显示当前进度占总进度的百分比。当绿色色条前进到进度条的最右端时，重新再从最左端开始。在这个过程中，随时可以单击“停止”按钮，使进度条上的绿色色条停止前进，并使按钮上的文字重新变回到“开始”。

7.4.8　DateTimePicker(日期时间)

DateTimePicker 控件是日期时间控件，它用来表示日期时显示为两部分：一个是以文本形式表示的日期列表，第二个是单击向下箭头显示出来的一个日历网格。使用该控件允许用户从列表中选择具体的日期或时间。

DateTimePicker 控件的常用属性如表 7.9 所示。

表 7.9　DateTimePicker 控件的常用属性

属　性	描　　述
Format	获取或设置控件中显示的日期和时间的格式
MaxDate	获取或设置可在控件中选择的最大日期和时间
MinDate	获取或设置可在控件中选择的最小日期和时间
ShowUpDown	获取或设置一个值，指示是否使用数值调节钮控件（也称为up-down控件）调整日期/时间值
Value	获取或设置分配给控件的日期/时间值

把当前 dateTimePicker 控件选中的日期值显示在文本框中的代码如下所示：

```
private void dateTimePicker_CloseUp(object sender, EventArgs e)
{
    textBox1.Text= dateTimePicker.Value.ToString();
}
```

上面的程序用 ToStirng()方法，把当前在 dateTimePicker 控件选中的日期值（Value 属性值）转换为字符串，赋给 textBox1 文本框。其中 CloseUp 事件发生在控件下拉日历被关闭和消失时发生。

7.4.9 PictureBox（图片框）

PictureBox 控件是图片框控件，用于显示 BMP、GIF、JPEG、图元文件或图标 ICO 格式的图形。

PictureBox 控件的 Image 属性用来设置或获取要显示的图片，可以在设计窗体时设置，也可以使用 PictureBox 控件的 Load()方法在运行时设置。示例代码如下：

```
pictureBox1.Load(@"D:\image.gif");
```

语句中的@用来表示其后面的字符串是逐字字符串，在第 2 章中介绍过它的作用。

要清除 PictureBox 控件中包含的图形，需要先释放图片使用的内存，然后再清除图片，示例代码如下：

```
if(pictureBoxl.Image!=null)
{
    pictureBoxl.Image.Dispose();
    pictureBoxl.Image = null;
}
```

PictureBox 控件的 SizeMode 属性用来指示显示图片的样式，属性值可以设置为 PictureBoxSizeMode 枚举值中的一个，各枚举值的含义如下：

① AutoSize —— 调整 PictureBox 控件大小，使其等于所包含的图片大小。

② CenterImage —— 如果PictureBox控件比图片小，图片将居中显示，大出来的部分将被裁剪掉；如果PictureBox控件比图片大，则图片位于PictureBox控件中心。

③ Normal —— 图片被置于 PictureBox 的左上角，如果图片比包含它的 PictmeBox 控件大，大出来的部分将被裁剪掉。

④ StretchImage —— PictureBox 中的图片被拉伸或收缩，以适合 PictureBox 控件的大小。

⑤ Zoom —— 图片大小按其原有的大小比例被增大或减小。

设置该属性的代码如下所示：

```
pictureBoxl.SizeMode= PictureBoxSizeMode.CenterImage;
```

7.4.10　ListBox（列表框）

ListBox 控件是列表框控件，用于显示一个选项的列表，运行程序时用户可从列表中选择一项或多项，但不能添加、修改或删除列表项内容。ListBox 控件的常用属性如表 7.10 所示。

表 7.10　ListBox 控件的常用属性

属　性	描　　述
Items	获取当前存储在列表框中的项，其值是所有项的集合
MultiColumn	设置选项是否在列表框中水平显示
SelectionMode	设置对列表框项目是单选、多选或者不可以选择
Sorted	设置是否对列表框中的项进行排序
SelectedIndex	获取或设置ListBox中当前选定项从零开始的索引
SelectedItem	获取或设置ListBox中的当前选定项

可以在设计时使用 Items 属性向列表框中添加项，也使用 ListBox 控件的 Items 集合属性的方法添加列表项，Items 是列表框中项的引用，可以通过它来编辑列表框中的项。另外，Items.Count 属性返回列表框中的项数，其值总比 SelectedIndex 属性的最大可能值大 1，因为 SelectedIndex 是从零开始的。

Items 属性的常用的方法如表 7.11 所示。

表 7.11　Items 属性常用的方法

方　法	描　　述
Add()	在列表框中添加新项
Insert()	在列表框中指定的索引位置添加新项
Clear()	清除列表框中的所有项
Remove()	删除列表框中相应的项
RemoveAt()	删除列表框中指定索引位置的项

Items 集合的常用方法的示例代码如下：

```
//以下 3 行代码在 lixtBox1 列表框中添加 3 个选项
lixtBox1.Items.Add("二年级一班");
lixtBox1.Items.Add("二年级二班");
lixtBox1.Items.Add("二年级四班");
//以下代码在 lixtBox1 列表框的第 3 个位置插入一个新项
lixtBox1.Items.Insert(2, "二年级三班");
//以下代码删除 lixtBox1 列表框中的"二年级二班"项
lixtBox1.Items.Remove("二年级二班");
//以下代码删除 lixtBox1 列表框中的第 2 项
```

```
lixtBox1.Items.RemoveAt(1);
//以下代码清除 lixtBox1 列表框中的所有项
lixtBox1.Items.Clear();
```

SelectionMode 属性用来获取或设置在 ListBox 中选择项的方式，属性值是 SelectionMode 枚举值中的一个。默认值是 SelectionMode.One，用户一次只能在列表框中选定一项；当 SelectionMode 属性设置为 SelectionMode.MultiExtended 或 SelectionMode.MultiSimple 时，用户可以一次在列表框中选定多项。

SelectedIndex 属性用来返回对应于列表框中第一个选定项的索引值。如果未选定任何项，则 SelectedIndex 的值为-1；如果选定了列表框中的第一项，则 SelectedIndex 值为 0；当选定多项时，SelectedIndex 的值返回列表框中最先出现的选定项的索引值。

SelectedItem 属性类似于 SelectedIndex，但它返回项本身，这时如果再调用 ToString()方法即可获得该项的字符串值。代码如下所示：

```
int index=lixtBox1.SelectedIndex;
string s=lixtBox1.SelectedItem.ToString();
```

7.4.11 ComboBox(组合框)

ComboBox 控件是组合框控件，用于在下拉组合框中显示数据。默认情况下，ComboBox 控件分两部分显示：上面部分是一个允许用户输入列表项内容的文本框；下面部分是一个列表框，用户可从中选择一项。因此，ComboBox 控件与 TextBox、ListBox 控件类似，具有很多相同的属性。例如，ComboBox 控件也包含存储列表项的 Items 属性，但用户一次只能选定其中的一个选项；而使用 ComboBox 控件的 Text 属性则可以获取文本框部分的文本，示例代码如下：

```
string s=ComboBox1.Text;
```

ComboBox 控件有一个重要的属性 DropDownStyle，用来指定组合框的样式，属性值设置为 ComboBoxStyle 枚举值中的一个，各个枚举值如下：

① Simple—— 控件的列表框部分总是可见的，且用户可以编辑文本框部分的文本，该控件又称为简单组合框。

② DropDown—— 正常情况下，控件的列表框部分是隐藏的，且用户可以编辑文本框部分的文本，这是默认风格，该控件又称为下拉组合框。

③ DropDownList—— 正常情况下，控件的列表框部分是隐藏的，但用户不可以编辑文本框部分的文本，该控件又称为下拉列表框。

ComboBox 控件的默认事件是 SelectedIndexChanged，在更改控件的 SelectedIndex 属性后发生。

7.4.12 ImageList(图像列表组件)

ImageList 是图像列表组件，用于存储图像，这些图像可由任何具有 ImageList 属性的控件显示。

ImageList 组件的主要属性是 Images，用于存储图像集合，可在设计或运行时设置。每个单独的图像可通过其索引值或其键值来访问。下述代码将索引值 index 对应的图像显示在图片框中(索引值从 0 开始)。

```
pictureBox1.Image = imageList1.Images[index];
```

7.4.13　TreeView(树视图)

TreeView 控件是树视图控件，外观类似于 Windows 资源管理器左窗格中显示的文件和文件夹树形图，使用它可以为用户显示有层次的节点结构，如图 7.7 所示。

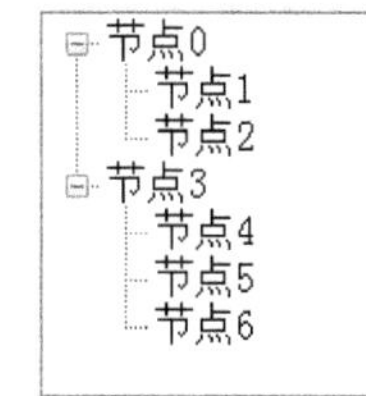

图 7.7　TreeView 控件外观

TreeView 控件的主要属性包括 Nodes 和 SelectedNode。Nodes 属性包含树视图中的节点集合，每个节点用 TreeNode 对象来表示。SelectedNode 属性设置当前选中的节点。树视图中的各个节点可以包含称为“子节点”的下级节点，如图 7.7 中的“节点 1”和“节点 2”就是“节点 0”的子节点。

可以使用设计器为 TreeView 控件添加和移除节点。选中 TreeView 控件，单击其属性窗口 Nodes 属性右面的...按钮，将弹出“TreeNode 编辑器”对话框，如图 7.8 所示，通过“添加根”和“添加子级”两个按钮可创建 TreeNode，接着修改每个 TreeNode 的 Text 属性。

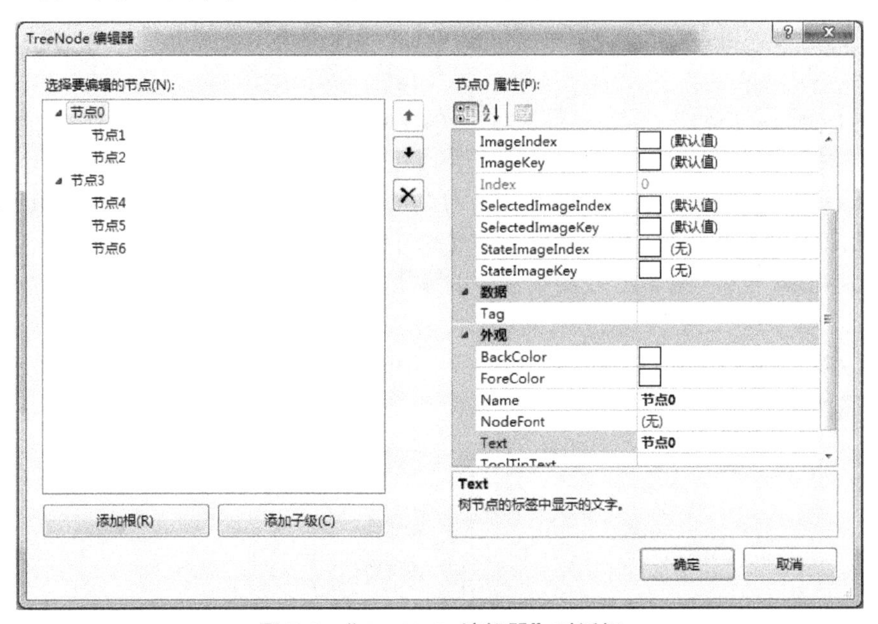

图 7.8　“TreeNode 编辑器”对话框

也可以使用树视图控件的 Nodes 属性的 Add()和 Remove()方法来添加和移除节点。例如在窗体中设置一个 button1 命令按钮，一个 treeView1 树视图控件，该控件中的节点设置如图 7.7 所示。为命令按钮编制下述 Click 事件程序：

```
private void button1_Click(object sender, EventArgs e)
{
    //创建子节点类对象
    TreeNode childNode = new TreeNode("新建子节点");
    //在当前选中节点下创建子节点
    treeView1.SelectedNode.Nodes.Add(childNode);
}
```

运行程序时，在 treeView1 控件选中“节点 0”，如图 7.9 的左图所示，单击 button1 按钮，将在“节点 0”下增加一个“新建子节点”，如图 7.9 的右图所示。

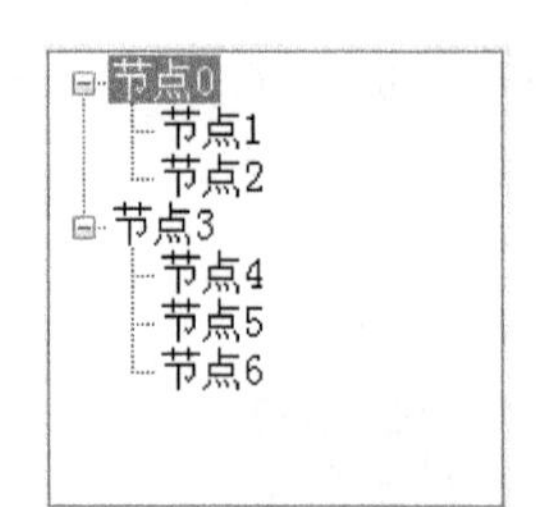

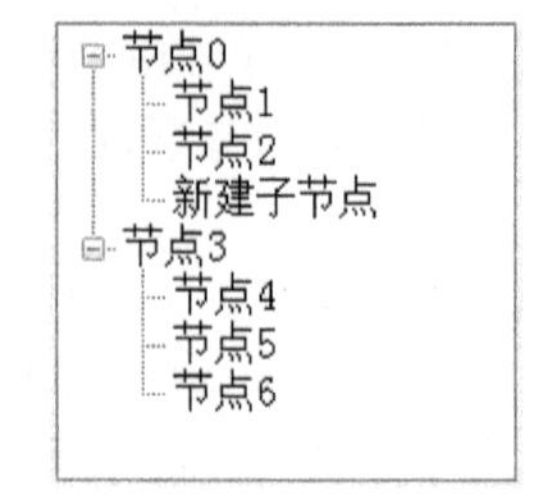

图 7.9 在当前选中的节点下新增一个子节点

使用下述代码可以移除选中节点或清除所有节点：

```
treeView1.Nodes.Remove(treeView1.SelectedNode);     //移除选中节点
treeView1.Nodes.Clear();                            //清除所有节点
```

如果设置 TreeView 的 ImageList 属性，可以在树节点旁显示图像，这时可以设置节点的 ImageIndex 和 SelectedImageIndex 属性。ImageIndex 属性确定正常和展开状态下的节点显示的图像，SelectedImageIndex 属性确定选定状态下的节点显示的图像。

【例 7.4】编写窗体应用程序，综合运用 TreeView 和 ListBox 控件。

【操作步骤】

① 启动 Visual Studio 2010，新建一个名为“树视图和列表框”的 Windows 窗体应用程序项目。按图 7.10 的左图所示，在窗体中设置 1 个 TreeView 控件(图 7.10 左图中左面的那个方框)、1 个 ListBox 控件(图 7.10 左图中右面的那个方框)、1 个 Button 控件、两个 Label 控件。

② 按图 7.10 的右图所示，设置 TreeView 控件中的节点，再设置窗体、Label 控件和 Button 控件的 Text 属性。

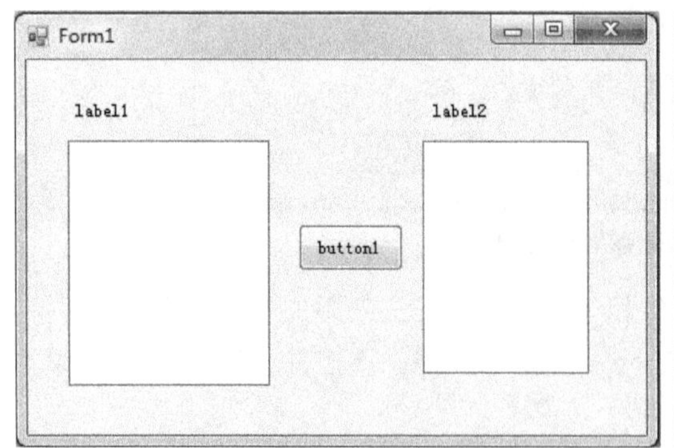

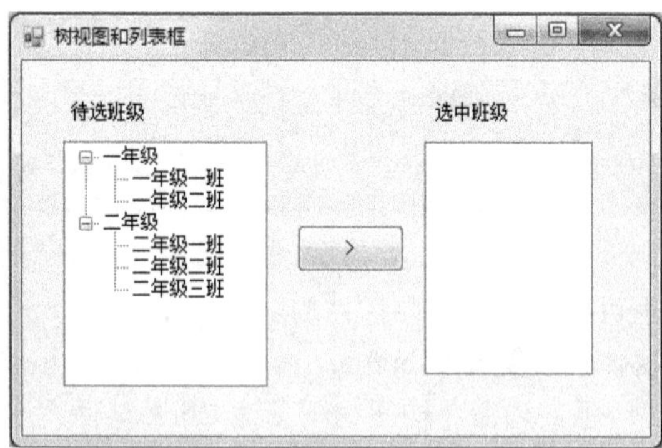

图 7.10 设置程序界面

③ 编写 button1 控件的 Click 事件程序，代码如下：

```
private void button1_Click(object sender, EventArgs e)
{
    //把 treeView1 控件中当前选中的节点内容转换为字符串类型赋给 s 字符串
    string s = treeView1.SelectedNode.ToString();
    //获取 s 字符串中前面的 10 个字符
```

```
        s = s.Substring(10);
        //把 s 的内容作为一个新的项目添加到 listBox1 控件中
        listBox1.Items.Add(s);
        //移除 treeView1 控件中当前选中的节点
        treeView1.Nodes.Remove(treeView1.SelectedNode);
    }
```

④ 按F5键，运行程序，在 treeView1 中选中“一年级二班”这一项，如图 7.11 的左图所示，单击当中的 > 命令按钮，被选中的“一年级二班”从 treeView1 中移除，添加到 listBox 中，如图 7.11 的右图所示。

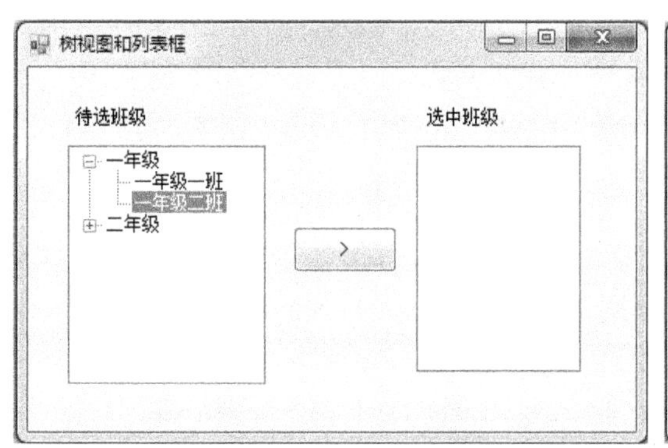

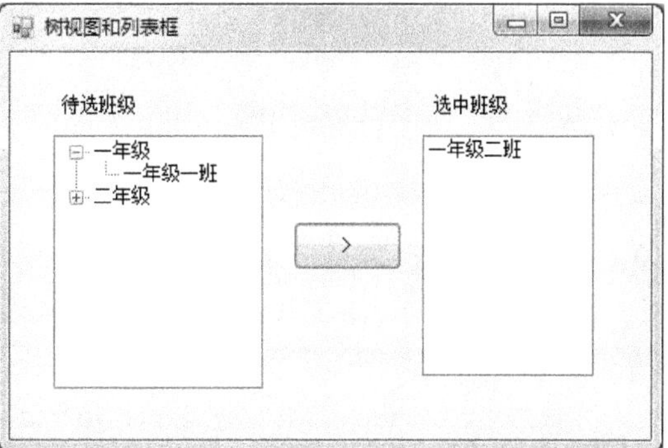

图 7.11 例 7.4 程序运行结果示例

7.4.14 ListView(列表视图)

ListView 控件是列表视图控件，用于显示带图标的项的列表，与 Windows 资源管理器右窗格的界面类似。

ListView 控件的主要属性是 Items，该属性包含 ListView 控件显示的项。

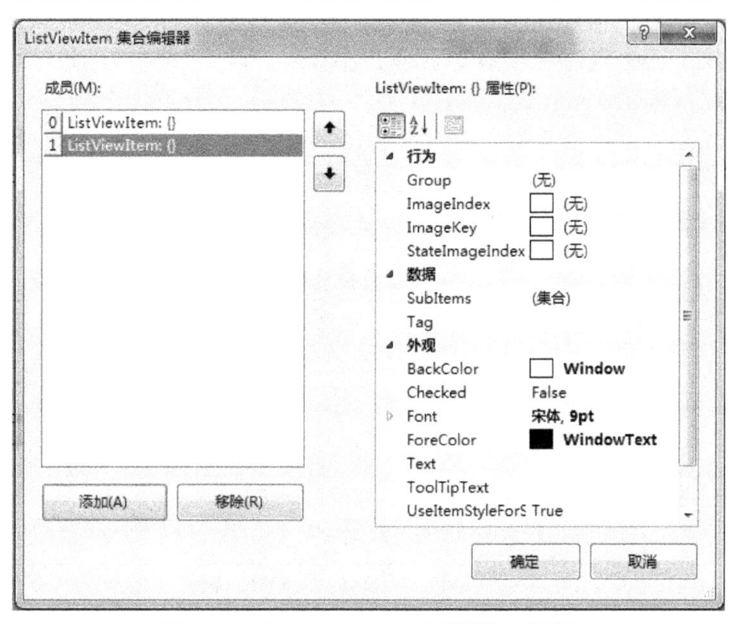

图 7.12 “ListViewItem 编辑器”对话框

可以使用设计器为 ListView 控件添加项或删除项。选中 ListView 控件，单击其属性窗口 Items 属性右面的...按钮，将弹出“ListViewItem 集合编辑器”对话框，如图 7.12 所示，通过“添加”和“移除”两个按钮可以创建或移除控件中的某一项。也可以通过编制程序在 ListView 中添加或移除项。示例代码如下：

```
listView1.Items.Add("增加项目 1");          //添加一项
listView1.Items.RemoveAt(0);               //移除第一项
listView1.Items.Clear();                   //移除所有项
```

ListView 控件的 View 属性用来获取或设置项的显示方式(视图模式)，可以设置为 View 枚举值中的一个，一共有 5 种视图模式：LargeIcon、SmallIcon、List、Tile 和 Details，默认值是 LargeIcon。设置代码示例如下：

```
listView1.View = View.LargeIcon;            //设置大图标视图
listView1.SmallImageList = imageList1;    //设置 SmallImageList 图标为 imageList1 组件
```

7.4.15 MessageBox(消息框)

MessageBox 类消息框用来向用户显示通知消息，其显示内容可包含文本、按钮和符号。使用时不需要创建 MessageBox 类的实例，直接调用 MessageBox 类的 Show() 方法就行了，语法格式如下：

```
MessageBox.Show(MessageText, TitlebarText, MessageBoxButtons, MessageBoxIcon);
```

Show() 方法有很多重载版本，这为指定消息框提供了很大的灵活性。

1. 显示基本消息的消息框

基本消息框仅包含一个“确定”按钮和一个消息字符串，该字符串作为第一个参数传递给消息框。如下所示：

```
MessageBox.Show("消息内容");
```

2. 带标题的消息框

如果要为消息框指定一个标题，应向 Show() 方法传递第 2 个字符串参数，如下所示：

```
MessageBox.Show("消息字符串", "标题内容");
```

3. 带按钮的消息框

除了“确定”按钮外，在消息框上还可以放置其他按钮，以便让用户可以对消息框做出不同的响应。第 3 个参数 MessageBoxButtons 用于指定消息框中显示什么按钮，参数值为 MessageBoxButtons 枚举值的一个，各枚举值意义如表 7.12 所示。

表 7.12 MessageBoxButtons 枚举值及消息框包含的按钮

枚举值	消息框包含的按钮
AbortRetryIgnore	中止(Abort)、重试(Retry)、忽略(Ignore)
OK	确定(OK)
OKCancel	确定(OK)、取消(Cancel)
RetryCancel	重试(Retry)、取消(Cancel)
YesNo	是(Yes)、否(No)
YesNoCancel	是(Yes)、否(No)、取消(Cancel)

4. 带图标的消息框

第 4 个参数 MessageBoxIcon 用来指定消息框中显示的图标，参数值为 MessageBoxIcon 枚举值的一个，各枚举值意义如表 7.13 所示。

表 7.13　MessageBoxIcon 枚举值及消息框中对应显示的图标

枚举值	图标	枚举值	图标	枚举值	图标
Asterisk		Hand		Question	
Error		Information		Stop	
Exclamation		None	无	Warning	

当用户单击了某个按钮关闭消息框时，Show()方法会返回一个 DialogResult 类型的值，可以通过 DialogResult 枚举值判别用户单击了哪个按钮，DialogResult 可能的值是 OK、Cancel、Abort、Retry、Ignore、Yes 和 No。示例代码如下：

```
DialogResult re=MessageBox.Show("是否保存操作结果？", "请确认",
        MessageBoxButtons.YesNoCancel, MessageBoxIcon.Question);
if(re == DialogResult.Yes)
{
    //相关操作
}
```

执行上述代码所显示的消息框如图 7.13 所示。

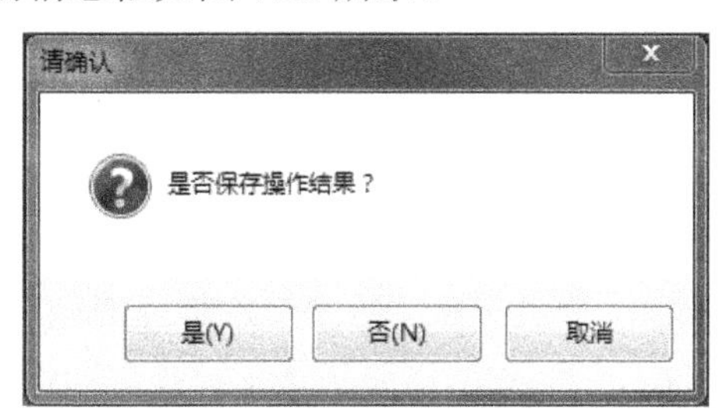

图 7.13　消息框

7.4.16　通用对话框

通用对话框是 .NET Framework 提供的一系列预定义对话框，包括了打开文件对话框 OpenFileDialog、保存文件对话框 SaveFileDialog、字体对话框 FontDialog、颜色对话框 ColorDialog 和打印对话框 PrintDialog 等。使用通用对话框，可以在 Windows 窗体应用程序中实现用户熟悉的基本功能。

使用设计器向 Windows 窗体中添加通用对话框的方法是，在工具箱中展开“对话框”选项卡，并拖放相应的对话框组件到窗体托盘中。也可以通过创建对话框对象以编程方式实现相应功能，例如创建打开文件对话框的对象并将其显示出来的示例代码如下：

```
//创建 openfiledialog1 打开文件对话框的对象
OpenFileDialog openFileDialog1 = new OpenFileDialog();
//显示打开文件对话框
openFileDialog1.ShowDialog();
```

通用对话框重要的属性如表 7.14 所示。

表 7.14　通用对话框的重要属性

类　型	描　述	属　　性
OpenFileDialog	选择需要打开的文件和位置	FileName：用户所选择的文件名称。 Filter：设置当前文件名称过滤器字符串，它确定对话框的“文件类型”框中的选项。 InitialDirectory：对话框的初始目录。 Multiselect：设置是否允许用户选择打开多个文件
FolderBrowserDialog	浏览和选择文件夹或新建文件夹	对OpenFileDialog组件的补充
SaveFileDialog	选择需要保存的文件和位置	FileName：第一次在对话框出现的文件，或是用户最后一次选择的文件。 Filter：对话框中的文件过滤器。 InitialDirectory：对话框的初始目录
FontDialog	提供系统当前安装的字体	Font：用户选择的字体。 MaxSize：可以选择的最大尺寸(或用0表示禁用)。 MinSize：可以选择的最小尺寸(或用0表示禁用)
ColorDialog	提供系统可供选择的颜色	Color：用户选择的颜色
PrintDialog	提供系统打印文件的对话框	

OpenFileDialog 打开文件对话框和 SaveFileDialog 保存文件对话框都属于文件对话框。文件对话框的 Filter 属性用于获取或设置筛选器字符串，以确定文件对话框中显示的文件类型。筛选字符串具有一定的格式，包括文件类型说明及文件类型扩展名，并使用竖线字符“|”分隔。例如，一个图形应用程序只允许浏览 BMP、GIF 和 JPG 文件，那么对 openFileDialog1 打开文件对话框设置 Filter 属性值的代码如下：

```
openFileDialog1.Filter=@"BMP 文件|*.bmp|GIF 文件|*.gif|JPG 文件|*.jpg";
```

在应用程序中，当用户关闭对话框时，需要获得用户操作和选择的结果。对于文件对话框，用 FileName 属性确定用户选择的文件名称；对于字体对话框，用 Font 属性确定用户选择的字体；对于颜色对话框，用 Color 属性确定用户选择的颜色。

通用对话框的 ShowDialog() 方法返回一个 DialogResult 类型的值，可以通过 DialogResult 枚举值判别用户单击了哪个按钮，枚举值包括 OK、Cancel、Abort、Retry、Ignore、Yes 和 No。示例代码如下：

```
if(openFileDialog1.ShowDialog()==DialogResult.OK)   //如果用户单击了“打开”按钮
{
    //打开 FileName 确定的用户所选择的文件
}
```

7.4.17　MenStrip(菜单)

MenuStrip 控件是应用程序的主菜单控件，出现在应用程序界面上方，它是构成 Windows 窗体应用程序的基本元素之一，使用它可以方便用户与应用程序进行交互。

应用程序的主菜单包含许多菜单项，当单击某个主菜单项时，可以显示相应的子菜单。菜单可以实现多层嵌套，每个菜单项都可以有一个关联的子菜单。

使用设计器向窗体添加主菜单的方法如下：在“工具箱”中展开“菜单和工具栏”选项卡，并拖放 MenuStrip 控件到窗体托盘中，窗体上方将自动添加 MenuStrip 控件，并出现一个标注为“请在此处键入”的文本框，如图 7.14 的左图所示。如要添加一个菜单项，可单击该框，然后输入菜单项文本。添加了一个菜单项后，将在菜单项的右边和下边出现新的文本框，如图 7.14 的右图所示。可继续添加菜单项，直到完成菜单的设计为止。

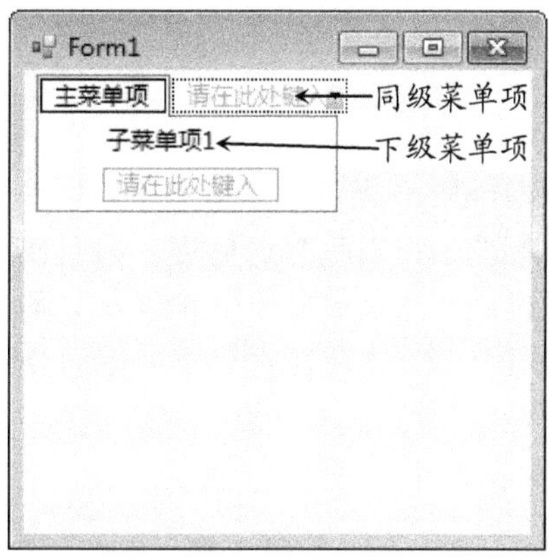

图 7.14　编辑菜单

也可以单击 MenuStrip 控件的 Items 属性右侧的[...]按钮，在弹出的“项集合编辑器”对话框中添加菜单项，如图 7.15 所示。

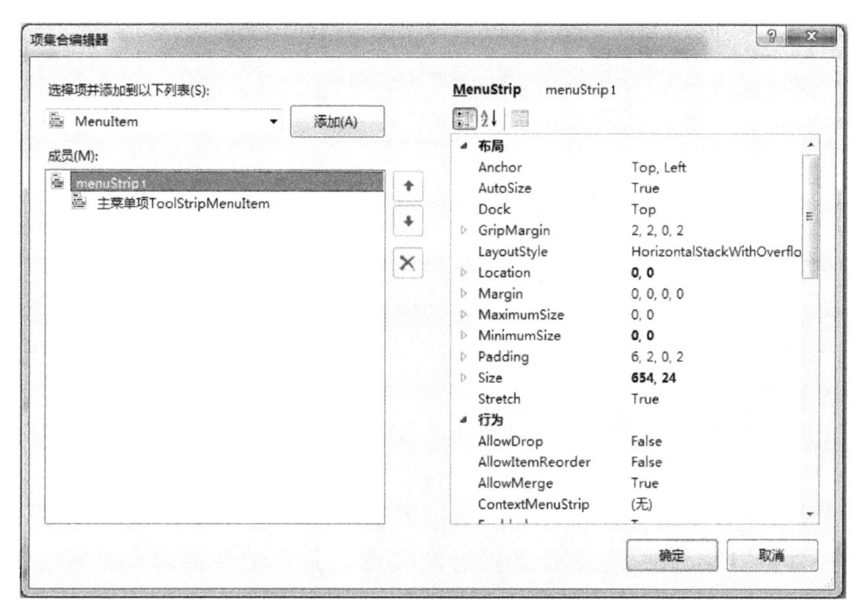

图 7.15　“项集合编辑器”对话框

选择 MenuStrip 控件，单击控件右上角的智能标记符号◨(或者右键单击 MenuStrip 控件)将弹出如图 7.16 所示的快捷菜单，然后单击“插入标准项”，即可在 MenuStrip 控件中填充标准菜单项。

图 7.16 快捷菜单

ToolStripMenuItem 类表示菜单的菜单项，使用其 Text 属性可以设置菜单项的文本标题。菜单项的文本标题中可以包含访问键，只要在文本标题字符串前添加一个“&”符号，就可以允许用户通过同时按 Alt 键和访问键来实现“单击”菜单项的操作。如果把菜单项的 Text 属性设置为符号“-”，则可以在菜单中添加分隔符，即显示一条水平线，分隔符用于把相关的菜单项分组。

ToolStripMenuItem 类最常用的属性如表 7.15 所示。

表 7.15 **ToolStripMenuItem 常用属性**

属 性	描 述
Checked	指定是否应该在菜单项旁显示复选标记
Enabled	激活或禁用菜单项
Name	返回菜单项的标识符
Parent	返回对当前项的父菜单对象的引用，
ShortcutKeys	指定键盘操作系列，就像单击菜单项一样用来执行关联事件处理程序
Text	指定菜单项的文本标题
Visible	指定菜单项是否可见

ToolStripMenuItem 类的默认事件是 Click，用户单击菜单项时发生。

【例 7.5】编写用来实现编辑文本的窗体应用程序，要求如下：

① 使用 RichTextBox 控件(该控件与 TextBox 控件类似)完成对富文本文档(*.rtf)或纯文本文档(*.txt)的编辑。

② 在窗体中设置菜单，主菜单包括“文件”菜单项和“编辑”菜单项。

③ 在“文件”菜单项下设置“打开”和“保存”子菜单项，完成下述功能：

❖ 打开指定的文件：打开 OpenFileDialog 对话框后获取 FileNmae 属性，然后使用 RichTextBox 控件的 LoadFile 方法打开指定的文件并载入文件内容，打开文件时使用 RichTextBoxStreamType 枚举值作为参数。

❖ 在选定的路径中使用不同格式保存文件：打开 SaveFileDialog 对话框后获取 FileNmae 属性，然后使用 RichTextBox 控件的 SaveFile 方法保存指定的文件，保存文件时使用 RichTextBoxStreamType 枚举值作为参数。

④ 在“编辑”菜单项下设置“背景色”和“字体”子菜单项，完成下述功能：

❖ 设置选定文本的背景色颜色。

❖ 设置选定文本的颜色和字体。

❖ 要求在未选定文本前，“背景色”和“字体”子菜单项不可用。可以通过 RichTextBox 控件的 SelectionChange 事件，控制子菜单项的可用与不可用。

【操作步骤】

① 启动 Visual Studio 2010，新建一个名为“文本编辑器”的 Windows 窗体应用程序项目。将窗体的 Text 属性修改为“文本编辑器”。

② 在窗体中设置一个RichTextBox控件，使用默认的名称richTextBox1。

③ 在窗体中设置 MenuStrip 控件，将 MenuStrip 控件的 Name 属性值设置为 msMain，在 MenuStrip 控件中按表 7.16 所示，设置各个菜单项。

表 7.16　设置菜单项

序号	菜单项	Name属性	Text属性	ShortcutKeys属性	Enabled属性
1	文件	tsmiFile	文件(&F)		
1.1	打开	tsmiOpen	打开(&O)···	Ctrl+O	
1.2	保存	tsmiSave	保存(&S)···	Ctrl+S	
2	编辑	tsmiEdit	编辑(&E)		
2.1	背景色	tsmiBackColor	背景色(&C)···		False
2.2	字体	tsmiFont	字体(&F)···		False

设置结果如图 7.17 所示。

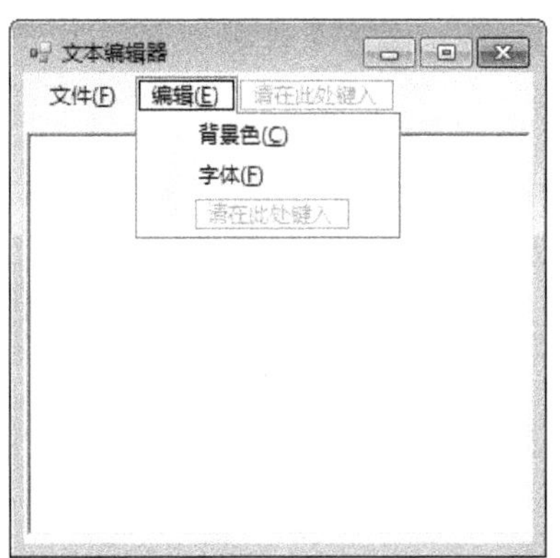

图 7.17　程序界面设置结果

④ 向窗体添加通用对话框组件，按照表 7.17 所示设置属性。

表 7.17　设置通用对话框属性

对话框	Name属性	Filter属性	ShowColor属性
OpenFileDialog	oFD	富文本文档|*.rtf|文本文档|*.txt	
SaveFileDialog	sFD	富文本文档|*.rtf|文本文档|*.txt	
ColorDialog	coD		
FontDialog	foD		True

⑤ 双击“打开”菜单项，编写tsmiOpen的Click事件程序，实现以下功能：打开“打开”对话框，根据不同文档类型，加载文件内容到richTextBox1文本框中，代码如下：

```
private void tsmiOpen_Click(object sender, EventArgs e)
```

```
{
    if(oFD.ShowDialog()==DialogResult.OK)   //打开对话框，获取文件名
    {
        try
        {
            //根据不同的文件扩展名，使用不同参数打开并加载文件
            if(oFD.FileName.EndsWith("*.txt"))   //如果是纯文本文档
            {
                richTextBox1.LoadFile(oFD.FileName, RichTextBoxStreamType.PlainText);
            }
            else                                  //否则必是富文本文档
            {
                richTextBox1.LoadFile(oFD.FileName, RichTextBoxStreamType.RichText);
            }
        }
        catch(Exception ex)
        {
            MessageBox.Show(ex.Message);
        }
    }
}
```

⑥ 双击“保存”菜单项，编写 tsmiSave 的 Click 事件程序，实现以下功能：打开“保存”对话框，根据不同文档类型，保存 richTextBox1 文本框中的内容到文件中，代码如下：

```
private void tsmiSave_Click(object sender, EventArgs e)
{
    if(sFD.ShowDialog()==DialogResult.OK)
    {
        try
        {
            //根据不同的文件扩展名，使用不同参数保存文件
            if(sFD.FileName.EndsWith("*.txt"))
            {
                richTextBox1.SaveFile(sFD.FileName, RichTextBoxStreamType.PlainText);
            }
            else
            {
                richTextBox1.SaveFile(sFD.FileName, RichTextBoxStreamType.RichText);
            }
        }
```

```
            catch(Exception ex)
            {
                MessageBox.Show(ex.Message);
            }
        }
    }
```

⑦ 上面编制了不少程序，为了检验效果，按F5键运行程序。进行以下操作：在文本框中输入文字，执行“文件”→“保存”菜单命令，打开“保存”对话框，在左侧窗格选择 D 盘，在“文件名”框中输入“AAA”，单击“保存”按钮，将输入的内容以富文本文档的格式保存到 D 盘根目录中。操作过程如图 7.18 所示。

图 7.18　输入内容，保存文件

⑧ 继续运行程序，清除文本框中的内容，执行“文件”→“打开”菜单命令，打开“打开”对话框，使用该对话框打开“D:\AAA.rtf”文件，richTextBox1 文本框中重新出现原来曾经输入的内容，如图 7.18 的左图所示。

⑨ 关闭程序返回程序设计界面，双击“背景色”菜单项，编写 tsmiBackColor 的 Click 事件程序，实现以下功能：打开“颜色”对话框，设置 richTextBox1 文本框中选定文本的背景色，代码如下：

```
private void tsmiBackColor_Click(object sender, EventArgs e)
{
    coD.Color = richTextBox1.SelectionBackColor;
    //改变选定文本的背景色
    if(coD.ShowDialog() == DialogResult.OK)
    {
        richTextBox1.SelectionBackColor = coD.Color;
    }
}
```

⑩ 双击“字体”菜单项，编写 tsmiFont 的 Click 事件程序，实现以下功能：打开“字体”

对话框，设置 richTextBox1 文本框中选定文本的颜色和字体，代码如下：

```
private void tsmiFont_Click(object sender, EventArgs e)
{
    foD.Color = richTextBox1.SelectionColor;
    foD.Font = richTextBox1.SelectionFont;
    //改变选定文本的颜色和字体
    if(foD.ShowDialog() == DialogResult.OK)
    {
        richTextBox1.SelectionColor = foD.Color;
        richTextBox1.SelectionFont = foD.Font;
    }
}
```

⑪ 选中 richTextBox1 文本框，单击属性窗口中的事件按钮，打开事件列表，在其中双击 SelectionChang 事件，编写对应的事件程序，代码如下：

```
private void richTextBox1_SelectionChanged(object sender, EventArgs e)
{
    //如果没有选定文本，禁用相关的菜单项
    if(richTextBox1.SelectionLength == 0)
    {
        tsmiBackColor.Enabled = false;
        tsmiFont.Enabled = false;
    }
    else
    {
        tsmiBackColor.Enabled = true;
        tsmiFont.Enabled = true;
    }
}
```

⑫ 按F5键运行程序，检验效果。

一、选择题

1. 新建一个窗体应用程序，下列各组设置窗体宽度的语句中，正确的是(　　)。

A. this.Width = 1000;　　B. Form1.Width = 1000;

C. this.Height = 1000;　　D. Form1.Height = 1000;

2. 激活窗体时，发生窗体的(　　)事件。

A. Activated　　B. Load　　C. Resize　　D. Shown

3. 以下各组设置 textBox1 文本框控件可以和用户交互的语句中，正确的是（　　）。

A. textBox1.Visible = true;　　textBox1.Enabled = true;

B. textBox1.Visible = true;　　textBox1.Enabled = false;

C. textBox1.Visible = false;　　textBox1.Enabled = true;

D. textBox1.Visible = false;　　textBox1.Enabled = false;

4. 以下各项叙述中，正确的是（　　）。

A. 在一个窗体中的多个RadioButton控件中，只能选中一个

B. 在一个容器控件中的多个RadioButton控件中，只能选中一个

C. 在一个窗体中的多个CheckBox控件中，只能选中一个

D. 在一个容器控件中的多个CheckBox控件中，只能选中一个

5. 以下各项叙述中，错误的是（　　）。

A. 窗体的默认事件是Click事件　　B. Button控件的默认事件是Click事件

C. TextBox控件的默认事件是TextChanged事件

D. ComboBox控件的默认事件是SelectedIndexChanged事件

6. 要指定MessaageBox消息框显示“是(Yes)”“否(No)”“取消(Cancel)”按钮，应该设置消息框的（　　）。

A. 第3个参数为MessageBoxButtons.YesNoCancel

B. 第4个参数为MessageBoxButtons.YesNoCancel

C. 第3个参数为MessageBoxIcon.YesNoCancel

D. 第4个参数为MessageBoxIcon.YesNoCancel

7. 所有控件都有（　　）属性。

A. Text　　B. BackColor　　C. Name　　D. Item

8. Timer控件的（　　）事件每隔一段时间间隔被激发。

A. Click　　B. Changed　　C. ServerTick　　D. Tick

9. 使用PictureBox控件显示图片，要使得图片调整到控件大小，应把其SizeMode属性设置为（　　）。

A. AutoSize　　B. CenterImage　　C. Normal　　D. StretchImage

二、填空题

1. 在窗体获得焦点时，发生窗体的________________事件。

2. 窗体使用________________属性调整其不透明度。

3. 在屏幕上第一次显示窗体时，Load事件和Activated事件中，先发生______________事件。

4. 运行程序时，用户不能用交互方式修改__________控件上的文本，用户也不能用鼠标选中这种控件。

5. 要把TextBox文本框设置为支持多行输入，应把其______________属性设置为true。

6. 获取或设置一个RadioButton是否被选中，要设置其_________________属性。

7. CheckBox控件用________属性设置或获取控件的状态，其枚举值为_____________、_______________、____________________。

8. 使用______________属性设置Timer控件Tick事件发生的时间间隔。

9. ListBox控件使用__________属性添加新项或移除原有的项。

10. 对于文件对话框，使用_________属性设置文件过滤器。

实验 7

1. 新建一个名称为“登录”的Windows窗体应用程序，用来实现一般的登录功能。要求：

① 按图7.19的左图所示，在窗体中设置两个Label控件，两个TextBox控件和两个Button控件。再按图7.19的右图所示，设置窗体和各个控件的Text属性。

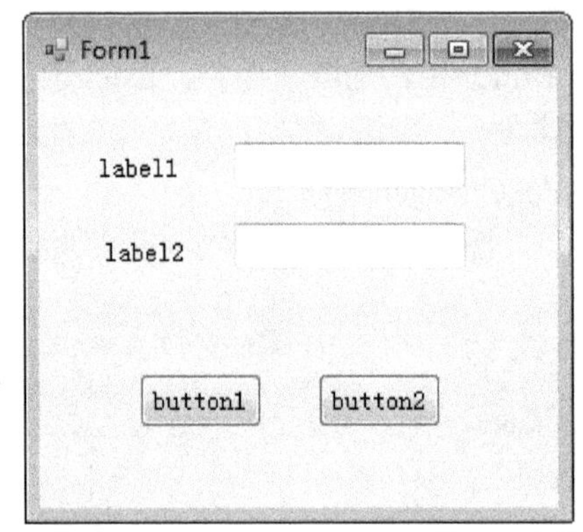

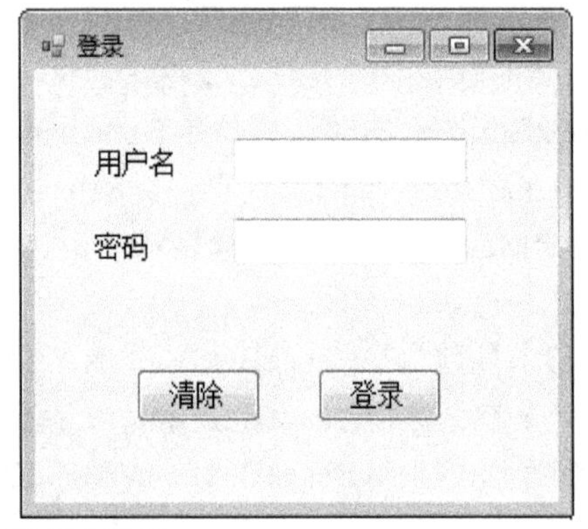

图7.19　第1题程序界面

② 设置“密码”文本框的PasswordChar属性，把用户输入的字符显示为“*”。

③ 编写“清除”按钮的Click事件程序，功能是清除两个文本框中输入的内容。

④ 预先设置好密码字符串(例如设置为"123456789")，编写“登录”按钮的Click事件程序，功能是弹出消息框，显示消息：如果密码正确，显示“登录成功”；如果密码不正确，显示“密码不对，登录失败”。关闭消息框后，退出程序(用关闭当前窗体的方法，退出程序)。

2. 新建一个名称为“简易计算器”的Windows窗体应用程序，用来实现一般的加减乘除计算功能。要求如下。

① 按图7.20所示，设计窗体：

设置两个TextBox控件，名称分别为textBox1、textBox2，用来输入进行运算的操作数。

设置4个RadioButton控件，名称分别为j1、j2、j3、j4，Text属性如图所示，分别用来表示要进行哪一种运算。

设置13个Button控件，其中，“=”按钮的名称为re，运行程序时，单击该按钮得到运算结果；下面的12个按钮，自左至右名称分别为b0、b1、b2、b3、b4、b5、b6、b7、b8、b9、bd、cl，Text属性如图所示，用来输入操作数和清除输入的内容。

设置3个Label控件，两个Label控件的Text属性分别为“操作数1”“操作数2”；把label1控件的BorderStyle属性设置为Fixed3D，用来表示运算结果。

② 编制程序，要求实现以下功能：将输入焦点分别置入左面的textBox1或右面的textBox2文本框后，单击表示数字和小数点的按钮，能把数字输入到对应的文本框中。

③ 运行程序时，选中一个表示运算的RadioButton按钮，单击“=”按钮后，能用label1控件显示对应的计算结果。

注意：文本框中的数据是字符串，要将其转换为double类型后才能进行相应的运算。进行除法运算时，要判断除数是否为0，并进行相应的处理。

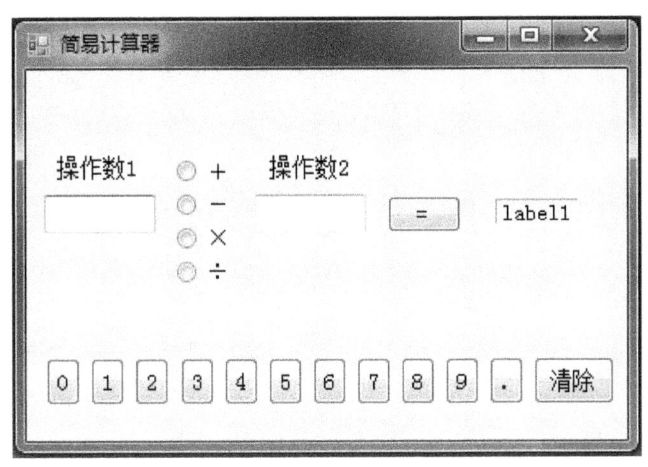

图7.20　第2题程序界面

【操作步骤】

① 编写一个用来向文本框中输入数字或小数点的可重载的sr()方法，当单击示数字和小数点的按钮后，能调用该方法，将对应的数字或小数点输入到文本框中。

② 编写向文本框中输入数字或小数点的代码。这里要解决以下问题：单击表示数字和小数点的按钮后，输入的数字或小数点应出现在哪个文本框中。

可以在类中设置一个全局整型变量zt，运行程序时，当输入焦点从“操作数1”文本框离开时，让zt=1；当输入焦点从“操作数2”文本框离开时，让zt=2。在单击表示数字和小数点的按钮后，根据zt的值，确定输入的内容填到那个文本框中。

下面是解决以上两个问题的部分代码：

```
public partial class Form1 : Form
{
    int zt=1;            //设置全局变量
    public Form1()
    {
        InitializeComponent();
    }
    private void textBox1_Leave(object sender, EventArgs e)
    {
        zt = 1;
    }
    private void textBox2_Leave(object sender, EventArgs e)
    {
        zt = 2;
```

```
        }
        private void sr(int a)          //可重载的方法，用来输入数字
        {
            if (zt == 1)
            {
                textBox1.Text = textBox1.Text + a.ToString();
            }
            else
            {
                textBox2.Text = textBox2.Text + a.ToString();
            }
        }
        private void sr(char a)         //可重载的方法，用来输入小数点
        {
            if (zt == 1)
            {
                textBox1.Text = textBox1.Text + a;
            }
            else
            {
                textBox2.Text = textBox2.Text + a;
            }
        }
        private void b0_Click(object sender, EventArgs e)   //单击“0”按钮时发生
        {
            sr(0);
        }
        ……          //单击其他数字按钮时对应的事件程序
        private void bd_Click(object sender, EventArgs e)   //单击“.”按钮时发生
        {
            sr('.');
        }
    }
```

③ 继续编制完整个程序。

为了降低程序设计难度，假设文本框中的字符串总可以顺利转换成double型数据。

【进一步思考】

实际上不用编写可以重载的sr()方法，请考虑怎样修改程序，用一种sr()方法完成程序的功能。

图7.21显示了两个程序运行实例效果。

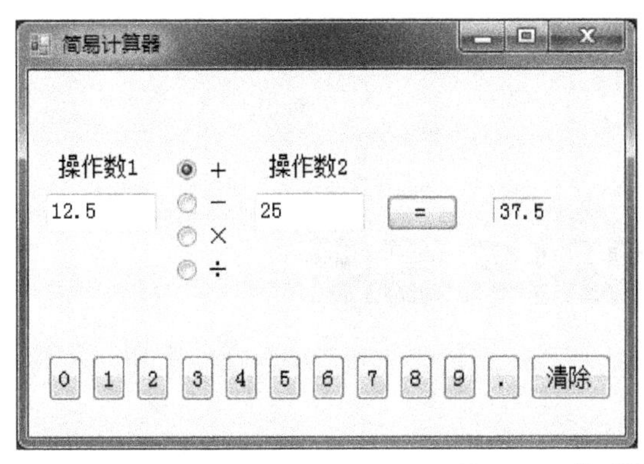

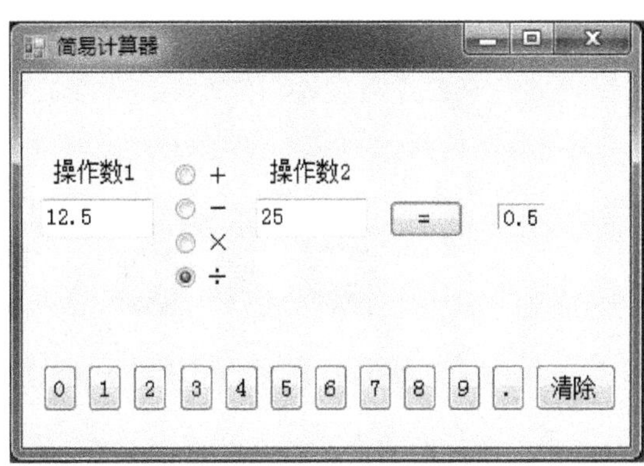

图7.21　第2题的两个运行实例

3. 新建一个名称为“通讯录”的Windows窗体应用程序，要求：

① 按图7.22所示设计窗体，在窗体中设置标签、文本框、单选按钮、组合框、复选框、列表框、按钮。

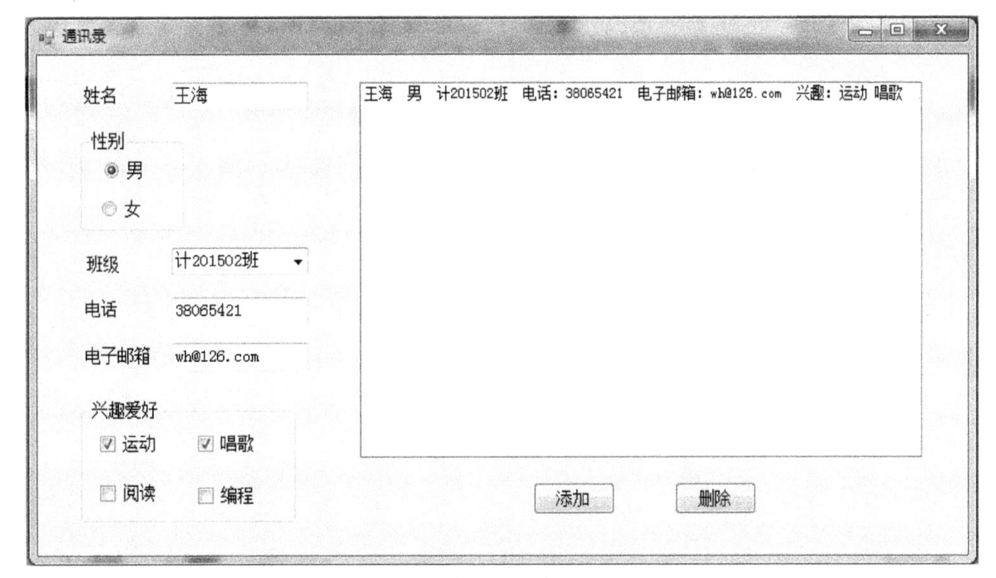

图7.22　第3题程序运行界面

② 使用组合框的Items属性，为“班级”组合框输入若干项，项目内容自定。

③ 单击“添加”按钮，可以把在窗体左面输入的内容添加到右面的列表框中。

④ 在列表框选中一行后，单击“删除”按钮，能删除该行的内容。

4. 编写用来显示图像的窗体应用程序，要求如下：

① 在窗体中设置 PictureBox 控件用来显示图像。

② 在窗体中设置菜单，主菜单包括“文件”菜单项和“缩放”菜单项。

③ 在窗体中设置 OpenFileDialog 通用对话框，将其 Filter 属性设置为“JPG 文件|*.jpg”。

④ 用“文件”菜单项打开指定的文件：打开 OpenFileDialog 对话框后获取 FileNmae 属性，然后使用 PictureBox 控件的 Load 方法打开指定的 JPG 图像文件并载入文件内容。

⑤ 在“缩放”菜单项下设置“自动”“居中”“正常”“拉伸或收缩”子菜单项，分别用 PictureBoxSizeMode 的各个枚举值显示图像。

第8章 图形与图像

图形与图像处理是程序设计的一个重要任务，本章介绍如何在窗体中绘制各类图形和如何处理图像。

8.1 绘制图形基础知识

GDI+类库是.NET 框架的重要组成部分，它提供了绘制二维图形和处理图像的功能。通过调用 GDI+类提供的方法，可以在屏幕或打印机上显示图形信息，而无需考虑特定设备的细节。

8.1.1 坐标系

C#总是在某个对象上绘制图形，绘图时，默认以该对象的左上角为坐标系的(0, 0)原点，以水平向右为横轴正方向，垂直向下为纵轴正方向，如图 8.1 所示。坐标系统的单位默认是像素。

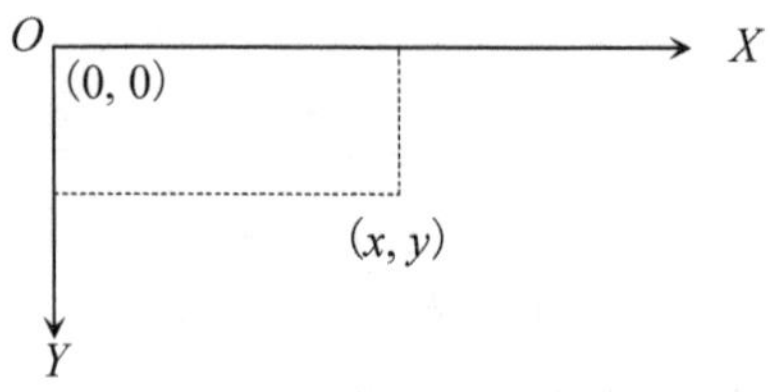

图 8.1 图形坐标系

8.1.2 绘图对象

在图形应用程序中，要使用以下绘图对象：Point、Size、Rectangle、Color。

1. 位置对象

绘制图形时，可使用点 Point、区域 Size 和矩形 Rectangle 等结构设置图形的位置和大小。

（1）Point

Point 结构用于指定一个点，并通过 Point 结构的 X 和 Y 属性获取或设置点的坐标，示例代码如下：

```
Point p=new Point();
p.X=100;
```

```
p.Y=150;
```

也可以通过构造函数创建点对象，示例代码如下：

```
Point p=new Point(100, 150);
```

（2） Size

Size 结构用于指定一个区域，并通过 Size 结构的 Width 和 Height 属性获取或设置区域的大小，示例代码如下：

```
Size s=new Size();
s.Width=100;
s.Height=50;
```

也可以通过构造函数创建区域对象，示例代码如下：

```
Size s=new Size(100, 50);
```

（3） Rectangle

Rectangle 结构存储 4 个整数，用于表示一个矩形的位置和大小。Rectangle 结构的常用属性如表 8.1 所示。

表 8.1　**Rectangle 结构的常用属性**

属　性	描　　述
Bottom	获取Rectangle结构下边缘的纵坐标，它是此Rectangle结构的Y属性与Height属性值之和
Height	获取或设置此Rectangle结构的高度
Left	获取Rectangle结构左边缘的横坐标
Location	获取或设置此Rectangle结构左上角的坐标
Right	获取Rectangle结构右边缘的横坐标。它是此Rectangle结构的X属性与Width属性值之和
Size	获取或设置此Rectangle结构的大小
Top	获取Rectangle结构上边缘的纵坐标
Width	获取或设置Rectangle结构的宽度
X	获取或设置Rectangle结构左上角的横坐标
Y	获取或设置Rectangle结构左上角的纵坐标

定义一个左上角坐标为(50, 150)、宽度为 200、高度为 100 的矩形的代码如下：

```
Rectangle r = new Rectangle();
r.X=50;
r.Y=150;
r.Width=200;
r.Height=100;
```

也可以通过构造函数创建矩形对象：

```
Rectangle r=new Rectangle(50, 150, 200, 100);
```

2. **颜色对象**

在绘制图形时，可以使用 Color 结构来设定图形的颜色。Color 结构表示一种 ARGB 颜色(alpha, 红色, 绿色, 蓝色)。

(1) 用户自定义颜色

可以用 Color 结构的 FromArgb() 方法创建用户自定义的颜色，使用该方法定义颜色是汇集透明程度(Alpha)及红色(Red)、绿色(Green)、蓝色(Blue)等三种颜色形成的调色效果，语法格式如下：

```
Color.FromArgb(int alpha, int red, int green, int blue)
```

其中，alpha 分量表示颜色的透明度，有效值从 0 到 255，数值越小表示越透明，数值越大表示越不透明，即 0 表示完全透明，255 表示完全不透明。alpha 参数是可选项，默认值为 255。red、green、blue 三个分量分别表示红、绿、蓝三种颜色的强度，每个颜色的有效值从 0 到 255，数值越大表示该颜色越强。

将 pictureBox1 控件的背景色设成紫色的代码如下：

```
pictureBox1.BackColor = Color.FromArgb(255, 0, 255);
```

反过来，可以用 Color 结构的 A、R、G、B 属性分别获取当前颜色的 4 个分量值。例如获取 pictureBox1 控件背景色中绿色分量值的代码如下：

```
int r = pictureBox1.BackColor.G;
```

(2) 系统定义的颜色

系统为 Color 结构预定义了很多颜色成员，常用的成员名称有 Red、Green、Blue、Yellow、Brown、White、Black 等。例如将 button1 控件的背景色设置成粉红色的代码如下：

```
button1.BackColor = Color.Pink;
```

【例 8.1】编制窗体应程序，在窗体中设置一个 PictureBox 控件；设置 4 个 HScrollBar(水平滚动条)控件，分别用来控制 PictureBox 控件背景色的 Alpha、Red、Green、Blue 属性；设置 4 个 Label 控件分别用来显示背景色的 Alpha、Red、Green、Blue 属性值。程序运行效果如图 8.2 所示。

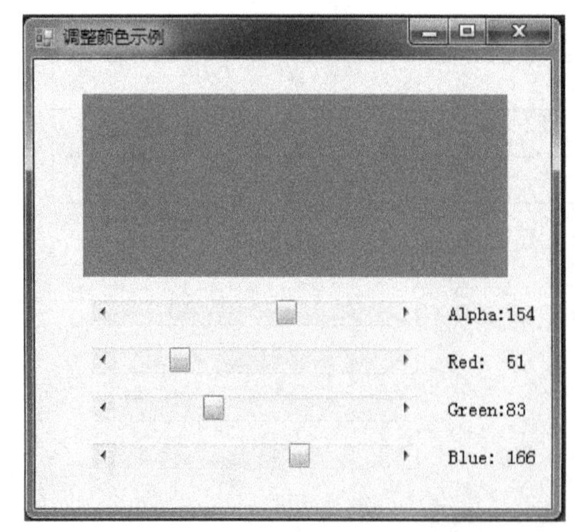

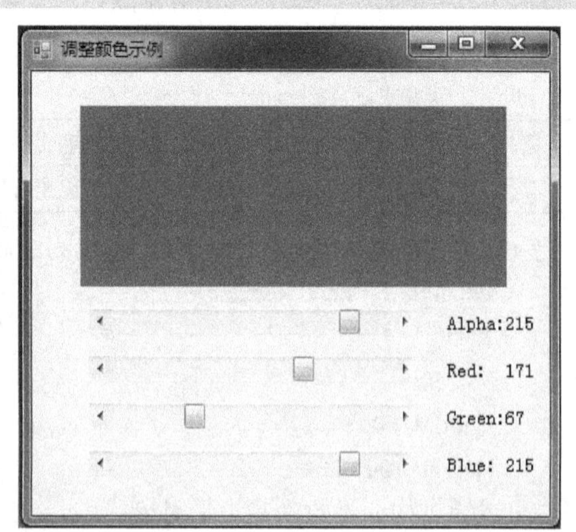

图 8.2 例 8.1 程序运行效果

【操作步骤】

① 启动 Visual Studio 2010，新建一个名称为“调整颜色示例”的 Windows 窗体应用程序。按图 8.3 所示，在窗体中设置控件。

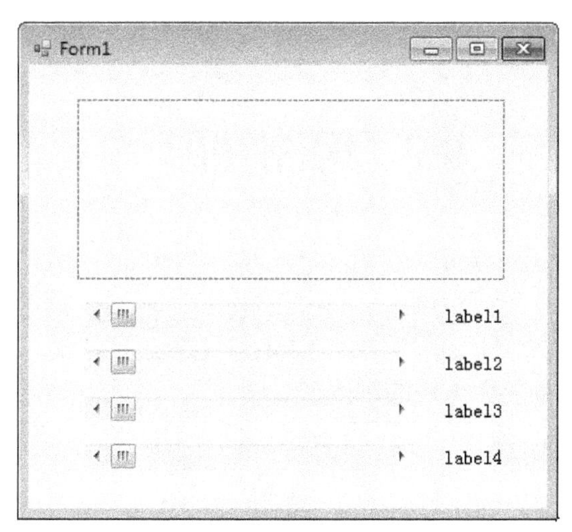

图 8.3　设置程序界面

② 把 4 个 HScrollBar 控件(名称分别设置为 hSA、hSR、hSG、hSB)的 Maximum 和 Minimum 属性分别设置为 255 和 0。把窗体的 Text 属性设置为“调整颜色示例”。

③ 编写如下的 ts()方法代码：

```
private void ts()
{
    //获取 hSA、hSR、hSG、hSB 控件的当前值
    int a = hSA.Value;
    int r = hSR.Value;
    int g = hSG.Value;
    int b = hSB.Value;
    //设置 pictureBox1 控件的背景色
    pictureBox1.BackColor = Color.FromArgb(a, r, g, b);
    label1.Text = "Alpha:" + a.ToString();
    label2.Text = "Red:   " + r.ToString();
    label3.Text = "Green:" + g.ToString();
    label4.Text = "Blue:   " + b.ToString();
}
```

④ 双击hSA控件，打开它的Scroll事件(拖动水平滚动条上的滚动块时触发本事件)程序，编写如下的程序代码：

```
private void hSA_Scroll(object sender, ScrollEventArgs e)
{
    ts();
}
```

⑤ 用同样方法编写其他 3 个水平滚动条控件的 Scroll 事件程序。

⑥ 按F5键，运行程序，得到如图 8.2 所示的运行实例结果。

8.2 绘制图形

绘制图形一般通过以下几步完成：

① 声明和创建 Graphics 图面对象。

② 创建画笔(Pen)、画刷(Brush)、字体(Font)等绘图工具对象。

③ 调用 Graphics 对象的绘图方法绘制图形。

8.2.1 Graphics(图面)

在 C#中绘制图形前必须先创建 Graphics 图面对象(相当于画家在画图前创建一块画布)，然后才能在 Graphics 对象上完成画图。

要在已存在的窗体或控件上绘图，需要调用窗体或控件的 CreateGraphics() 方法，获取对 Graphics 对象的引用，该对象表示对应窗体或控件的绘图表面(即图面)。

例如，在当前窗体上创建一个名为 g 的图面对象的代码如下所示：

```
Graphics g = this.CreateGraphics();
```

在 pictureBox1 控件上创建一个名为 g 的图面对象的代码如下所示：

```
Graphics g = pictureBox1.CreateGraphics();
```

在屏幕上生成窗体或控件时，会触发它们的 Paint 事件。在这个事件程序中，访问 PaintEventArgs 类对象 e 的 Graphics 属性，也可以获得 Graphics 对象的引用。示例代码如下：

```
private void Form1_Paint(object sender, PainEventArgs e)
{
    Graphics g = e.Graphics;
    //……
}
```

如果需要重绘窗体或控件的图面，强制触发 Paint 事件，可以调用窗体或控件的 Invalidate() 方法，该方法将使窗体或控件的整个图面无效并导致重绘图面。

强制重绘窗体图面的示例代码如下：

```
this.Invalidate();
```

8.2.2 Pen(画笔)

绘制图形，创建了 Graphics 对象之后，需创建 Pen 画笔对象。

Pen 类主要包括宽度 Width、样式 DashStyle 和颜色 Color 三种属性。Width 属性用来设置画笔所绘线条的宽度，默认的宽度是一个像素单位。DashStyle 属性用来设置所绘图形的线型样式，有实线、虚线、点线、点画线、双点画线等。Color 属性用来设置画笔的颜色，通过设置画笔的颜色属性来改变图形中线条的颜色。

1. 创建画笔对象

使用 Pen 类的构造函数可以创建画笔对象。创建一个蓝色画笔对象 p 的示例代码如下：

```
Pen p = new Pen(Color.Blue);      //画笔宽度默认为一个像素
```

如果同时设置画笔的宽度和颜色，可使用重载构造函数。创建一个蓝色、宽度为 2 像素的画笔对象 p 的示例代码如下：

```
Pen p = new Pen(Color.Blue, 2);
```

创建画笔对象后，可以使用 Color 和 Width 属性重新设置画笔的颜色和宽度，示例代码如下：

```
p.Color = Color.Red;
p.Width = 3;
```

2. **定义画笔的线型样式**

Pen 类的 DashStyle 属性用来定义画笔的线型样式，属性为 DashStyle 枚举值的一个。DashStyle 的各枚举值对应的画笔线型样式如下：

Dash —— 虚线　　DashDot —— 点画线　　DashDotDot —— 双点画线
Dot —— 点线　　Soloid —— 实线　　Custom —— 用户自定义

定义画笔线型的示例代码如下：

```
p.DashStyle = DashStyle.Dash;
```

注意，DashStyle 属性包含在 System.Drawing.Drawing2D 命名空间中，所以，在定义画笔的线型样式时，需要先引入 Drawing2D 命名空间，示例代码如下：

```
using System.Drawing.Drawing2D;
private void Form1_Paint(object sender, PainEventArgs e)
{
    Graphics g=e.Graphics;
    //……
}
```

8.2.3 用画笔画图

Graphics 图面对象提供了用来绘制各种形状图形的相关方法。

1. **画线：DrawLine 方法**

语法格式如下：

① 图面对象名.DrawLine(Pen pen, int xl, int yl, int x2, int y2);

参数说明：

pen	画笔
xl，yl	画线起点坐标
x2，y2	画线终点坐标

② 图面对象名.DrawLine(Pen pen, Point pl, Point p2);

参数说明：

pen	画笔
pl	画线起点坐标
p2	画线终点坐标

在 g 图面对象上用 p 画笔绘制点(50, 60)到点(200, 160)之间的线，示例代码如下：(省略窗体 Form1 的其他代码，以下同。)

```
using System.Drawing.Drawing2D;
```

```
private void Form1_Paint(object sender, PainEventArgs e)
{
    Graphics g=e.Graphics;
    Pen p=new Pen(Color.Blue, 3);
    p.DashStyle= DashStyle.Dash;
    g.DrawLine(p, 50, 50, 200, 200);
}
```

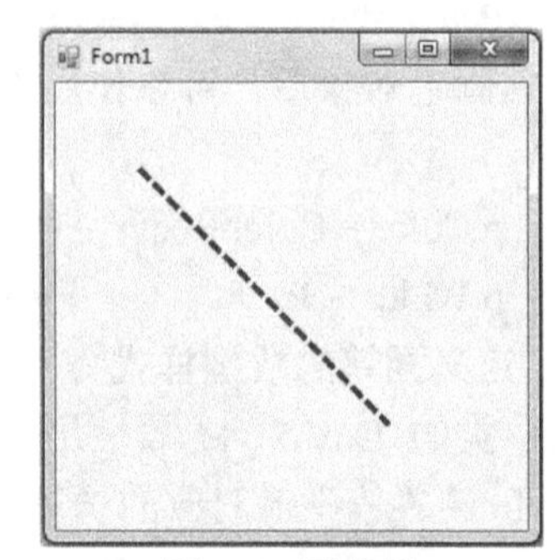

图8.4 画虚线

运行程序，绘图效果如图8.4所示(假设窗体的宽和高分别为300像素，以下相同)。

【例 8.2】编制窗体应用程序，在窗体中画一个钻石的图案。

【分析】

找出一个圆的等分点，然后将所有等分点用线段两两连起来，即可形成一幅类似钻石的图案，如图 8.5 所示。在这个过程中，只需要计算出圆的各等分点坐标，不需要实际画出圆。

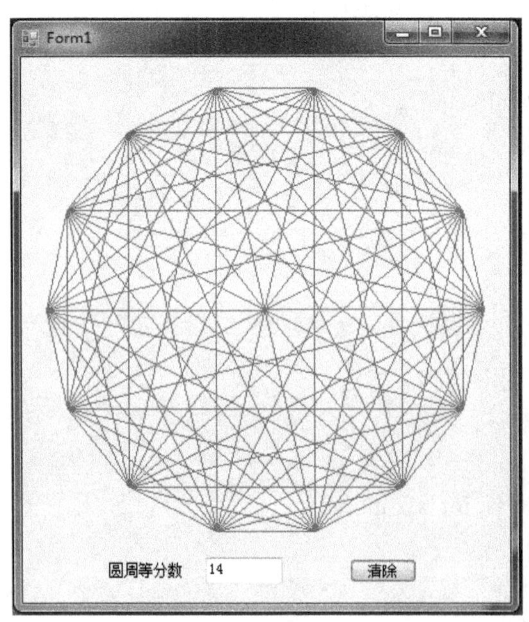

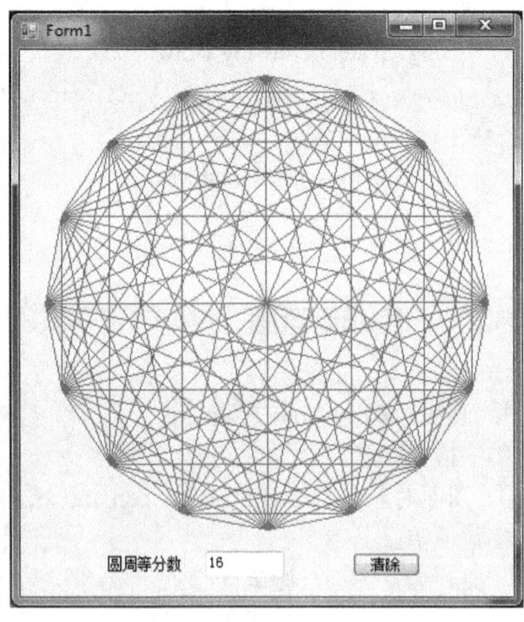

图 8.5 把圆周 14 等分和 16 等分画出的钻石图案

【操作步骤】

① 启动 Visual Studio 2010，新建一个名称为“画钻石”的 Windows 窗体应用程序。将窗体的 Size 属性设置为 400，470。

② 在窗体中设置 1 个 Label 控件，1 个 TextBox 控件，1 个 Button 控件，将 label1 控件的 Text 属性设置为“圆周等分数”，将 button1 控件的 Text 属性设置为“画图”。

③ 编写 button1 控件的 Click 事件程序，代码如下所示：

```
private void button1_Click(object sender, EventArgs e)
{
```

```
        Graphics g = this.CreateGraphics();              //创建图面对象
        Pen p = new Pen(Color.Red);                      //创建画笔对象
        if(button1.Text == "画图")                       //画图
        {
            button1.Text = "清除";
            const double Pi = 3.1415629;
            int n, r = 180, i, j;                        //把半径设为 180
            n = Convert.ToInt16(textBox1.Text);
            double a = 2 * Pi / n;                   //n 等分圆周后，每段弧所对的圆心角
            double[] x = new double[n];              //保存各等分点的横坐标值
            double[] y = new double[n];              //保存个等分点的纵坐标值
            for(i = 0; i < n; i++)                   //计算每个等分点的坐标
            {
                x[i] = 200 + r * Math.Cos(a * (i + 1));
                y[i] = 200 + r * Math.Sin(a * (i + 1));
            }
            for(i = 0; i < n; i++)                   //把每两个等分点连接起来
                for(j = i + 1; j < n; j++)
                {
                    g.DrawLine(p, (int)x[i], (int)y[i], (int)x[j], (int)y[j]);
                }
        }
        else
        {
            g.Clear(this.BackColor);                 //清除图面，填充窗体的背景色
            button1.Text = "画图";
        }
    }
```

④ 按F5键，运行程序，在文本框中输入“14”，单击“画图”按钮，得到图 8.5 的左图所示的运行结果，此时，命令按钮上的文字变成“清除”；单击“清除”按钮，窗体上画出的图形将被清除掉，按钮上的文字重新变成“画图”，再在文本框中输入“16”，得到图 8.5 的右图所示的运行结果。

【程序说明】

本程序中使用了 Math 类的 Sin()和 Cos()静态方法，返回指定角度的正弦和余弦值。还使用了清除图面的 Clear()方法，该方法要求一个表示颜色的参数。

2. 画矩形：DrawRectangle 方法

两种语法格式如下：

① 图面对象名.DrawRectangle(Pen pen, int x, int y, int w, int h);

参数说明：

pen　　　画笔

x，y　　　矩形左上角坐标

w　　　矩形宽度

h　　　矩形高度

② 图面对象名.DrawRectangle(Pen pen, Rectangle rect);

参数说明：

pen　　　画笔

rect　　　矩形区域

下面的示例代码在 g 图面对象上用 p 画笔绘制矩形，矩形左上角坐标为(50, 60)，宽为 200 像素，高为 150 像素，示例代码如下：

```
private void Form1_Paint(object sender, PainEventArgs e)
{
    Graphics g=e.Graphics;
    Pen p=new Pen(Color.Black, 3);
    g.DrawRectangle(p, 50, 60, 200, 150);
}
```

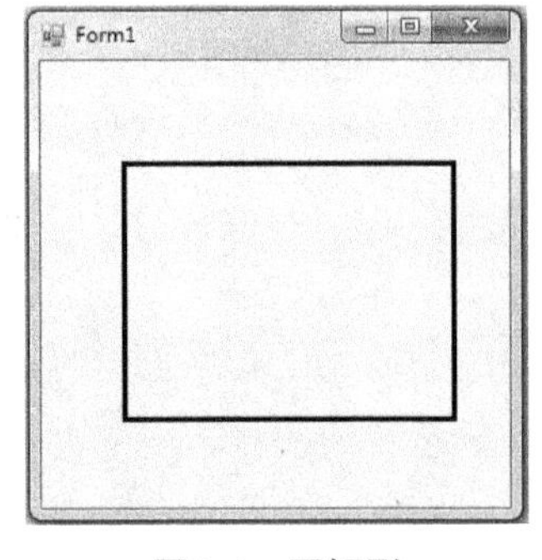

图8.6　画矩形

运行程序，绘图效果如图8.6所示。

3. 画多边形：DrawPolygon 方法

两种语法格式如下：

图面对象名.DrawPolygon(Pen pen, Point[] points);

参数说明：

pen　　　画笔

points　　　表示多边形顶点的数组

注意：数组中的每相邻的两个点指定多边形的一条边。另外，如果数组的最后一个点和第一个点不重合，则这两个点指定多边形的最后一条边。

在 g 图面对象上用 p 画笔绘制五边形的示例代码如下：

```
private void Form1_Paint(object sender, PainEventArgs e)
{
    Graphics g=e.Graphics;
    Pen p = new Pen(Color.Green, 3);
    Point p1= new Point(150, 40);
    Point p2= new Point(50, 90);
    Point p3= new Point(90, 190);
    Point p4 = new Point(210, 190);
    Point p5 = new Point(250, 90);
    Point[] pts= new Point[]{p1, p2, p3, p4, p5};
    g.DrawPolygon(p, pts);
}
```

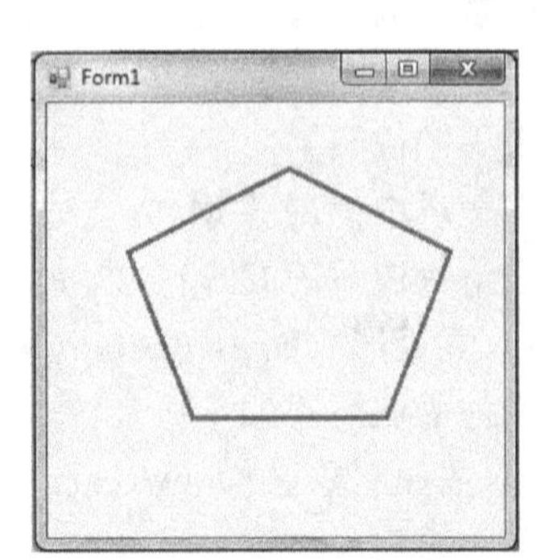

图8.7　画多边形

运行程序，绘图效果如图8.7所示。

4．画椭圆：DrawEllipse 方法

两种语法格式如下：

① 图面对象名.DrawEllipse(Pen pen, int x, int y, int w, int h);

参数说明：

pen	画笔
x，y	椭圆外接矩形左上角坐标
w	椭圆外接矩形宽度
h	椭圆外接矩形高度

② 图面对象名.DrawEllipse(Pen pen, Rectangle rect);

参数说明：

pen	画笔
rect	椭圆外接矩形区域

当椭圆外接矩形的宽 w 和高 h 相等时，画出的是圆。

在图面对象 g 上用 p 画笔绘制一个圆和一个椭圆的示例代码如下：

```
private void Form1_Paint(object sender, PainEventArgs e)
{
    Graphics g = e.Graphics;
    Pen p = new Pen(Color.Red, 2);
    g.DrawEllipse(p, 50, 30, 200, 200);
    p.Color=Color.Blue;
    g.DrawEllipse(p, 50, 80, 200, 100);
}
```

图8.8　画圆和椭圆

运行程序，绘图效果如图 8.8 所示。

5．画弧线：DrawArc 方法

两种语法格式如下：

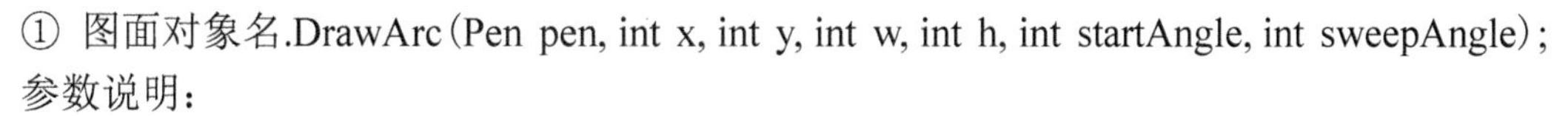

① 图面对象名.DrawArc(Pen pen, int x, int y, int w, int h, int startAngle, int sweepAngle);

参数说明：

pen	画笔
x，y	弧线所在椭圆外接矩形左上角坐标
w	弧线所在椭圆外接矩形宽度
h	弧线所在椭圆外接矩形高度
startAngle	弧线起点角度
sweepAngle	弧线经过的角度

② 图面对象名.DrawArc(Pen pen, Rectangle rect, int startAngle, int sweepAngle);

参数说明：

pen	画笔
rect	弧线所在椭圆外接矩形区域
startAngle	弧线起点角度

sweepAngle　　弧线经过的角度

注意：startAngle 指定从 X 轴沿顺时针方向到椭圆弧的起始点所形成的角度；sweepAngle 指定从椭圆弧的起始点沿顺时针方向到椭圆弧的终结点所形成的角度。

从图 8.8 绘制的圆和椭圆中各截取一条弧线，角度分别由 90 度到 180 度和由 315 度到 360 度，示例代码如下：

```
private void Form1_Paint(object sender, PainEventArgs e)
{
    Graphics g = e.Graphics;
    Pen p = new Pen(Color.Red, 2);
    g.DrawArc(p, 50, 30, 200, 200, 90, 90);
    p.Color = Color.Blue;
    g.DrawArc(p, 50, 80, 200, 100, 315, 45);
}
```

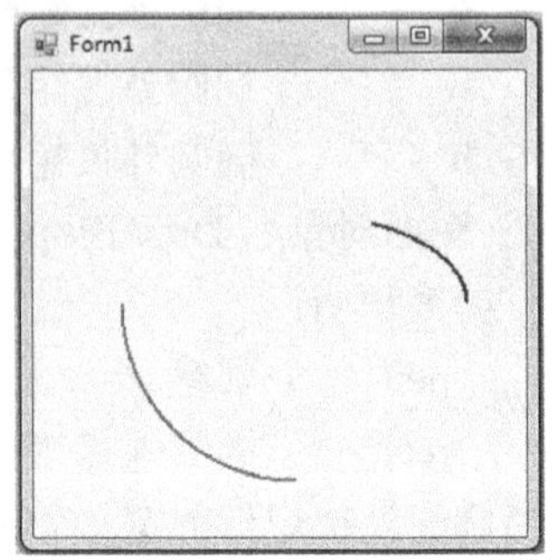

图8.9　画圆弧和椭圆弧

运行程序，绘图效果如图 8.9 所示。

6. 画扇形：DrawPie 方法

两种语法格式如下：

① 图面对象名.DrawPie(Pen pen, int x, int y, int w, int h, int startAngle, int sweepAngle);

参数说明：

pen	画笔
x，y	扇形所在椭圆外接矩形左上角坐标
w	扇形所在椭圆外接矩形宽度
h	扇形所在椭圆外接矩形高度
startAngle	扇形起点角度
sweepAngle	扇形经过的角度

② 图面对象名.DrawPie(Pen pen, Rectangle rect, int startAngle, int sweepAngle);

参数说明：

pen	画笔
rect	扇形所在椭圆外接矩形区域
startAngle	扇形起点角度
sweepAngle	扇形经过的角度

上述参数中，startAngle 和 sweepAngle 的计算方式和前面提到的画弧的方式相同。

画出图 8.9 绘制的弧对应的扇形的示例代码如下：

```
private void Form1_Paint(object sender, PainEventArgs e)
{
    Graphics g = e.Graphics;
    Pen p = new Pen(Color.Red, 2);
    g.DrawPie(p, 50, 30, 200, 200, 90, 90);
    p.Color = Color.Blue;
    g.DrawPie(p, 50, 80, 200, 100, 315, 45);
```

```
}
```

运行程序，绘图效果如图 8.10 所示。

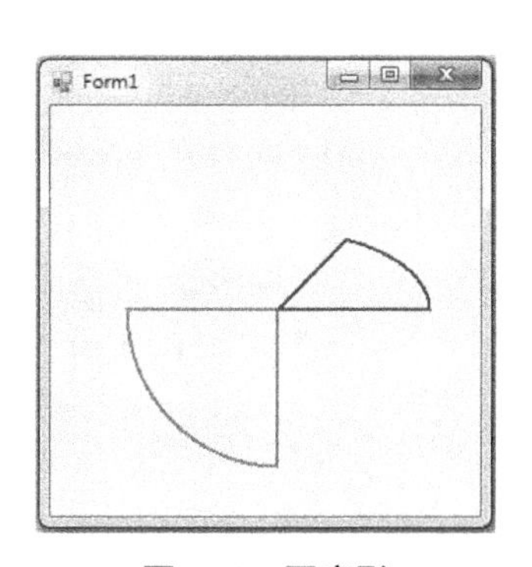

图8.10　画扇形

8.2.4　用画刷画图

画刷 Brush 用于填充图形(如矩形、椭圆、扇形、多边形和封闭路径)的内部。与 Pen 画笔不同，Brush 画刷类是一个抽象基类，不能直接实例化，只能使用从 Brush 派生出的类来创建画刷对象。

C#提供了四种模式(Brush 模式)的画刷，如下所示：

SolidBrush	单色画刷
HatchBrush	阴影画刷
TextureBrush	纹理(图像)画刷
LinearGradientBrush	颜色渐变画刷

另外，Graphics 图面对象提供了一些填充图形内部的方法，例如 FillEllipse、FillRectangle、FillPie、FillPolygon 等，这些方法与用画笔绘图的方法类似，参数基本一致，只需将方法中的画笔参数改成画刷参数即可。

1. **SolidBrush 画刷**

SolidBrush(单色画刷)类用于在封闭图形内部填充单一的颜色，是所有 Brush 模式中最基础的一种，位于 System.Drawing 命名空间中。

调用 SolidBrush 类的构造函数语法格式如下：

```
SolidBrush(Color color)
```

创建一个蓝色画刷的示例代码如下：

```
SolidBrush sb= new SolidBrush(Color.Blue);
```

2. **HatchBrush 画刷**

HatchBrush 类使用阴影样式、前景色和背景色定义画刷，前景色定义填充线条的颜色，背景色定义各线条之间间隙的颜色，它位于 System.Drawing.Drawing2D 命名空间中。

调用 HatchBrush 类构造函数的语法格式如下：

```
HatchBrush(HatchStyle hatchstyle, Color forecolor, Color backcolor)
```

其中，参数 forecolor 为画刷前景颜色，backcolor 为画刷背景颜色，hatchstyle 为画刷阴影样式，参数值是 HatchStyle 枚举值的一个。HatchStyle 枚举成员如下：

```
Drawing,Drawing2D.HatchStyle.BackwardDiagonal
Drawing,Drawing2D.HatchStyle.Cross
Drawing.Drawing2D.HatchStyle.DarkDownwardDiaganal
Drawing.Drawing2D.HatchStyle.DarkHorizontal
Drawing.Drawing2D.HatchStyle.DarkUpwardDiagonal
Drawing.Drawing2D.HatchStyle.DarkVertical
Drawing.Drawing2D.HatchStyle.DashedDownwardDiagonal
Drawing.Drawing2D.HatchStyle.DashedHorizontal
Drawing.Drawing2D.HatchStyle.DashedUpwardDiagonal
Drawing.Drawing2D.HatchStyle.DashedVertical
```

在 g 图面对象上用 HatchBrush 画刷画圆并填充颜色的示例代码如下：

```
using System.Drawing.Drawing2D;
private void Form1_Paint(object sender, PainEventArgs e)
{
    Graphics g = e.Graphics;
    HatchBrush hb = new HatchBrush(HatchStyle.Cross, Color.Black, Color.Plum);
    g.FillEllipse(hb, 50, 30, 200, 200);
}
```

运行程序，绘图效果如图 8.11 所示。

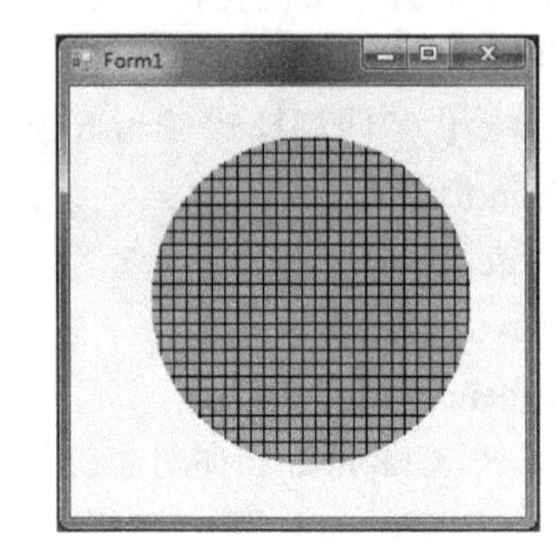

图8.11 **HatchBrush画刷填充效果**

3. **TextureBrush 画刷**

TextureBrush 类使用图像填充图形形状内部，它位于 Sytem.Drawing.Drawing2D 命名空间中。

调用 TextureBrush 类的构造函数语法格式如下：

```
TextureBrush(Image bitmap)
```

其中，参数 bitmap 指定要填充图形形状内部的 Image 对象。

假设在“D:\图片”文件夹中有一个“风景.jpg”图片文件，在 g 图面对象上使用该文件所含的图片填充矩形区域的示例代码如下：

```
using System.Drawing.Drawing2D;
private void Form1_Paint(object sender, PainEventArgs e)
{
    Graphics g = e.Graphics;
    TextureBrush tb = new TextureBrush(Image.FromFile(@"D:\图片\风景.jpg"));
    Rectangle rec = new Rectangle(50, 30, 200, 200);
    g.FillRectangle(tb, rec);
}
```

运行程序，绘图效果如图 8.12 所示。

图8.12 **TextureBrush画刷填充效果**

4. **GradientBrush 画刷**

GradientBrush 类用渐变色填充图形内部，它位于 System.Drawing.Drawing2D 命名空间中。GradientBrush 是一个抽象基类，不能直接实例化，只能使用从 GradientBrush 派生出的类来创建对象，派生类包含两个：LinearGradientBrush 和 PathGradientBrush。其中 LinearGradientBrush 用来显示线性渐变效果，而 PathGradientBrush 用来显示较有弹性的路径渐变效果。

调用 LinearGradientBrush 类构造函数的语法格式如下：

```
LinearGradientBrush(Rectangle rect, Color startColor, Color endColor,
                    LinearGradientMode linearGradientMode)
```

参数说明：

rect　　定义画刷填充的矩形区域
startColor　　为画刷渐变起始色
endColor　　为画刷渐变结束色
linearGradientMode　　为渐变方向模式，是 LinearGradientMode 枚举值中的一个

LinearGradientMode 枚举成员如下：

BackwardDiagonal　　ForwardDiagonal
Horizontal　　Vertical

在 g 图面对象上使用 LinearGradientBrush 画刷填充矩形区域的示例代码如下：

```
using System.Drawing.Drawing2D;
private void Form1_Paint(object sender, PainEventArgs e)
{
    Graphics g = e.Graphics;
    Rectangle rec = new Rectangle(0, 0, 250, 250);
    LinearGradientBrush lgb = new LinearGradientBrush(rec, Color.AliceRed,
              Color.DarkBlue, LinearGradientMode.Horizontal);
    g.FillRectangle(lgb, rec);
}
```

运行程序，绘图效果如图 8.13 所示。

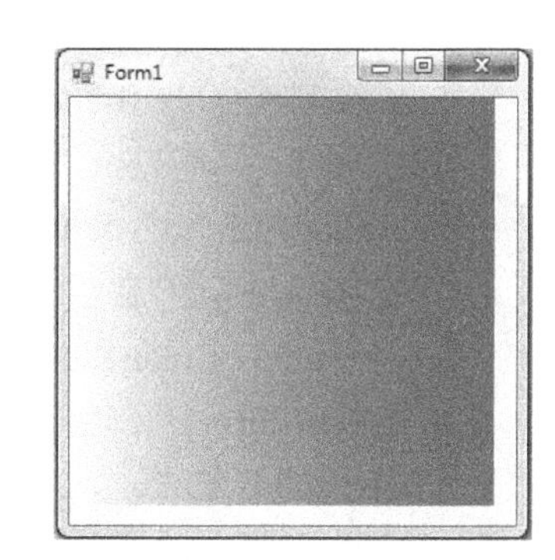

图8.13　GradientBrush画刷填充效果

8.2.5　清除图面

在图面上绘图后，如果要清除绘制的图形，可以使用下述方法：

① 调用 Graphics 图面对象的 Clear() 方法可以清除整个绘图面并填充指定的背景色。语法格式如下：

```
图面对象名.Clear(Color color);
```

用白色填充 g 图面对象的示例代码如下：

```
g.Clear(Color.White);
```

② 调用窗体或控件的 Refresh() 方法，将整个窗体或控件清理为原来的底色。

清除目前窗体上画的所有图形的示例代码如下：

```
this.Refresh();
```

8.3　绘制文本和图像

8.3.1　绘制文本

除了可以绘制 8.2 节中提到的图形外，还可以使用 Graphics 图面对象绘制文本，这样的文本也作为图形处理。

Font 类用于定义特殊的文本格式，包括字体、字号和字形特性。可以使用 Font 类的构造函数来创建对象，创建格式如下：

```
Font f = new(FontFamaily family, float emSize, FontStyle style);
```

其中，参数 family 是字体名称，emSize 是字体大小，style 是字体字形，它是 FontStyle 枚举值的一个。FontStyle 枚举成员如下：

Bold	加粗	Italic	倾斜
Regular	常规	Strikeout	设置删除线
Underline	设置下划线		

创建一个 Font 对象的示例代码如下：

```
Font f = new("宋体", 16, FontStyle.Italic);
```

Graphics 图面对象提供了 DrawString() 方法，调用该方法可使用 Font 字体、Brush 画刷在 Point 点指定的位置绘制 String 文本字符串，语法格式如下：

```
图面对象名. DrawString(string s, Font font, Brush brush, Point point);
```

其中，Point 指定绘图位置的左上角坐标。

在 g 图面对象上用 f 字体对象绘制文本的示例代码如下：

```
private void Form1_Paint(object sender, PainEventArgs e)
{
    Graphics g = e.Graphics;
    Font f = new Font("宋体", 24, FontStyle.Bold);
    SolidBrush sb = new SolidBrush(Color.Red);
    g.DrawString("富强 民主 文明 和谐", f, sb, 50, 50);
    sb.Color = Color.Blue;
    g.DrawString("自由 平等 公正 法治", f, sb, 50, 100);
    sb.Color = Color.Green;
    g.DrawString("爱国 敬业 诚信 友善", f, sb, 50, 150);
}
```

运行程序，绘制文字的效果如图 8.14 所示。

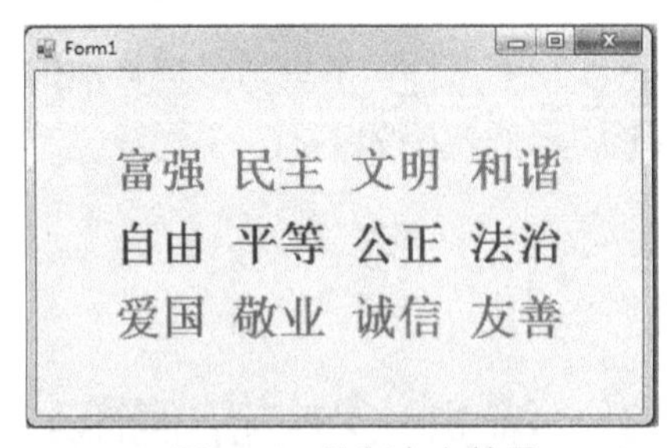

图8.14　绘制文字效果

8.3.2　绘制和显示图像

在图面除了可以绘制图形和文本外，还可以绘制图像。

1. 创建 Image 对象

可以用 Image 类和 Bitmap 类处理图像，它们位于 System.Drawing 命名空间中。Image

类是为 Bitmap 提供功能的抽象基类，从 Image 类继承而来的 Bitmap 类封装 GDI+位图，用于处理由像素数据定义的图像。

要在图面上绘制出图像，需先把图像加载到内存中。调用 Image 类的 FromFile()静态方法可以根据指定的文件创建 Image 对象，语法格式如下：

```
FromFile(string filename)
```

其中，字符串参数 filename 是要创建的 Image 的文件的名称。

打开“D:\图片\风景.jpg”图像文件，并返回一个 Image 图像对象的示例代码如下：

```
Image img=Image.FromFile(@"D:\图片\风景.jpg");
```

2. 绘制图像

创建图像对象后，可以使用 Graphics 图面对象提供的 DrawImage()方法在指定位置按指定大小绘制图像，语法格式如下：

```
图面对象名.DrawImage(Image image, Rectangle rect);
```

其中，image 参数是要绘制的图像，rect 参数指定所绘制图像的位置和大小。

读取“D:\图片\风景.jpg”图像文件，并将图像绘制在窗体图面中的示例代码如下：

```
private void Form1_Paint(object sender, PainEventArgs e)
{
    Graphics g = e.Graphics;
    Image img = Image.FromFile(@"D:\图片\风景.jpg");
    g.DrawImage(img, 20, 20, 240, 200);
}
```

运行程序，绘图效果如图 8.15 所示。

3. 旋转或翻转图像

创建图像对象后，可以使用 RotateFlip()方法旋转、翻转或者同时旋转和翻转 Image 图像对象，例如水平翻转图像后，再绘制图像的结果如图 8.16 所示。

图8.15　绘制图像

图8.16　水平翻转后绘制的图像

旋转或翻转图像的语法格式如下：

```
图像对象名.RotateFlip(RotateFlipType rotateFlipType);
```

其中，rotateFlipType 参数用于指定图像的旋转和翻转的类型，是 RotateFlipType 枚举值中的一个。RotateFlipType 枚举成员如表 8.2 所示。

表 8.2 **RotateFlipType 枚举成员**

成员名称	说　　明
Rotate180FlipNone	指定不进行翻转的180度旋转
Rotate180FlipX	指定后接水平翻转的180度旋转
Rotate180FlipXY	指定后接水平翻转和垂直翻转的180度旋转
Rotate180FlipY	指定后接垂直翻转的180度旋转
Rotate270FlipNone	指定不进行翻转的270度旋转
Rotate270FlipX	指定后接水平翻转的270度旋转
Rotate270FlipXY	指定后接水平翻转和垂直翻转的270度旋转
Rotate270FlipY	指定后接垂直翻转的270度旋转
Rotate90FlipNone	指定不进行翻转的90度旋转
Rotate90FlipX	指定后接水平翻转的90度旋转
Rotate90FlipXY	指定后接水平翻转和垂直翻转的90度旋转
Rotate90FlipY	指定后接垂直翻转的90度旋转
RotateNoneFlipNone	指定不进行旋转和翻转
RotateNoneFlipX	指定没有后接水平翻转的旋转
RotateNoneFlipXY	指定没有后接水平和垂直翻转的旋转
RotateNoneFlipY	指定没有后接垂直翻转的旋转

在前面所示的绘制图像程序代码中的

```
Image img = Image.FromFile(@"d:\图片\风景.jpg");
```

语句后，插入下述语句：

```
img.RotateFlip(RotateFlipType.RotateNoneFlipX);
```

运行程序后绘制出的图像结果如图 8.16 所示。

4. 变换图面

① 相对于窗体的原点旋转整个图面后绘制图像，效果就像图像被旋转了，语法格式如下：

```
图面对象名.RotateTransform(float angle);
```

其中，angle 参数用于指定旋转角度，沿顺时针方向旋转为正值，沿逆时针旋转为负值。将图面顺时针旋转 20 度并绘制图像的示例代码如下：

```
private void Form1_Paint(object sender, PainEventArgs e)
{
    Graphics g = e.Graphics;
    g.RotateTransform(20);
    Image img = Image.FromFile(@"D:\图片\风景.jpg");
    g.DrawImage(img, 20, 20, 240, 200);
}
```

运行程序后，绘制出的图像结果如图 8.17 所示。

② 在窗体上放大或缩小图面后绘制图像，效果就像图像被放大或缩小了，语法格式如下：

```
图面对象名.ScaleTransform(float x, float y);
```

其中，参数 x 为横轴方向的缩放比例，y 为纵轴方向的缩放比例。将图面沿横轴放大为原来的 1.5 倍，沿纵轴缩小为原来的 0.7，并绘制图像的示例代码如下：

```
private void Form1_Paint(object sender, PainEventArgs e)
{
    Graphics g = e.Graphics;
    g.ScaleTransform(1.5f, 0.7f);
    Image img = Image.FromFile(@"D:\图片\风景.jpg");
    g.DrawImage(img, 20, 20, 240, 200);
}
```

运行程序后绘制出的图像结果如图 8.18 所示。

图 8.17　旋转图面

图 8.18　缩放图面

【例 8.3】在窗体上动态显示文本，使文本相对于窗体的左上角顶点旋转，颜色也一直在变化。如图 8.19 所示。

图 8.19　动态文字

【操作步骤】

① 启动 Visual Studio 2010，新建一个名称为“动态文字”的 Windows 窗体应用程序。

② 在窗体中设置 1 个 Timer 控件，将其 Enabled 属性设置为 true，将 Interval 属性设置为 200。

③ 在“解决方案资源管理器”窗口选中 Form1.cs，单击“查看代码”按钮，打开 Form1.cs 的代码编辑窗口，在 Form1 类中设置一个字段，代码如下：

```
int a=0;
```

④ 进入窗体设计器窗口，双击 timer1 控件，进入代码编辑窗口，编写 timer1 控件的 Tick 事件程序，代码如下：

```
private void timer1_Tick(object sender, EventArgs e)
{
    //设置随机函数对象 rd
    Random rd = new Random();
    //下面语句中调用 rd 对象的 Next() 方法，产生 0 到 255 之间的随机数
    Color c=Color.FromArgb(rd.Next(0, 255), rd.Next(0, 255), rd.Next(0, 255));
    //用随机颜色定义画刷
    SolidBrush sb = new SolidBrush(c);
    Font f=new Font("黑体", 16, FontStyle.Regular);
    Graphics g = this.CreateGraphics();
    a += 10;
    //旋转图面，每次旋转 10 度
    g.RotateTransform(a%90);
    g.DrawString("旋转的彩色文字", f, sb, 150, 0);
}
```

⑤ 按F5键，运行程序，得到图 8.19 所示的效果

5. 保存图像

使用 Image 类提供 Save() 方法可以将图像以指定的格式保存到指定的文件中，语法格式如下：

图像对象名.Save(string filename, ImageFormat format);

其中，字符串参数 filename 是要将图像保存到的文件的名称，format 参数指定图像的文件格式，是 ImageFormat 枚举值中的一个。ImageFormat 枚举成员如表 8.3 所示。

表 8.3 ImageFormat 枚举成员

成员名称	说明
Bmp	获取位图图像格式(BMP)文件
Emf	获取增强型Windows图元格式(EMF)图像文件
Exif	获取可交换图像格式(Exif)文件
Gif	获取图形交换图像格式(GIF)文件
Guid	获取表示此ImageFormat对象的Guid结构
Icon	获取Windows图标图像格式文件
Jpeg	获取联合图像专家组(JPEG)图像格式文件
MemoryBmp	获取内存位图图像格式文件
Png	获取W3C可移植网络图形(PNG)图像格式文件
Tiff	获取标签文件(TIFF)图像格式文件
Wmf	获取Windows图元文件(WMF)图像格式文件

8.4 用交互方式画图

8.4.1 鼠标事件

当用户操作鼠标时，会触发鼠标事件，常用的鼠标事件有：

```
private void object_MouseDown(object sender, MouseEventArgs e)
private void object_MouseUp(object sender, MouseEventArgs e)
private void object_MouseMove(object sender, MouseEventArgs e)
```

上述事件分别在按下鼠标键、松开鼠标键、移动鼠标时发生，这些事件都有一个 MouseEventArgs 类的参数，该参数的属性成员主要有：

① Button—— 获取按下的是哪个鼠标键。

② X—— 获取鼠标指针的横坐标。

③ Y—— 获取鼠标指针的纵坐标。

8.4.2 用鼠标画图

使用 MouseMove 事件和 Drawline 方法可以在窗体或图形框上以拖动鼠标的轨迹画出任意的曲线。注意 MouseMove 事件在移动鼠标时产生，为了表示只有在按下鼠标键移动鼠标时才能画线，而松开鼠标键后停止画线，可以设置一个表示鼠标状态的标志变量。当 MouseDown 事件发生时，设定表示按下鼠标键的标志值；当 MouseUp 事件发生时，设定表示松开鼠标键的标志值。

【例 8.4】使用鼠标的相关事件，在窗体上拖动鼠标，绘制任意的曲线。

【操作步骤】

① 启动 Visual Studio 2010，新建一个名称为“用鼠标画图”的 Windows 窗体应用程序。

② 在“解决方案资源管理器”窗口选中 Form1.cs，单击“查看代码”按钮，打开 Form1.cs 的代码编辑窗口，在 Form1 类中设置字段，代码如下：

```
bool isDown=false;          //表示鼠标状态的标志变量，初始化为鼠标键未按下状态
int x1, y1, x2, y2;
Graphics g;
Pen p;
```

③ 返回窗体设计窗口，双击窗体，编写窗体 Load 事件处理程序，初始化 g 图面对象和 p 画笔对象，代码如下：

```
private void Form1_Load(object sender, EventArgs e)
{
    g = this.CreateGraphics();
    p = new Pen(Color.Red, 2);
}
```

④ 在 Form1 窗体的属性窗口中，双击 MouseDown 事件，编写这个事件的处理程序，设置按下鼠标左键的标志，以便移动鼠标时可以画图，代码如下：

```
private void Form1_MouseDown(object sender, MouseEventArgs e)
{
    if(e.Button == MouseButtons.Left)          //如果按下鼠标左键
    {
        isDown = true;                         //设置按下了鼠标的标志
        x1 = e.X;                              //设置画线的起点坐标
        y1 = e.Y;
    }
}
```

⑤ 编写 Form1 窗体的 MouseMove 事件处理程序，根据鼠标移动轨迹画图，代码如下：

```
private void Form1_MouseMove(object sender, MouseEventArgs e)
{
    if(isDown)                                 //如果当前是按下了鼠标左键
    {
        x2 = e.X;                              //设置终点坐标
        y2 = e.Y;
        g.DrawLine(p, x1, y1, x2, y2);         //画线
        x1 = x2;                               //重新设置起点坐标
        y1 = y2;
    }
}
```

⑥ 编写 Form1 窗体的 MouseUp 事件处理程序，设置松开鼠标的标志，以便停止画图，代码如下：

```
private void Form1_MouseUp(object sender, MouseEventArgs e)
{
    isDown = false;                            //设置松开鼠标的标志
}
```

⑦ 按F5键，运行程序，在窗体中按下鼠标左键拖动鼠标，即可绘制出任意的曲线，图8.20为运行实例效果。

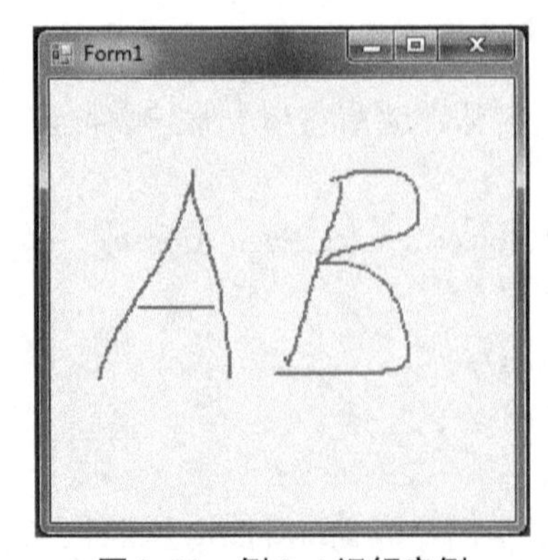

图 8.20　例 8.4 运行实例

习 题 8

一、选择题

1. 下图是建立在窗体中的一个图面的坐标系，图中黑点的坐标是(　　)。

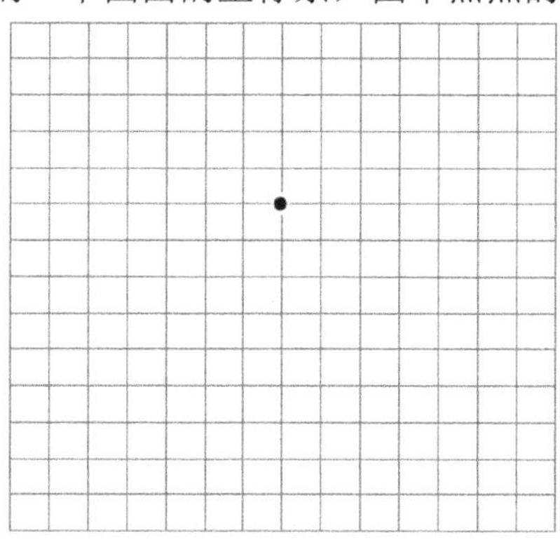

图 8.21　第 1 题图

A. (7, 9)　　B. (7,−9)　　C. (7,−5)　　D. (7, 5)

2. 在当前窗体上创建 g 图面对象并创建 p 画笔对象后，在 g 图面上画圆的语句是(　　)。

A. this.DrawEllipse(50, 30, 200, 200);　　B. g.DrawEllipse(50, 30, 200, 200);

C. g.DrawEllipse(p, 50, 30, 200, 200);　　D. g.DrawLine(p, 50, 30, 200, 200);

3. 下述把窗体背景色定义为可见的红色的语句中，错误的是(　　)。

A. this.BackColor = Color.FromArgb(0, 255, 0, 0);

B. this.BackColor = Color.FromArgb(255, 0, 0);

C. this.BackColor = Color.FromArgb(255, 255, 0, 0);

D. this.BackColor = Color.Red;

4. 下列对画扇形方法 DrawPie(Pen pen, int x, int y, int w, int h, int startAngle, int sweepAngle)的叙述中，正确的是(　　)。

A. startAngle指定从X轴沿逆时针方向到椭圆弧的起始点所形成的角度

B. sweepAngle是从X轴沿顺时针方向到椭圆弧的终结点所形成的角度

C. startAngle指定从Y轴沿顺时针方向到椭圆弧的起始点所形成的角度

D. sweepAngle 指定从椭圆弧的起始点沿顺时针方向到椭圆弧的终结点所形成的角度

5. 在创建了 g 图面对象和 img 图像对象后，要绘制出使 img 图像转过 20 度的效果，在绘制图像前，要执行下列语句组中的(　　)语句组。

A. g.RotateTransform(20);
　g.DrawImage(img, 20, 20, 240, 200);

B. g.DrawImage(img, 20, 20, 240, 200);
　g.RotateTransform(20);

C. img.RotateTransform(20);
   g.DrawImage(img, 20, 20, 240, 200);

D. g.DrawImage(img, 20, 20, 240, 200);
   img.RotateTransform(20);

二、填空题

1. 在 C#中绘制图形的一般步骤是：

① 声明和创建________________。

② 创建______________、____________________、________________等绘图工具对象。

③ 调用__________________的绘图方法绘制图形。

2. HScrollBar 控件的默认事件是__________________。

3. 画椭圆方法的语法格式是：

_____________(____________,____________,____________,____________)

4. HetchBrush 画刷用____________、_______________、______________参数定义画刷，其中第 1 个参数为画刷的_______________，第 2 个参数为画刷的______________，第 3 个参数为画刷的_________________________。

5. 创建随机数对象 r 的语句是：

____

此后要使 x 等于一个 100 到 200 间的随机数，应执行的语句是：

____

实验 8

1. 编写程序，绘制出黑色边线的空心矩形、黄色实心矩形、红色边线的空心椭圆、蓝色实心椭圆，结果如图 8.22 所示。

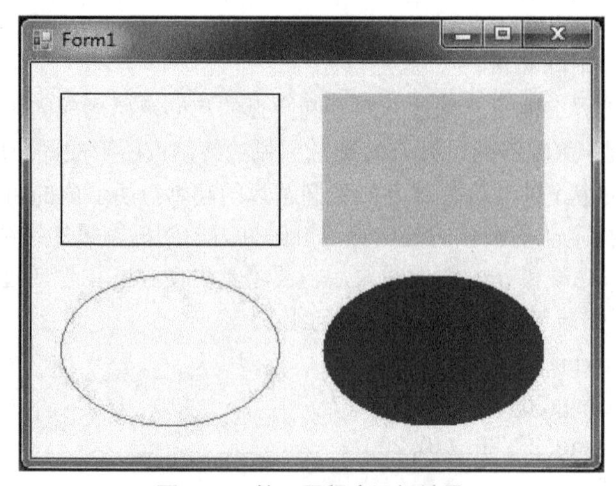

图 8.22 第 1 题程序运行结果

2. 编写程序，绘制图形，结果如图 8.23 所示。

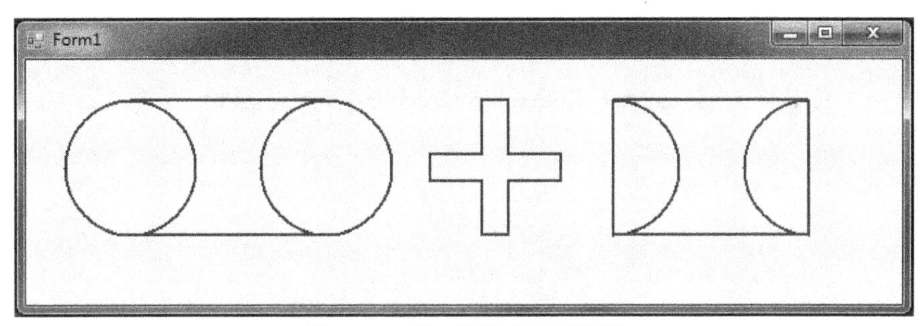

图 8.23　第 2 题程序运行结果

3. 用椭圆的参数方程：

$x = x_0+a*\cos\theta$

$y = y_0+b*\sin\theta$

也可以画出椭圆，其中(x_0, y_0)是椭圆中心的坐标，a 是横轴方向半轴长度，b 是纵轴方向半轴长度。

【本题要求】

设置表示点的坐标的变量，取 x_0=200，y_0=180，a=150，b=70，让 θ 从 0 变到 2π，用循环程序和椭圆的参数方程计算椭圆上点的坐标，连接每两个点，画出椭圆。

设计程序界面，编制程序，单击“画椭圆”按钮后，画出椭圆，效果如图 8.24 所示。

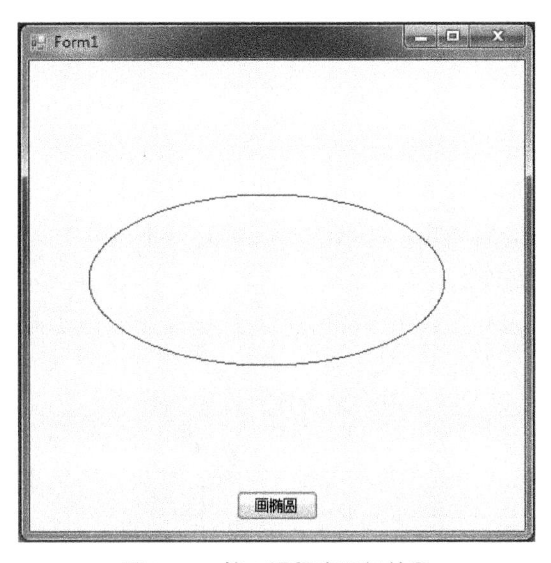

图 8.24　第 3 题程序运行效果

请在下述程序中填空，实现本题要求完成的功能。

```
namespace 画椭圆
{
    public partial class Form1 : Form
    {
        public Form1()
```

```
        {
            InitializeComponent();
        }
        private void button1_Click(object sender, EventArgs e)
        {
            Graphics g = __________________;
            double x1, y1, x2, y2, st;
            const double Pi = 3.1415629;
            Pen p = __________________;
            x1 = 350;                               //椭圆左端点的坐标
            y1 = ____________;
            for (st = 0; st < ________; st = st+0.01)
            {
                x2 = 350+__________________;    //椭圆任意一点的坐标
                y2 = 180 + 70 * Math.Sin (st);
                //连接前后两点，画出椭圆上的一段弧线
                g.DrawLine (p, (int) x1, (int) y1, (int) x2, (int) y2);
                x1 = _________;                 //把后一点的坐标值赋给前一点
                y1 = _________;
            }
        }
    }
}
```

4. 设平面上任一点 A_1 的坐标为(x_1, y_1)，如果这一点围绕点(x_0, y_0)旋转角 θ 角后得到的点的为 $A_2(x_2, y_2)$，则点 A_2 的坐标和点 A_1 的坐标之间有以下关系：

$$x_2 = (x_1 - x_0)\cos\theta - (y_1 - y_0)\sin\theta + x_0$$

$$y_2 = (x_1 - x_0)\sin\theta + (y_1 - y_0)\cos\theta + y_0$$

使用 C#提供的画椭圆方法，只能画出长轴是水平向或竖直方向的椭圆。如果利用上一题的结果和上面提到的公式，则可以画出长轴为任意方向的椭圆。

【本题要求】

设计如图 8.25 的左图所示的程序界面并编写程序，要求运行程序时，在“旋转的角度”文本框中输入一个角度值 θ 后，单击“画椭圆”按钮，可以画出中心坐标为(200, 160)，长半轴等于 150，短半轴等于 70，长轴与水平方向成 θ 角的椭圆，图 8.25 的右图显示了一个运行效果图。

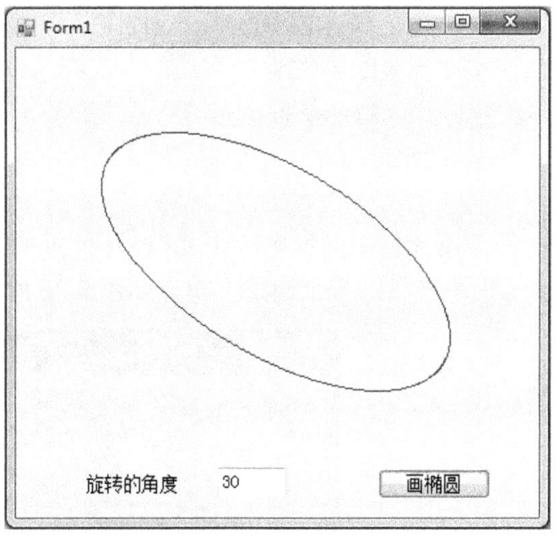

图 8.25　第 4 题程序设计界面和运行效果实例

在下述程序中填空，实现本题要求。

```
private void button2_Click(object sender, EventArgs e)
{
    Graphics g = this.CreateGraphics();
    Pen p = new Pen(Color.Blue);
    double st, z, a, c1, s1;
    double x0, y0;                          //椭圆中心
    double x11, y11, x21, y21;              //绕中心旋转前椭圆上点的坐标
    double x12, y12, x22, y22;              //绕中心旋转后椭圆上点的坐标
    const double Pi = 3.1415629;
    a = Convert.ToDouble(textBox1.Text);             //旋转的角度
    st = a*Pi/180;                                   //旋转的弧度
    c1 = Math.Cos(st);
    s1 = _______________;
    x0 = 200;                                        //椭圆中心坐标
    y0 = 160;
    x11 = 200+150;                                   //旋转前椭圆左端点坐标
    y11 = 160+0;
    x12 = (x11 - x0) * c1 - (y11 - y0) * s1 + x0;
    y12 = (x11 - x0) * s1 + (y11 - y0) * c1 + y0;
    for (z = 0; z < 6.28; z += 0.01)
    {
        x21 = x0 + 150 * Math.Cos(z);                //旋转前点的坐标
        y21 = y0 + 70 * Math.Sin(z);
        x22 = ________________________________;
        y22 = ________________________________;
```

```
                g.DrawLine(p, (int)x12, (int)y12, (int)x22, (int)y22);
                x12 = x22;
                y12 = y22;
            }
        }
```

5. 修改第 4 题中的程序，在 for 循环外再加上一个外层循环，使得运行程序时，画出长轴与坐标轴不平行的多个椭圆，构成如图 8.26 所示的图案。

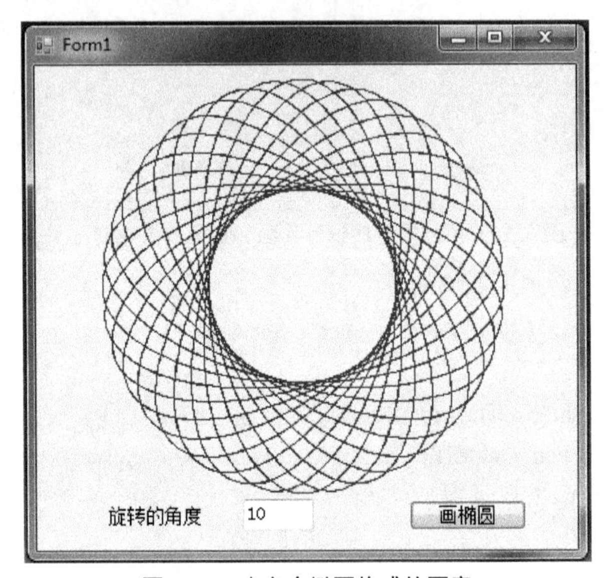

图 8.26　由多个椭圆构成的图案

第9章 文件操作

运行应用程序时，经常需要原始数据，程序处理结果形成的数据也经常需要长期保存下来，在这些情况下，都需要和外部存储介质上保存的数据文件打交道，本章介绍怎样从文件读取数据和怎样向文件写入数据。

9.1 文件和流

9.1.1 文件的概念

所谓“文件”是指一组相关数据的有序集合。这个数据集合有一个名称，叫做文件名。实际上，在前面的各章中我们已经多次使用过文件，例如源程序文件、目标文件等。文件通常驻留在外存(如磁盘等)上，在使用时才调入内存。

从不同的角度出发可以对文件进行不同的分类。

1. 普通文件和设备文件

从用户的角度看，可以把文件分为普通文件和设备文件两种。

① 普通文件指驻留在磁盘或其他外部介质上的一个有序数据集，可以是源文件、目标文件、可执行程序；也可以是一组待输入处理的原始数据，或者是运行程序后输出的一组结果。源文件、目标文件、可执行程序称为程序文件，输入输出的数据称为数据文件。

② 设备文件指与主机相连的各种外部设备，如显示器、打印机、键盘等。操作系统把外部设备也看作文件来进行管理，把对它们的输入、输出等同于对文件的读和写。通常把显示器定义为标准输出文件，一般情况下在屏幕上显示有关信息就是向标准输出文件输出。如前面经常使用的 Console.WriteLine() 方法就属于这类输出。键盘通常被指定为标准的输入文件，从键盘上输入就意味着从标准输入文件上输入数据。Console.ReadLine() 方法就属于这类输入。

2. ASCII 码文件和二进制码文件

从文件编码的方式看，可以把文件分为 ASCII 码文件和二进制码文件两种。

① ASCII 码文件也称为文本文件，这种文件在磁盘中存放数据时，每个字符对应一个字节，用于存放相应的 ASCII 码值。例如数字 5678 的存储形式如图 9.1 所示，共占用 4 个字节。可在屏幕上按字符显示 ASCII 码文件内容，例如源程序文件就是 ASCII 码文件，用编辑软件可以显示文件的内容。由于是按字符显示，因此一般操作者都能读懂文件的内容。

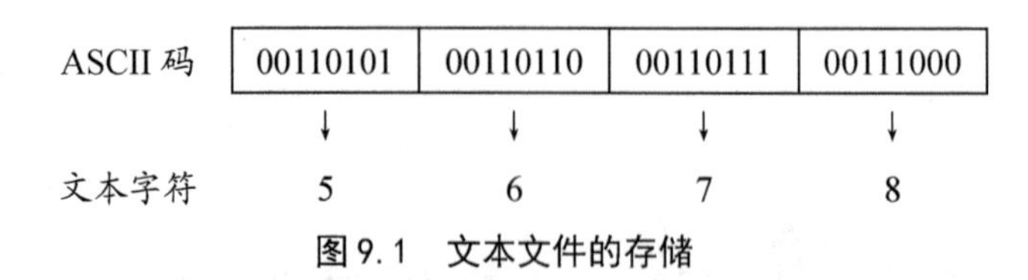

图 9.1　文本文件的存储

② 二进制码文件按二进制编码存放文件内容。例如数 5678 存储形式为“0101 0110 0111 1000”。虽然也可以在屏幕上显示二进制文件的内容，但显示为乱码，一般操作者无法读懂。

C#语言系统在处理这两类文件时，把它们都看成字符流，按字节进行处理。输入输出字符流的开始和结束只由程序控制而不受物理符号(如回车符)的控制。因此也把这种文件称作“流式文件”。

本章讨论流式文件的打开、关闭、读、写等各种操作。

3. 顺序文件和随机文件

从对文件的读写方式看，可以把文件分为顺序文件和随机文件。

① 顺序文件只能从前往后顺序进行读写。

② 随机文件表示访问数据时，可以设置不同的访问位置。

4. 缓冲文件和非缓冲文件

从系统对文件的处理方法看，可以把文件分为缓冲文件和非缓冲文件。

① 缓冲文件系统：系统自动在内存中为每个正在使用的文件开辟一个缓冲区。从磁盘文件读数据时，一次性从文件中将一些(不是全部)数据输入到内存缓冲区(充满缓冲区)，然后再从缓冲区逐个将数据送给接受变量；向磁盘文件输出数据时，先将数据送到内存缓冲区，装满缓冲区后才一起输出到磁盘。这种文件系统可以减少对磁盘的实际访问(读/写)次数，提高读写文件的效率。本章介绍的主要是缓冲文件。

② 非缓冲文件系统：不由系统自动设置缓冲区，而由用户根据需要设置。

9.1.2 流的概念

把数据从文件输入到程序中称为读文件，把数据从程序输出到文件中称为写文件，C#采用输入流和输出流的方式读文件和写文件。

流是面向对象基础上的抽象概念，用来表示二进制字节序列。System.IO 命名空间中包含的 Stream 抽象基类支持读取和写入字节，它是所有表示流的类的基类。System.IO 命名空间的类分为以下三种。

① 操作流的类：包括文件流、内存流，以及读写这些流的类。

② 操作目录的类：包括创建、移动、删除文件夹的操作，以及访问磁盘信息等。

③ 操作文件的类：包括创建、移动、删除文件的操作，以及获取文件信息等。

9.1.3 FileStream 流

Stream 类是一个抽象类，不能实例化，一般使用其 FileStream 派生类，FileStream 类称为文件流，用于操作字节和字节数组，可以完成打开、读取、写入、关闭文件的操作。

1. FileStream 类的构造函数

FileStream 类具有多个重载方式的构造函数，语法格式如下：

```
FileStream(string path, FileMode mode)
```

FileStream (string path, FileMode mode, FileAcces access)

其中各参数的意义如下：

① path 指定要操作的文件路径。

② mode 指定如何打开或创建文件，值为 FileMode 枚举值中的一个，FileMode 的常用成员如表 9.1 所示。

表 9.1　FileMode 的常用成员

成员名称	说　明
CreateNew	创建新文件。如果文件已存在，将引发IOException异常
Create	创建新文件。如果文件已存在，它将被覆盖
Open	打开现有文件。如果文件不存在，将引发FileNotFoundException异常
OpenOrCreate	如果文件存在就打开文件，否则创建新文件
Truncate	打开现有文件。文件一旦打开，就将被截断为零字节大小
Append	打开现有文件并查找到文件尾，或创建新文件

③ access 指定访问文件的方式，值为 FileAccess 枚举值的一个。FileAccess 的常用成员如表 9.2 所示：

表 9.2　FileAccess 的常用成员

成员名称	说　明
Read	读文件，可从文件中读取数据
Write	写文件，可将数据写入文件
ReadWrite	对文件的读访问和写访问，可从文件读取数据和将数据写入文件

下述代码可以打开并读取文件：

```
FileStream fs = new FileStream(@"D:\DATA.TXT", FileMode.OpenOrCreate,
                                FileAccess.Read);
```

2. FileStream 类的常用属性

表 9.3　FileStream 类的常用属性

属　性	说　明
CanRead	获取一个值，指示当前流是否支持读取
CanWrite	获取一个值，指示当前流是否支持写入
Length	获取用字节表示的流长度，long类型
Name	获取传递给构造函数的FileStream的名称
Position	获取或设置此流的当前位置

下面的代码判断读取文件时，是否读到文件尾部：

```
if(fs.Position == fs.Length)
{
    //处理代码
}
```

3. FileStream 类的常用方法

表 9.4 FileStream 类的常用方法

方 法	说 明
Close	关闭当前流并释放与之关联的所有资源
Flush	清除流的所有缓冲区，本操作将把所有缓冲的数据都写入文件
Read	从流中读取字节块并将其写入给定缓冲区中
ReadByte	从文件中读取一个字节，并将读取位置后移一个字节
Seek	将该流的当前位置设置为给定值
Write	将字节块写入文件流
WriteByte	将一个字节写入文件流的当前位置

下面介绍 FileStream 类几个方法的应用。

(1) Write()方法

用于将字节块写入文件流，语法格式如下：

```
文件流名称.Write(byte[] array, int offset, int count);
```

其中，array 参数是一个字节数组，包含要写入该流的数据缓冲区；offset 是从零开始的字节偏移量；count 是最多写入该流的字节数。

【例 9.1】编写控制台应用程序把一个字节数组写入“D:\DATA.TXT”文件中。

【操作步骤】

① 启动 Visual Studio 2010，新建一个名为“文件操作”的控制台应用程序项目。

② 编制如下的程序：

```
using System;
using System.Collections.Generic;
using System.Linq;
using System.Text;
using System.IO;          //引用 System.IO 命名空间

namespace 文件操作
{
    class Program
    {
        static void Main(string[] args)
        {
            FileStream fs = new FileStream(@"D:\DATA.TXT", FileMode.OpenOrCreate);
            byte[] a={65, 66, 67, 68, 69, 70};
            fs.Write(a, 0, a.Length);          //将 a 字节数组的数据全部写入文件
            fs.Close();                        //关闭流
        }
    }
}
```

③ 按Ctrl+F5键，运行程序，将在 D 盘根目录下新建一个 DATA.TXT 文件，文件中包含 6 个字符“ABCDEF”，这 6 个字符的 ASCII 码分别为 65、66、67、68、69、70。

(2) Read()方法

用于从流中读取字节块并将该数据写入给定缓冲区中，语法格式如下：

```
文件流名称.Read(byte[] array, int offset, int count);
```

其中，array 参数是一个字节数组，offset 是从零开始的字节偏移量，count 是要从当前流中最多读取的字节数。

下面代码说明怎样打开并读取例 9.1 中的 DATA.TXT 文件，并显示出文件内容(只写出 class Program 类中的代码)：

```
class Program
{
    static void Main(string[] args)
    {
        FileStream fs = new FileStream(@"D:\DATA.TXT", FileMode.Open);
        int i = (int)fs.Length;          //获取文件流长度
        byte[] a=new byte[i];
        fs.Read(a, 0, i);                //把文件流中的数据读入a字节数组
        fs.Close();
        foreach(char b in a)
            Console.Write(b);
        Console.Write("\n");
    }
}
```

运行程序，将得到如图 9.2 所示的效果。

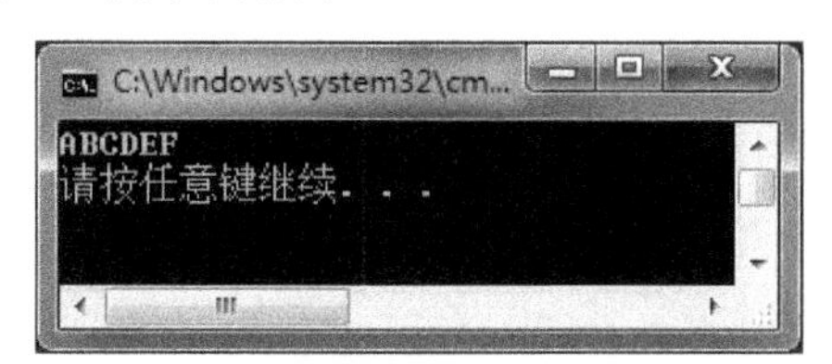

图 9.2　读取文件并显示读取的内容

9.2　操作文件和目录

使用 FileStream 流可以读写文件，除此之外，C#还提供了对于文件、目录和其他对文件进行操作的方法。

在 Windows 文件系统中，文件组织成层次结构，包含文件和目录。为了操作文件和目录，.NET Framework 提供了用来操作文件和目录的类。

9.2.1 File 类和 FileInfo 类

File 类和 FileInfo 类可以用来管理文件，提供创建、复制、删除、移动和打开文件的功能。File 类是一个静态类，不能实例化，类的所有方法都是静态的，因此可以通过类名调用方法，适用于只想执行一个操作的情况；FileInfo 类的所有方法都是实例的，需要创建对象才可以调用方法，适用于多次重用某个对象的情况。

1. File 类的常用方法

表 9.5 File 类的常用方法

方 法	说 明
Copy	将指定的文件复制到新文件
Create	在指定路径中创建文件
Delete	删除指定的文件。如果指定的文件不存在，不引发异常
Exist	确定指定的文件是否存在
Move	将指定的文件移到新位置，并提供指定新文件名的选项
Open	打开指定路径上的FileStream
OpenText	打开现有UTF-8编码文本文件以进行读取，返回一个StreamReader对象

下面是使用各个方法的代码示例：

```
//把 D:\sourceFile.txt 文件复制到 D:\destFile.txt 文件
File.Copy(@"D:\sourceFile.txt", @"D:\destFile.txt", true);
```

【注意】第 3 个参数是可选项，如果值为 true，则当目标文件存在时，源文件将覆盖目标文件。

```
//在 D 盘上创建 file.txt 文件，并返回一个 FileStraem 实例
FileStream  fs = File.Create(@"D:\file.txt");
//判断是否存在 D:\file.txt 文件，如果存在返回 true，否则返回 false
bool  fl = File.Exist(@"D:\file.txt");
//把 D:\file.txt 文件移动为 C:\file.txt 文件
File.Move(@"D:\file.txt", @"C:\file.txt");
//打开 D 盘上的 file.txt 文件
File.Open(@"D:\DATA.TXT", FileMode.Open, FileAccess.Read);
//删除 D 盘上的 file.txt 文件
File.Delete(@"D:\file.txt");
```

2. FileInfo 类的常用方法

FileInfo 类的方法与 File 类的方法类似。下面是使用 FileInfo 类各个方法的代码示例：

```
//通过传递一个文件路径字符串，创建 FileInfo 类的实例
FileInfo  fi= new  FileInfo(@"D:\file.txt");
//创建文件，并返回一个 FileStraem 实例
FileStream  fs = fi.Create();
//复制到 D:\destFile.txt 文件
fi.CopyTo(@"D:\destFile.txt");
```

```
//移动成 C:\file.txt 文件：
fi.MoveTo(@"C:\file.txt");
//删除文件：
fi.Delete();
```

3. **FileInfo 类的常用属性**

表 9.6　**FileInfo 类的常用属性**

方　法	说　　明
Directory	获取父目录的实例
Exists	获取指示文件是否存在的值
ExtenSion	获取表示文件扩展名部分的字符串
FullName	获取目录或文件的完整目录
IsReadOnly	获取或设置确定当前文件是否为只读的值
Length	获取当前文件的大小(字节)
Name	获取文件名

【例 9.2】编制程序，输入一个包含路径的完整的文件名，用文件名实例化 FileInfo 类的对象后，输出文件相应的属性值。

【操作步骤】

① 启动 Visual Studio 2010，新建一个名为“文件操作 1”的控制台应用程序项目。

② 编制如下的程序：

```
using System;
using System.Collections.Generic;
using System.Linq;
using System.Text;
using System.IO;

namespace 文件操作 1
{
    class Program
    {
        static void Main(string[] args)
        {
            string sf;
            Console.Write("请输入文件完整的路径：");
            sf = Console.ReadLine();
            FileInfo fi = new FileInfo(@sf);
            if(fi.Exists)
            {
                Console.WriteLine("文件名是 {0}", fi.Name);
                Console.WriteLine("文件的扩展名是 {0}", fi.Extension);
```

```
                Console.WriteLine("文件的完整路径是 {0}", fi.FullName);
                string s = fi.IsReadOnly ? "文件是只读的" : "文件是可读写的";
                Console.WriteLine(s);
                Console.WriteLine("文件大小是 {0}", fi.Length);
            }
            else
            {
                Console.WriteLine("{0} 文件不存在", sf);
            }
        }
    }
}
```

③ 按Ctrl+F5键，运行程序，图 9.3 显示了程序的两个运行实例。

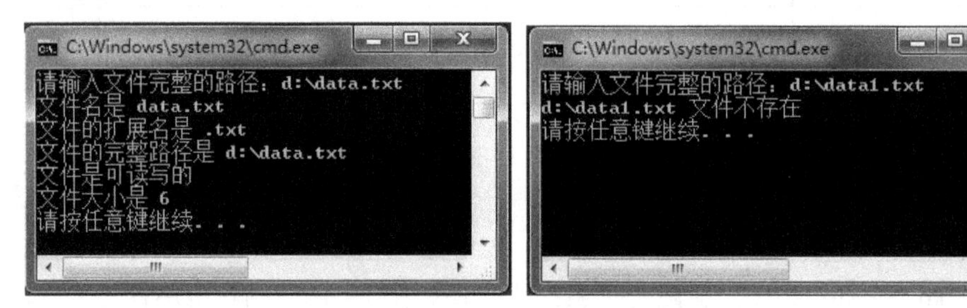

图 9.3　例 9.2 程序运行实例

9.2.2　Directory 类和 DirectoryInfo 类

Directory 类和 DirectoryInfo 类用来管理目录，提供创建、移动目录和枚举目录、子目录的功能。Directory 类是一个静态类，不能实例化，类的所有方法都是静态的，因此无须创建对象即可调用，适用于只执行一次操作的情况；DirectoryInfo 类的所有方法都是实例的，需要创建对象才可以调用方法，适用于多次重用某个对象的情况。

1. **Directory 类的常用方法**

表 9.7　**Directory 类的常用方法**

方　法	说　　明
CreateDirectory	创建指定路径中的所有目录
Delete	删除指定的目录
Exist	判断指定的目录是否存在，返回一个Boolean值
SetCurrentDirectory	将应用程序的当前工作目录设置为指定的目录
GetCurrentDirectory	获取应用程序的当前工作目录
GetDirectoryRoot	返回指定路径的卷信息、根信息或两者同时返回
GetFiles	返回指定目录中的文件的名称
GetLogicalDrives	检索此计算机上格式为“<驱动器号>:\”的逻辑驱动器的名称
GetParent	检索指定路径的父目录，包括绝对路径和相对路径
Move	将文件或目录及其内容移到新位置

下面的代码演示了各个方法的使用：

```
//在D盘上创建dir目录
Directory.CreateDirectory(@"D:\dir");
//判断是否存在"D:\dir"目录，返回Boolean值
Boolean fl = Directory.Exist(@"D:\dir");
//返回"D:\dir"目录下的所有文件名，返回值为string数组
string[] FileNameArr = Directory.GetFiles(@"D:\dir");
//获取当前目录
string Cr = Directory.GetCurrentDirectory(@"D:\dir");
//将D盘上的"D:\dir"目录移动为C盘的tag目录
Directory.Move(@"D:\dir", @"C:\tag");
//删除"C:\tag"目录
Directory.Delete(@"C:\tag");
```

2. DirectoryInfo 类的常用方法

DirectoryInfo 类的方法与 Directory 类的方法类似。下面的代码演示了 DirectoryInfo 类方法的使用：

```
//通过传递一个目录路径字符串，创建DirectoryInfo类的实例
DirectoryInfo di= new DirectoryInfo(@"D:\dir");
//创建目录
di.Create();
//返回目录下的所有子目录，返回值为DirectoryInfo数组
DirectoryInfo[] diArr = di.GetDirectorys();
//返回目录下的所有文件名，返回值为FileInfo数组
FileInfo[] fiArr = di.GetFiles();
//删除目录
di.Delete();
```

3. DirectoryInfo 类的常用属性

表 9.8 DirectoryInfo 类的常用属性

方 法	说 明	方 法	说 明
Exists	获取指定目录是否存在的值	Parent	获取父目录，返回DirectoryInfo实例
FullName	获取目录或文件的完整目录	Root	获取路径的根目录，返回DirectoryInfo实例
Name	获取此DirectoryInfo实例的名称		

【例 9.3】 实例化 DirectoryInfo 对象，输出相应的属性值。

【操作步骤】

① 启动 Visual Studio 2010，新建一个名为"目录操作"的控制台应用程序项目。

② 编制如下的程序：

```
using System;
using System.Collections.Generic;
```

```
using System.Linq;
using System.Text;
using System.IO;

namespace 目录操作
{
    class Program
    {
        static void Main(string[] args)
        {
            DirectoryInfo di=new DirectoryInfo(
                            @"C:\Program Files\Microsoft Visual Studio 10.0");
            if(di.Exists)
            {
                Console.WriteLine("目录的名字为 {0}", di.Name);
                Console.WriteLine("目录的完整路径为 {0}", di.FullName);
                Console.WriteLine("目录的父目录为 {0}", di.Parent.Name);
                Console.WriteLine("目录的根目录为 {0}", di.Root.Name);
                DirectoryInfo[] diArr = di.GetDirectories();
                Console.WriteLine(@"C:\Program Files\Microsoft Visual Studio 10.0 下
                            的所有子目录为");
                foreach(DirectoryInfo d in diArr)
                    Console.WriteLine(d.ToString());
            }
        }
    }
}
```

③ 按Ctrl+F5键，运行程序，图 9.4 显示了程序运行结果。

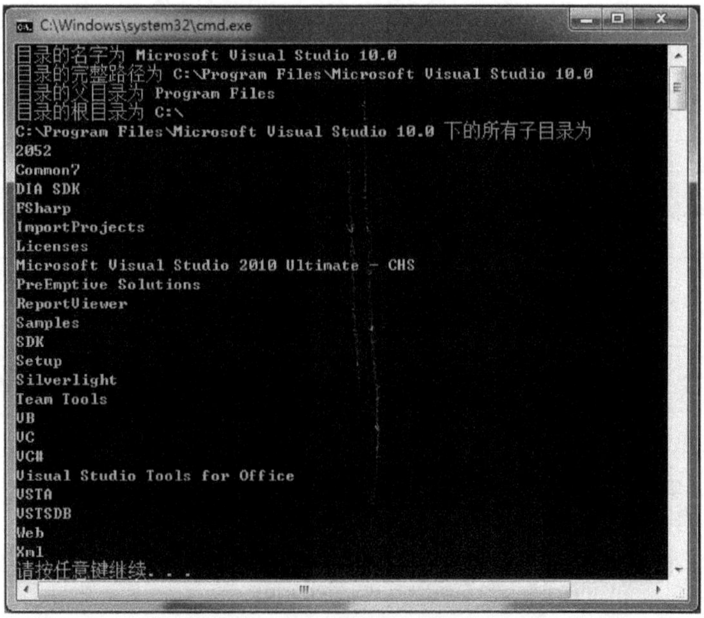

```
C:\Windows\system32\cmd.exe
目录的名字为 Microsoft Visual Studio 10.0
目录的完整路径为 C:\Program Files\Microsoft Visual Studio 10.0
目录的父目录为 Program Files
目录的根目录为 C:\
C:\Program Files\Microsoft Visual Studio 10.0 下的所有子目录为
2052
Common7
DIA SDK
FSharp
ImportProjects
Licenses
Microsoft Visual Studio 2010 Ultimate - CHS
PreEmptive Solutions
ReportViewer
Samples
SDK
Setup
Silverlight
Team Tools
VB
VC
VC#
Visual Studio Tools for Office
VSTA
VSTSDB
Web
Xml
请按任意键继续. . .
```

图 9.4　例 9.3 程序运行效果

9.3　读写文件

对文件操作的常见模式有两种：文本模式和二进制模式。

C#读写文件的基本步骤是：首先创建文件流对象，然后调用对象的方法对文件进行读写，最后关闭流。

虽然用 9.1 节介绍的 FileStream 流读写文件很简单，但是它把所有数据都当做字节流看待，用它来处理各种不同类型的数据不太方便。使用本节介绍的类能够更直接地处理上面提到的两种对文件常见模式的操作。

9.3.1　读写文本文件

在.NET Framework 中，StreamReader 和 StreamWriter 类可用于读写文本文件，这两个类从底层封装了 FileStream 文件流，因此使用时不需要额外创建 FileStream 对象。

1. **StreamReader 类**

StreamReader 类以一种特定的编码从字节流中读取字符，其构造函数有多个重载方式。下面的代码说明如何创建一个 StreamReader 类的实例。

```
//指定文件路径参数
string filePath=@"d:\data.txt";
StreamReader sr = new StreamReader(filePath);
```

StreamReader 类的常用方法如表 9.9 所示。

表 9.9　**StreamReader 类的常用方法**

方　法	说　　明
Close	关闭StreamReader对象和基础流
Peek	读取输入流中的下一个字符，不移动读写指针
Read	读取输入流中的下一个字符并使读取位置(读写指针)后移一个字符
ReadLine	从当前流中读取下一行字符并将数据作为字符串返回
ReadToEnd	从流的当前位置到末尾读取所有字符
ToString	返回表示当前对象的字符串

2. **StreamWriter 类**

StreamWriter 类以一种特定的编码向流中写入字符，其构造函数有多个重载方式。下面的代码说明如何创建一个 StreamWriter 类的实例。

```
//指定文件路径参数
string filePath=@"d:\data.txt";
StreamWriter wr = new StreamWriter(filePath);
//指定文件路径和追加模式作为参数
StreamWriter wr = new StreamWriter(filePath, true);
```

【注意】如果文件存在，且追加模式参数值为 true，则数据追加到已有的文件中；如果文件存在，且追加模式参数值为 false，则文件被改写。如果文件不存在，则创建新文件。

StreamWriter 类的常用方法如表 9.10 所示。

表 9.10　StreamWriter 类的常用方法

方　法	说　　明
Close	关闭StreamWriter对象和基础流
ToString	返回表示当前对象的字符串
WriteLine	将行结束符表示的字符串写入文本字符串或流

【例 9.4】使用 StreamReader 类和 StreamWriter 类读写文本文件。

【操作步骤】

① 启动 Visual Studio 2010，新建一个名为“读写文本文件”的 Windows 窗体应用程序项目。

② 设计如图 9.5 的左图所示的窗体，向窗体添加打开文件和保存文件的对话框组件。按图 9.5 的右图设置窗体、标签、按钮的 Text 属性。把窗体中上面的 textBox1 文本框的 Multiline 属性值设置为 true，ScrollBars 属性值设置为 Vertical，把 openFileDialig1 打开文件对话框的 Filter 属性值设置为“文本文件(*.txt)|*.txt”。各控件和组件的 Name 属性保持默认值不变。

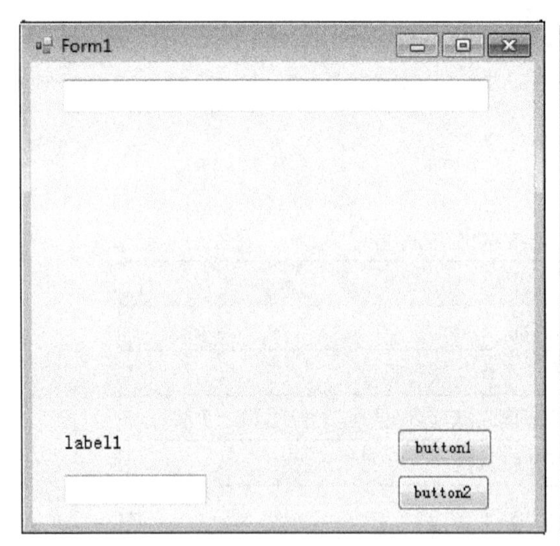

图 9.5　窗体界面

③ 在“解决方案资源管理器”窗口中，先选择 Form1.cs，再单击“查看代码”按钮，切换到 Form1.cs 代码窗口，在代码顶端添加对 System.IO 命名空间的引用：

```
using System.IO;
```

④ 返回窗体设计器，双击“读文件”按钮，编写它的 Click 事件处理程序，代码如下：

```
private void button1_Click(object sender, EventArgs e)
{
    if(openFileDialog1.ShowDialog() == DialogResult.OK)
    {
```

```
                string fOpen = openFileDialog1.FileName;
                //在“读写的文件”文本框中显示文件名
                textBox2.Text = fOpen;
                //如果文件存在
                if(File.Exists(fOpen))
                {
                    //创建StreamReader类的对象，用来读取文件
                    StreamReader sr = new StreamReader(fOpen);
                    //清除原文本框中的内容
                    textBox1.Text = "";
                    string input;
                    //从文件中读一行送入input字符串，一直读到文件尾
                    while((input = sr.ReadLine()) != null)
                    {
                        //在文本框中显示一行
                        textBox1.Text += input + "\r\n";
                    }
                    //关闭流
                    sr.Close();
                }
            }
        }
```

⑤ 双击“写文件”按钮，编写它的 Click 事件处理程序，代码如下：

```
        private void button2_Click(object sender, EventArgs e)
        {
            saveFileDialog1.Filter = "文本文件(*.txt)|.txt";
            if(saveFileDialog1.ShowDialog() == DialogResult.OK)
            {
                string fSave = saveFileDialog1.FileName;
                textBox2.Text = fSave;
                //创建StreamWriter类的对象，用来写文件
                StreamWriter sw = new StreamWriter(fSave, false);
                //把文本框中的内容写入文件
                sw.WriteLine(textBox1.Text);
                sw.Close();
            }
        }
```

⑥ 按F5键，运行程序，在 textBox1 文本框中输入内容，单击“写文件”按钮，打开保存文件对话框，设置文件名，将输入的内容保存到指定的文件中，图 9.6 显示了程序的一个

运行结果。

⑦ 单击“读文件”按钮，屏幕上弹出打开文件对话框，指定要打开的文件后，程序先清除本文框中的原有内容，然后把读到的文件内容显示在文本框中。

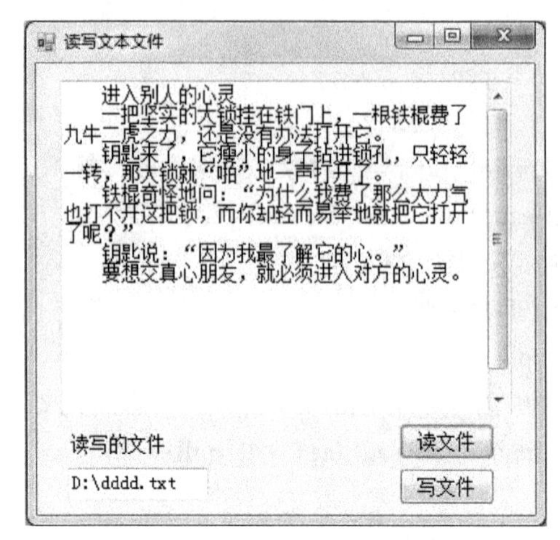

图 9.6　例 9.4 程序运行效果

【程序说明】

① 读取文件的时候先判断文件是否存在，若存在，则用 ReadLine()方法读取文件内容到文本框中。写入文件的时候将文本框中的内容直接写入到保存文件对话框中指定的文件中，如果文件存在，则直接覆盖重写原文件的内容，否则新建文件再写入。

② StreamReader 类对象在读取文本文件时，默认编码是 UTF-8，读取中文时可使用编码器转换为 gb2312 码。代码如下所示：

```
StreamReader sr = new StreamReader(fOpen, Encoding.GetEncoding("gb2312"));
```

其中，Encoding 类位于 System.Text 命名空间中。

9.3.2　读写二进制文件

使用二进制文件，可以更方便地存储各种类型的数据。在.NET Framework 中，BinaryReader 和 BinaryWriter 类用于读写二进制文件。这两个类本身不执行流，创建这两个类的对象时，必须提供所基于的文件流。即先创建文件流对象，再在文件流对象的基础上创建这两个类的对象。

1. BinaryReader 类

BinaryReader 类以二进制方式读取当前输入流，其构造函数有多个重载方式，下面的代码说明如何创建一个 BinaryReader 类的实例。

```
string filePath=@"d:\data.txt";
//先创建文件流对象
FileStream fs = new FileStream(filePath, FileMode.OpenOrCreate);
//再基于 FileStream 流对象 fs，初始化 BinaryReader 类的新实例
BinaryReader br = new BinaryReader(fs);
```

BinaryReader 类的常用方法如表 9.11 所示。

表9.11　BinaryReader类的常用方法

方　法	说　　明
Read	从基础流中读取字符
ReadByte	从当前流中读取一个字节，并使流的当前位置向后移动1个字节
ReadDecimal	从当前流中读取十进制数值，并将该流的当前位置向后移动16个字节
ReadDouble	从当前流中读取8字节浮点值，并使流的当前位置向后移动8个字节
ReadInt16	从当前流中读取2字节有符号整数，并使流的当前位置向后移动2个字节
ReadInt32	从当前流中读取4字节有符号整数，并使流的当前位置向后移动4个字节
ReadSingle	从当前流中读取4字节浮点值，并使流的当前位置向后移动4个字节
ReadString	从当前流中读取一个字符串

2. BinaryWriter类

BinaryWriter类以二进制方式将基本类型的数据写入流，并支持用特定的编码写入字符串，其构造函数有多个重载方式。下面的代码说明如何创建一个BinaryWriter类的实例。

```
string filePath=@"d:\data.txt";
FileStream fs = new FileStream(filePath, FileMode.OpenOrCreate);
//基于 FileStream 流对象 fs，初始化 BinaryWriter 类的新实例
BinaryWriter bw = new BinaryWriter(fs);
```

BinaryWriter类的常用方法如表9.12所示。

表9.12　BinaryWriter类的常用方法

方　法	说　　明
Close	关闭当前的BinaryWriter和基础流
Write	已重载。将值写入当前流

【例9.5】使用BinaryReader类和BinaryWriter类读写二进制文件。

【操作步骤】

① 启动Visual Studio 2010，新建一个名为“读写二进制文件”的Windows窗体应用程序项目。

② 设计如图9.7的左图所示的窗体。按图9.7的右图设置窗体、按钮的Text属性。把文本框的Multiline属性值为true。

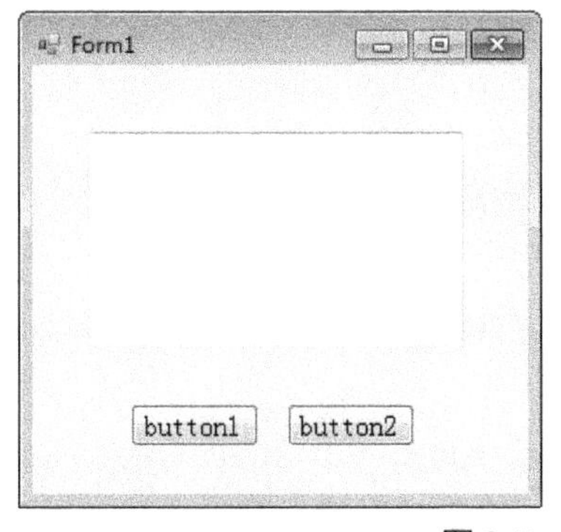

图9.7　窗体界面

③ 在“解决方案资源管理器”窗口中，先选择 Form1.cs，再单击“查看代码”按钮，切换到 Form1.cs 代码窗口，在代码顶端添加对 System.IO 命名空间的引用：

```
using System.IO;
```

④ 返回窗体设计器，双击“写文件”按钮，编写其 Click 事件程序，代码如下：

```
private void button1_Click(object sender, EventArgs e)
{
    string fPath =@"d:\test.data";
    //创建文件，如果文件已存在则覆盖它
    FileStream fs = new FileStream(@fPath, FileMode.Create);
    //创建文件的写入流
    BinaryWriter bw = new BinaryWriter(fs);
    bw.Write("整数:");                //向文件写一个字符串
    bw.Write(200);                    //向文件写一个整型值
    bw.Write("浮点数:");
    bw.Write(2.718);                  //向文件写一个浮点值
    bw.Write("布尔值:");
    bw.Write(true);                   //向文件写一个布尔值
    bw.Close();                       //关闭流
    fs.Close();
}
```

⑤ 双击“读文件”按钮，编写其 Click 事件程序，代码如下：

```
private void button2_Click(object sender, EventArgs e)
{
    textBox1.Text="";
    string fPath = @"d:\test.data";
    //判断是否存在指定的文件
    if(File.Exists(@fPath))
    {
        FileStream fs = new FileStream(@fPath, FileMode.Open, FileAccess.Read);
        //创建文件的读取流
        BinaryReader br = new BinaryReader(fs);
        string[] s =new string[3];
        s[0]=br.ReadString();              //从文件中读一个字符串
        int a = br.ReadInt32();            //从文件中读一个整数
        s[1] = br.ReadString();
        double b = br.ReadDouble();        //从文件中读一个浮点数
        s[2] = br.ReadString();
        bool c = br.ReadBoolean();         //从文件中读一个布尔值
        textBox1.Text = s[0]+a.ToString()+"\r\n"+s[1]+b.ToString()+"\r\n"+
```

```
                    s[2]+c.ToString();
            br.Close();
            fs.Close();
        }
        else
        {
            MessageBox.Show(@"d:\test.data"+"文件不存在");
        }
    }
```

⑥ 按F5键，运行程序，先单击“写文件”按钮，将有关内容写入“D:\test.data”文件中，再单击“读文件”按钮，读出文件内容，并将它们显示在文本框中，效果如图 9.8 所示。

图 9.8　例 9.5 程序运行效果

【程序说明】

本程序说明如何向新的文件流(test.data)写入数据及从中读取数据。用 BinaryWriter 类向 test.data 写入了 4 种不同类型的数据；用 BinaryReader 类读出对应的内容。在写文件时，如果当前目录中已存在 test.data，则使用 FileMode.CreateNew 会引发 IOException 异常。这时最好使用 FileMode.Create 创建新文件，以便不引发 IOException 异常。

习 题 9

一、选择题

1. (　　)类用来管理目录。

　A. System.IO　　B. File　　C. Stream　　D. Directory

2. (　　)类提供创建、复制、删除和打开文件的静态方法。

　A. Path　　B. File　　C. Stream　　D. Directory

3. File 类的(　　)方法用来创建指定的文件并返回一个 FileStream 对象。如果指定的文件存在则将其覆盖。

A. Write()　　B. New()　　C. Create()　　D. Open()

4. StreamReader 类的(　　)方法用来从流中读取一行字符，如果达到流的末尾，则返回null。

A. ReadLine()　　B. Read()　　C. WriteLine()　　D. Write()

5. Directory 类的(　　)方法用来创建指定路径中包含的所有目录和子目录并返回一个DirectoryInfo 对象，通过该对象操作目录。

A. CreaeDirectory()　　B. Path()　　C. Create()　　D. Directory()

二、填空题

1. 在.Net 框架中，与基本的文件输入/输出操作相关的类都位于__________命名空间中，所以要在程序中使用______________语句导入这个命名空间。

2. 读取数据前，可以使用 StreamReader 类的______________方法来检测是否达到了流的末尾。该方法返回流的当前位置的字符，但不移动指针，如果达到末尾，则返回-1。

3. 流是__________，C#中定义的流有________几种，它们共同的抽象基类是________。

4. 在 C#中使用____________类读文本文件，使用 BinaryWriter 类写________文件。

5. 创建一个 BinaryWriter 类对象时，必须先创建一个____________对象，再在______________对象的基础上创建这个类的对象。

6. BinaryReader 类的___________方法用来读取浮点值。

实验 9

1. 设计名为“读写文件”的Windows窗体应用程序。要求如下。

① 在界面上设置3个Button控件，其Text属性分别设置为“写入”“读出1”和“读出2”；设置一个TextBox控件，将其Multiline属性设置为true。

② 编写“写入”按钮的 Click 事件程序，代码如下：

❖ 定义一个字节数组，并赋初始值；
❖ 以创建文件的方式创建 FileStream 流；
❖ 将字节数组中的数据写入到 FileStream 流中；
❖ 关闭 FileStream 流；
❖ 使用消息框提示写入文件成功。

③ 编写“读出 1”按钮的 Click 事件程序，代码如下：

❖ 以打开文件的方式创建 FileStream 流；
❖ 定义一个空的字节数组；
❖ 从 FileStream 流中读取数据，填充入字节数组中；
❖ 关闭 FileStream 流；

❖ 使用 foreach 语句循环遍历数组元素，并在文本框中输出数组的各个元素。

④ 编写“读出 2”按钮的 Click 事件程序，尝试使用 ReadByte 方法逐一读出文件中的数据。

2. 先使用“记事本”程序创建一个“格言.txt”文件，如图 9.9 的左图所示，然后设计一个名称为“读取文本文件”的 Windows 窗体应用程序，当单击窗体后，用 StreamReader 类读取“格言.txt”文件，并将读到的内容显示在文本框中，如图 9.9 的右图所示。

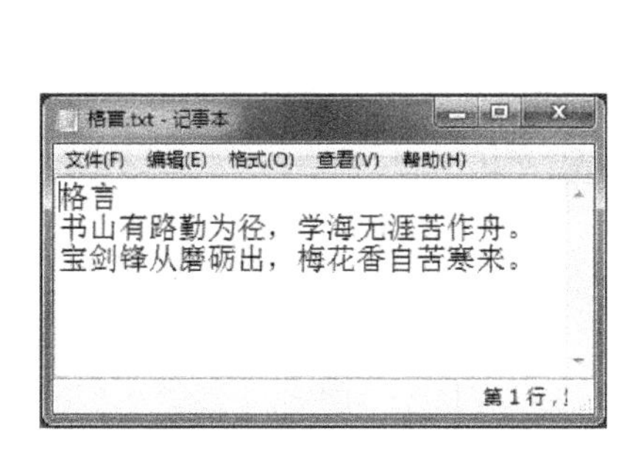

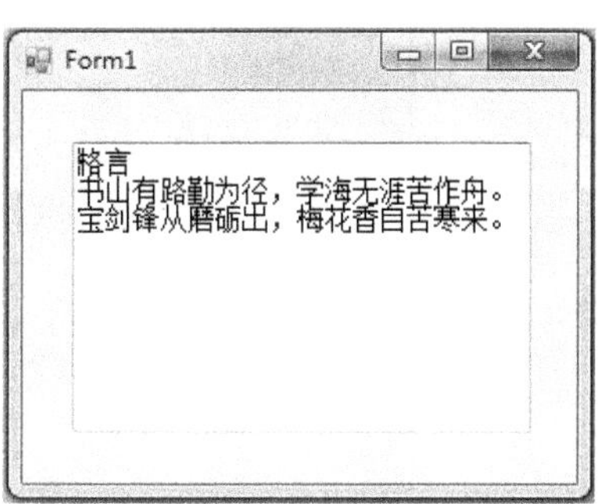

图 9.9　“格言.txt”文本文档和第 2 题程序运行效果

【提示】

创建 StreamReader 类对象时，应使用编码器转换为 gb2312 码。

3. 设计一个名称为“读取二进制文件”的 Windows 窗体应用程序，在窗体中设置一个 ListBox 控件和两个 Button 控件，如图 9.10 的左图所示，然后设置窗体的 Text 属性和两个 Button 控件的 Text 属性，如图 9.10 的右图所示。

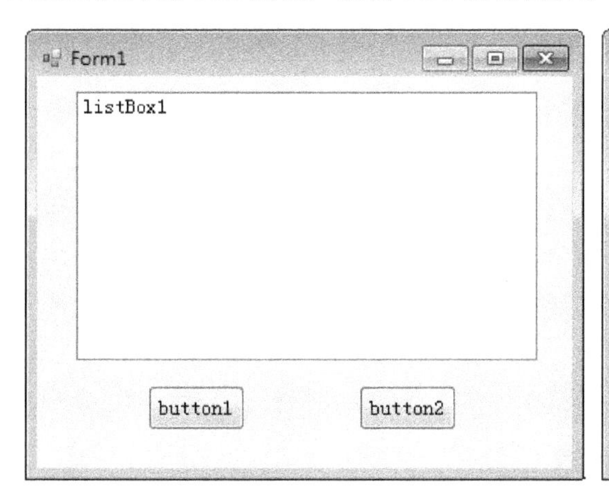

图 9.10　第 3 题程序界面

按下述要求编写程序代码。

① 在Form1类中定义一个Student结构类型，用来声明一个学生的下述基本信息：name(姓名)、age(年龄)、stature(身高)，数据类型分别为字符串型、整型、浮点型，每一个学生的3个数据合起来称为一个学生记录。

② 编写“写文件”按钮的Click事件程序，代码如下：

❖ 定义Student结构类型的数组st，为各个数组元素赋初值；

❖ 使用BinaryWriter类写“D:\学生情况.data”文件，先写入学生记录个数，再用循环程序，把各个学生记录写入文件。

③ 编写“读文件”按钮的 Click 事件程序，代码如下：

❖ 使用 BinaryReader 读出“D:\学生情况.data”文件，先读出学生记录个数，再用循环程序读出每个学生的记录。

❖ 每读出一个学生记录，就把该记录添加到 ListBox1 控件中。

运行效果如图 9.11 所示。

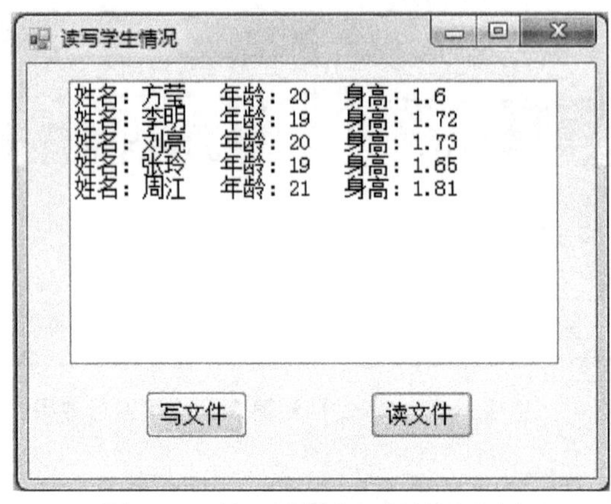

图 9.11 第 3 题程序运行效果示例

请在下述程序中填空，并上机调试程序，完成本题提出的要求。

```
using System;
using System.Collections.Generic;
using System.ComponentModel;
using System.Data;
using System.Drawing;
using System.Linq;
using System.Text;
using System.Windows.Forms;
using System.______;

namespace 读写二进制文件
{
    public partial class Form1 : Form
    {
        struct Student
        {
            public __________ name;
            public __________ age;
            public __________ stature;
        }
        public Form1()
```

```
{
    InitializeComponent();
}

private void button1_Click(object sender, EventArgs e)
{
    Student[] st =________________[5];
    st[0].______ = "方莹";   st[0].______ = 20;   st[0].________ = 1.60;
    st[1].______ = "李明";   st[1].______ = 19;   st[1].________ = 1.72;
    st[2].______ = "刘亮";   st[2].______ = 20;   st[2].________ = 1.73;
    st[3].______ = "张玲";   st[3].______ = 19;   st[3].________ = 1.65;
    st[4].______ = "周江";   st[4].______ = 21;   st[4].________ = 1.81;
    string filePath=___"D:\学生情况.data";
    FileStream fs=new FileStream(filePath, _________.Create);
    ____________ bw = new ___________(____);
    bw.Write(5);
    for(int i = 0; i <= 4; i++)
    {
        bw.Write(st[__].name);
        bw.Write(st[__].age);
        bw.Write(st[__].stature);
    }
    fs.Close();
}

private void button2_Click(object sender, EventArgs e)
{
    string ss;
    string filePath = @"D:\学生情况.data";
    FileStream fs = new FileStream(filePath, FileMode.Open, ______________);
    BinaryReader br = new BinaryReader(fs);
    int j;
    j = br._________();
    for(int i = 0; i <=_________; i++)
    {
        ss = "";
        ss+= "姓名："+br.ReadString()+"    ";
        ss+= "年龄："+Convert.ToString(br.ReadInt32())+"    ";
        ss+= "身高："+Convert.ToString(br.ReadDouble());
```

```
                listBox1.__________________(ss);
            }
            fs.Close();
        }
    }
}
```

4. 编写名称为“文件操作”的控制台应用程序，使用File类在D盘下新建一个文本文件，对该文件进行复制、移动、删除等操作，并获取和显示文件属性。

第 10 章　数据库应用

在开发应用程序时，经常需要处理大量的数据，这时使用上一章介绍的文件来保存或获取数据就很不方便了。大量的数据一般都存储在数据库中。而使用.NET Framework 提供的 ADO.NET 编程模型可以设计出高效、快捷的访问数据库的应用程序。

本章使用 XSCJ 数据库和该数据库中包含的 XSB 数据表，XSB 数据表的结构和数据记录如表 10.1 和表 10.2 所示。未完成本章学习，请先使用 SQL Server 创建相应的数据库和数据表。如果计算机上安装了 SQL Server 软件，也可以在 Visual Studio 开发环境中创建数据库和数据表。

表 10.1　XSB 结构

字段名	数据类型	是否允许空值	字段说明
XH	char(6)	不允许	学号，主键
XM	char(10)	不允许	姓名
XB	bit	允许	性别
CSRQ	date	允许	出生日期
ZY	char(12)	允许	专业
ZXF	int	允许	总学分
BZ	varchar(500)	允许	备注

表 10.2　XSB 数据

XH	XM	XB	CSRQ	ZY	ZXF	BZ
081101	王林	True	1990-02-10	计算机	50	NULL
081102	程明	True	1921-02-01	计算机	50	NULL
081103	王燕	False	1989-10-06	计算机	50	NULL
081104	韦严平	True	1990-08-26	计算机	50	NULL
081106	李方方	True	1990-11-20	计算机	50	NULL
081107	李明	True	1990-05-01	计算机	54	提前修完《数据结构》，并获学分
081108	林一帆	True	1989-08-05	计算机	52	已提前休完一门课
081109	张强民	True	1989-08-11	计算机	50	NULL
081110	张蔚	False	1991-07-22	计算机	50	三好生
081111	赵琳	False	1990-03-18	计算机	50	NULL
081113	严红	False	1989-08-11	计算机	48	有一门课程不及格

XH	XM	XB	CSRQ	ZY	ZXF	BZ
081201	王敏	True	1989-06-10	通信工程	42	NULL
081202	王华	True	1989-01-29	通信工程	40	NULL
081203	王玉民	True	1990-03-26	通信工程	42	NULL
081204	马琳琳	False	1989-02-10	通信工程	42	NULL
081206	李计	True	1989-09-20	通信工程	42	NULL
081210	李洪庆	True	1989-05-01	通信工程	44	NULL
081216	孙祥欣	True	1989-03-19	通信工程	42	NULL
081218	孙研	True	1990-10-09	通信工程	42	NULL
081220	吴薇华	False	1990-03-18	通信工程	42	NULL
081221	刘燕敏	False	1989-11-12	通信工程	42	NULL
081224	罗林林	False	1990-01-30	通信工程	50	转专业

表 10.2 的 XB 列中，True 表示男性，False 表示女性。

创建好上面所说的数据库和数据表后，在 Visual Studio 窗口中可以打开它们。启动 Visual Studio，执行“视图”→“服务器资源管理器”菜单命令，即可打开“服务器资源管理器”窗格，双击该窗格中的 数据连接，打开列表，再依次双击相关项目，进一步打开相应的列表，就可以看到 XSCJ 数据库和 XSB 数据表了，如图 10.1 所示。

在 XSB 数据表上单击鼠标右键，将打开一个快捷菜单，如图 10.2 所示。单击快捷菜单中的“打开表定义”，将打开编辑数据表结构的窗口，在这个窗口中，可以修改 XSB 表的结构；单击“显示表数据”命令，将打开显示数据表记录的窗口，显示出 XSB 表的所有记录。

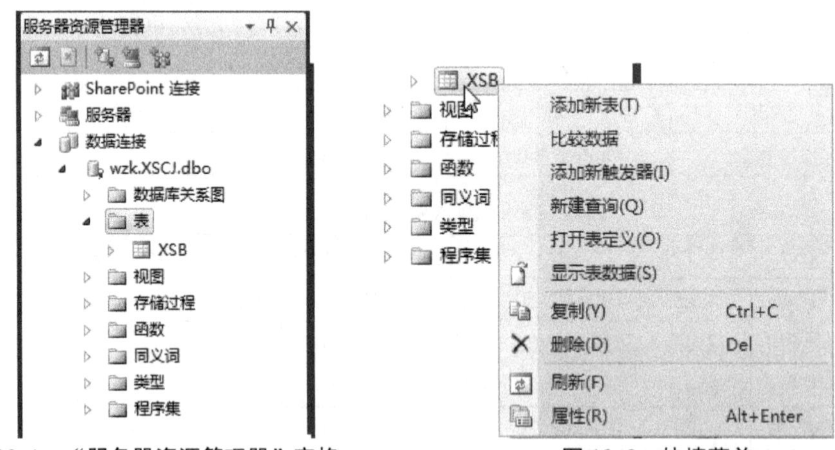

图 10.1 “服务器资源管理器”窗格　　　　图 10.2 快捷菜单

10.1 数据库访问模型

数据库应用程序要处理和显示存放在数据库中的数据。目前，市场上有很多数据库管理系统，常见的有 Access、Visual FoxPro、SQL Server、Oracle、DB2 和 MySQL 等，不同的数据库管理系统使用的数据访问接口不尽相同。因此，有必要在应用程序与数据库之间建立一种有效、便捷的数据访问模型，来统一访问不同数据库的接口。

数据访问模型有很多种，如 ODBC、DAO、RDO、OLE DB、ADO 及 ADO.NET 等。

20 世纪 80 年代末和 90 年代初，要开发数据库应用程序，必须使用数据库厂商随数据库管理系统产品一同发布的工具集来访问数据库，缺乏一个统一的访问数据库的编程接口。1992 年，微软发布了 ODBC(Open Database Connectivity，开放数据库互连)，它提供了一种标准的 API(应用程序编程接口)方法来访问数据库管理系统。ODBC 的特点在于独立性和开放性，它与具体的编程语言以及具体的数据库系统无关。目前各个数据库厂商一般都为自己的数据库实现了 ODBC 驱动程序。

OLE DB(Object Linking and Embedding Database，对象链接嵌入数据库)是微软为了以统一的方式访问不同类型的存储数据设计的一种应用程序接口，建立在 COM(Component ObjectModel，组件对象模型)的基础上。作为 ODBC 的一种高级替代者和继承者，它把 ODBC 的功能扩展到支持更多种类的非关系型数据库。

ADO(ActiveX Data Objects，ActiveX 数据对象)是一个用于存取数据源的 COM 组件。它提供了编程语言和统一数据访问方式 OLE DB 的一个中间层，允许开发人员编写访问数据的代码而不用关心数据库是如何实现的。ADO 被设计来继承微软早期的数据访问对象层，包括 RDO(Remote Data Objects)和 DAO(Data Access Objects)。

随着 Internet 的发展和 Web 应用程序的应用，大大改变了许多应用程序的设计方式，传统的保持连接方式下的数据访问无法适应 Web 应用程序的开发。因此，在.NET Framework 中，微软提供了一个面向 Internet 版本的 ADO，称为 ADO.NET。ADO.NET 是微软在.NET Framework 中负责数据访问的类库，支持断开连接方式下的数据访问，在.NET Framework 中起着举足轻重的作用。许多人将 ADO.NET 视为 ADO 的后一个版本，但其实它是一个全新的架构、产品与概念。

10.2　ADO.NET 的对象类型

ADO.NET 是基于.NET Framework 的用于数据访问服务的对象模型，提供对 SQL Server、XML 等数据源以及通过 OLE DB 和 ODBC 公开的数据源的一致访问。无论后台数据源是什么类型，ADO.NET 都可以采用一致的方式连接这些数据源，并可以检索、处理和更新其中包含的数据。

ADO.NET 对象模型包含两大核心组件，分别是.NET Framework 数据提供程序和 DataSet 数据集，前者用于同真实数据进行沟通，后者用于表示真实数据。这两个组件都可以和应用程序(Windows 窗体应用程序、Web 应用程序)进行交互。

10.2.1　数据提供程序

.NET Framework 数据提供程序是 ADO.NET 对象模型的核心组件，用于连接数据库、执行命令和检索结果。针对不同类型的数据源，.NET Framework 给出了不同的数据提供程序，如表 10.3 所示。

表 10.3 .NET Framework 的数据提供程序

.NET Framework数据提供程序	说　　明
SQL Server .NET Framework数据提供程序	提供对Microsoft SQL Server的数据访问。使用System.Data.SqlClient命名空间
OLE DB .NET Framework数据提供程序	提供对使用OLE DB公开的数据源中数据的访问。使用System.Data.OleDb命名空间
ODBC .NET Framework数据提供程序	提供对使用ODBC公开的数据源中数据的访问。使用System.Data.Odbc命名空间
Oracle .NET Framework数据提供程序	适用于Oracle数据源。支持Oracle客户端软件8.1.7和更高版本。使用System.Data.OracleClient命名空间
EntityClient提供程序	提供对实体数据模型(EDM)应用程序的数据访问。使用System.Data.EntityClient命名空间

.NET Framework 数据提供程序包含用于数据访问的 4 个核心对象：Connection 对象、Command 对象、DataReader 对象和 DataAdapter 对象。

1. **Connection 对象**

Connection 对象用来创建应用程序到数据源的连接，主要属性包括数据库连接字符串，使用它可以打开和关闭连接，更改数据库并管理事务。

2. **Command 对象**

在创建了数据库连接后，Command 对象用来对数据源执行 SQL 命令或存储过程，并可不返回值或返回单值、多值。

3. **DataReader 对象**

DataReader 对象用于从数据源中获取只进、只读方式的高性能的数据流。

4. **DataAdapter 对象**

DataAdapter 对象在数据源和 DataSet 对象之间起桥梁作用。DataAdapter 包括 4 个 Command 对象：SelectCommand、UpdateCommand、InsertCommand 和 DeleteCommand。DataAdapter 使用 Command 对象在数据源中执行 SQL 命令或存储过程以向 DataSet 中加载数据，并将对 DataSet 中数据的更改合并到数据源中。

不同的数据提供程序的对象名前缀不同。SQL Server .NET Framework 数据提供程序包含的 4 个核心对象名称以 sql 为前缀，例如 sqlConnection 对象。

10.2.2 数据集

DataSet(数据集)是 ADO.NET 对象模型的另外一个核心组件，独立于上面提到的.NET Framework 数据提供程序，它是一个容器，是从数据源中检索的数据保存在内存中的缓存。从某种程度上讲，它可被看作一个简化的包含表及表间关系的关系型数据库，可以包含多个数据表，可以在程序中动态地产生数据表。

DataSet 总是和数据源断开连接，也就是说，一旦把数据提取到应用程序中，就不再需要与数据库保持连接了，由于数据库连接是一种比较昂贵的资源，如果尽早释放掉连接的话，就可以让别的应用程序有更多的机会使用数据库。

10.2.3　ADO.NET 的数据访问模式

ADO.NET 提供以下两种数据访问模式。

1. 保持连接方式的数据访问

传统的数据库应用程序使用保持连接方式的数据访问：先创建并打开数据库连接，执行 SQL 命令处理结果，最后再关闭数据库连接。在应用程序运行过程中，始终要保持数据库连接。这种数据访问模式消耗系统资源，限制应用程序的可扩展性。

2. 断开连接方式的数据访问

随着 Internet 的发展和 Web 应用程序的应用，大大改变了许多应用程序的设计方式，ADO.NET 被设计成使用断开连接方式访问数据：先创建并打开数据库连接，为来自数据源的数据创建本地内存中的缓存，然后与数据源断开连接。可以在缓存中查询、添加、修改或删除数据，然后在需要时与数据源再次建立连接并将更改的内容合并至数据源。这种数据访问模式提供了更好的可扩展性。

10.3　创建数据库连接

要让应用程序访问数据库，首先要使用 Connection 对象创建数据库连接。本章介绍到 SQL Server 数据库的连接，需要在应用程序中引入 System.Data.SqlClient 命名空间，并使用其中的 SqlConnection 类创建连接对象。

10.3.1　创建 Connection 对象

可以使用 Visual Studio 提供的可视化数据设计工具创建 Connection 对象，也可以通过编程方式创建 Connection 对象。

1. 通过可视化工具创建 **Connection** 对象

具体步骤如下。

① 默认情况下，Visual Studio 的工具箱中不包含 SqlConnection 组件，可以在工具箱的任意选项卡上单击鼠标右键，在弹出的快捷菜单中，单击“选择项”命令手动添加，如图 10.3 所示。

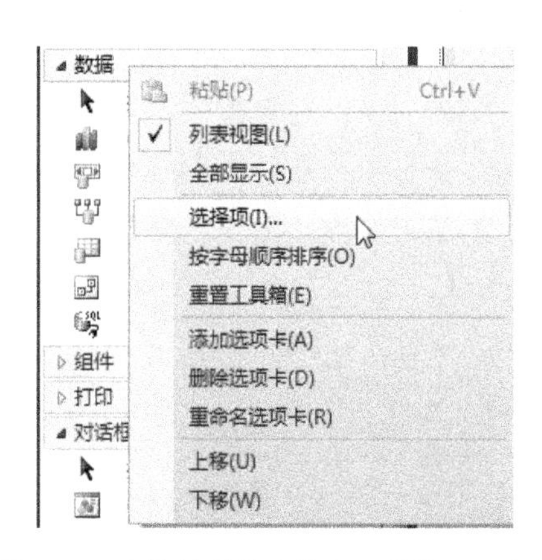

图 10.3　在快捷菜单中单击“选择项”命令

② 在弹出的“选择工具箱项”对话框中找到并选中 SqlConnection 组件，如图 10.4 所示，然后单击“确定”按钮。

③ 工具箱中添加上 SqlConnection 组件了，如图 10.5 所示，拖动 SqlConnection 组件到窗体上。

图 10.4 “选择工具箱项”对话框

图 10.5 **SqlConnection** 组件

④ 选中窗体上的 SqlConnection 组件，单击其属性窗口中 ConnectionString（连接字符串）属性右侧单元格的▾按钮，在弹出的选项单中单击“新建连接”命令，打开“添加连接”对话框。

⑤ 在对话框中，选择数据源，输入服务器名（对本地默认的 SQL Server 服务器可以使用“.”号），选择登录到服务器的方式。如果能够顺利登录到服务器，可以再选择或输入一个数据库名以便连接到数据库，如图 10.6 所示，然后单击“确定”按钮。

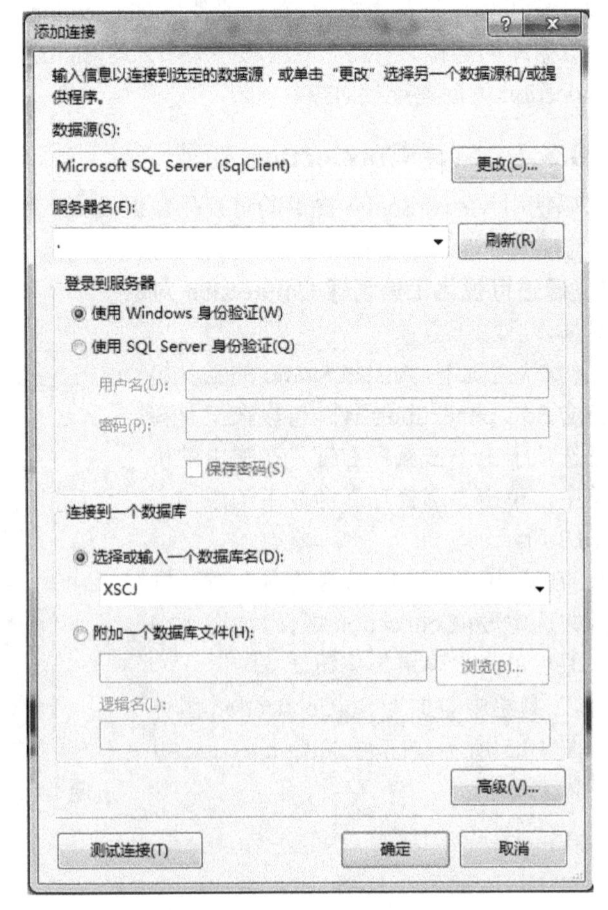

图 10.6 “添加连接”对话框

可以在该组件的属性窗口中看到如下的 ConnectionString 属性设置，它用来表示连接到的服务器、数据库和身份验证方式：

```
Data Source=.; Initial Catalog=XSCJ; Integrated Security=True
```

设置了 ConnectionString 属性后就创建了连接对象，完成了到数据库的连接。

2. 通过编程方式创建 Connection 对象

使用 SqlConnection 组件创建连接对象不方便，更方便的方式是通过编程方式创建 Connection 对象，特别是在没有 Windows 窗体的应用程序中创建 Connection 对象，更是必须通过编程方式来实现。通过编程方式创建 Connection 对象的步骤如下。

① 在程序首部引入 System.Data.SqlClient 命名空间。程序代码如下：

```
using System.Data.SqlClient;
```

② 使用 new 运算符实例化 SqlConnection 类，创建 Connection 对象。示例代码如下：

```
SqlConnection conn = new SqlConnection();
```

③ 设置 Connection 对象的 ConnectionString（连接字符串）属性，用于指定连接到哪个数据源、数据库以及身份验证方式等。示例代码如下：

```
conn.ConnectionString = "Data Source=.; Initial Catalog=XSCJ; Integrated Security=SSPI";
```

10.3.2 ConnectionString 属性

上面提到的 SqlConnection 类的 ConnectionString（连接字符串）属性用于获取或设置打开 SQL Server 数据库的字符串，它包含连接的数据库名称和建立初始连接所需的其他参数，是 Connection 类最重要的属性。ConnectionString 属性值的基本格式由一系列“关键字=值”字符组成，各个“关键字=值”字符用“;”隔开，如下所示：

"关键字=值; 关键字=值; 关键字=值"

关键字不区分大小写。ConnectionString 属性值常用的关键字如表 10.4 所示。

表 10.4　ConnectionString（连接字符串）常用的关键字

参　数	说　　明
Connection Timeout 或Connect Timeout	在数据源终止尝试和返回错误提示信息之前，连接到服务器所需等待的时间秒数
Initial Catalog	设置连接的数据库的名称
Data Source	设置需要连接的数据库服务器名称
Integrated Security	服务器的安全设置，是否使用信任连接，可识别值为True、False、SSPI。SSPI等价于True，都表示信任连接，推荐使用SSPI
User ID	如果Integrated Security设置为False，则该参数为要使用的数据源登录账户
Password或Pwd	如果Integrated Security设置为False，则该参数为要使用的数据源登录账户密码
Persist Security Info	如果此参数值为False，且正在打开连接或已在连接打开状态时，数据源将不返回安全敏感信息，例如密码

只能在 Connection 对象关闭时才能设置 ConnectionString 属性。在设置后会立即分析连接字符串。如果在分析时发现语法中有错误，则产生运行时异常。

上面代码示例中给出的连接字符串：

"Data Source=.; Initial Catalog=XSCJ; Integrated Security=SSPI"

的含义是：登录访问本地默认的 SQL Server 服务器的 XSCJ 数据库，采用 Windows 身份验证。

10.3.3 打开和关闭数据库连接

在 ADO.NET 中，创建了 Connection 对象并配置了其 ConnectionString 属性后，就可以使用 Connection 对象的 Open() 方法和 Close() 方法来显式地打开和关闭数据库连接。

① Open() 方法：使用 ConnectionString 属性的设置来打开数据库连接。示例代码如下：

```
//实例化 SqlConnection 类，创建 Connection 对象
SqlConnection conn = new SqlConnection();
//设置连接字符串属性
conn.ConnectionString = "Data Source=. ;Initial Catalog=XSCJ;Integrated Security=SSPI";
//打开数据库连接
conn.Open();
```

② Close() 方法：关闭数据库连接。在使用完连接后，显式关闭连接非常必要。示例代码如下：

```
conn.Close();
```

10.3.4 处理连接异常

在 ADO.NET 中，SqlException 类包含 SQL Server 返回警告或错误提示信息时引发的异常。当 SQL Server .NET Framework 数据提供程序遇到服务器生成的错误时，都会创建该类的实例。SqlException 类的常用属性如表 10.5 所示。

表 10.5 SqlException 类的常用属性

属 性	说 明
Class	获取从SQL Server返回的错误的严重度等级
LineNumber	从包含错误的Transact-SQL批处理命令或存储过程中获取行号
Message	获取描述错误信息的文本
Number	获取一个标识错误类型的数字

下面是创建数据库连接并处理打开连接时产生异常的示例代码。

```
SqlConnection conn = new SqlConnection();
try
{
    conn.ConnectionString = "Data Source=. ;Initial Catalog=XSCJ;
                            Integrated Security=SSPI";
    conn.Open();
}
catch(SqlException e)                    //捕获 SqlException 异常
{
    MessageBox.Show(e.Message);          //显示错误信息
}
```

```
catch(Exception e)                    //捕获其他异常
{
    MessageBox.Show(e.Message);
}
finally                               //清除代码
{
        conn.Close();
}
```

10.4　连接环境下的数据访问

10.4.1　Command 命令对象

应用程序在使用 Connection 命令对象创建数据库连接之后，要使用 Command 对象发送 SQL 命令访问数据库中的数据。本章介绍的是如何访问 SQL Server 数据库，因此需要在应用程序中引入 System.Data.SqlClient 命名空间，并使用其中的 SqlCommand 类创建命令对象。

和创建 Connection 对象一样，可以使用 Visual Studio 提供的可视化数据设计工具创建 Command 对象，也可以通过编程方式创建 Command 对象。

1. 通过可视化工具创建 Command 对象

具体步骤如下。

① 默认情况下，Visual Studio 的工具箱中不包含 SqlCommand 组件，可以用 10.3.1 节中叙述的添加 SqlConnection 组件的方法，打开“选择工具箱项”对话框，从中找到并选中 SqlCommand 对象，单击“确定”按钮，将其添加到工具箱中，结果如图 10.7 所示。

② 拖动一个 SqlCommand 组件到窗体设计器中的窗体上。

图 10.7　SqlCommand 组件

2. 通过编程方式创建 Command 对象

使用工具箱的 SqlCommand 组件创建对象不够方便和灵活，特别是在没有 Windows 窗体的类中创建 Command 对象，更是要通过编程方式来实现，步骤如下。

① 在程序首部引入 System.Data.SqlClient 命名空间。程序代码如下：

```
using System.Data.SqlClient;
```

② 使用 new 运算符实例化 SqlCommand 类，创建 Command 对象。示例代码如下：

```
SqlCommand cmd = new SqlCommand();
```

③ 设置 Command 对象的属性，用来指定使用哪个 Connection 连接对象以及要执行的命令等。

10.4.2　Command 对象的常用属性

Command 对象的常用属性如表 10.6 所示。

表 10.6　Command 对象的常用属性

属　性	说　　明
Connection	获取或设置Command对象所要使用的Connection
CommandText	获取或设置要对数据源执行的T-SQL语句、表名或存储过程
CommandType	获取或设置如何解释CommandText属性，默认值是Text
Parameters	SQL命令参数集合

1. **Connection 属性**

Connection 属性用于获取或设置 Command 对象使用的 Connection 对象，即使用哪个数据库连接，默认值为 null。

2. **CommandText 属性**

CommandText 属性既可设置为 T-SQL 语句文本，也可以设置为数据库的表名，又可设置为数据库中存储过程的名称。

3. **CommandType 属性**

CommandType 属性指示如何解释 CommandText 属性，值是 CommandType 枚举值的一个，默认值为 Text。CommandType 枚举值如表 10.7 所示。

表 10.7　CommandType 枚举值

属　性	说　　明
StoredProcedure	指示CommandText属性包含要执行的存储过程的名称
TableDirect	指示CommandText属性包含要访问的一个表的名称，从此表中将取出所有的列和行
Text	指示CommandText属性包含要执行的SQL命令(此为默认值)

【注意】只有使用 OLE DB .NET Framework 数据提供程序才支持 TableDirect 属性。

4. **Parameters 属性**

Parameters 属性用于获取或设置在 CommandText 属性中所指定的 T-SQL 语句或存储过程的参数集合，默认值为空集合。

10.4.3　设置 Command 对象的属性

可以使用 Visual Studio 提供的可视化“属性”窗口设置 Command 对象的属性，也可以通过编程方式设置。假设已创建 Connection 连接对象，编程方式的示例程序代码如下：

先创建连接对象并打开连接：

```
SqlConnection  conn = new  SqlConnection();
conn.ConnectionString = "Data Source=. ;Initial Catalog=XSCJ;Integrated Security=SSPI";
conn.Open();
```

接着创建 Command 对象，并设置 Command 对象的属性：

```
SqlCommand  cmd = new  SqlCommand();
cmd.Connection = conn;                              //指定连接
cmd.CommandType = CommandType.Text;
cmd.CommandText = "SELECT  *  FROM  XSB";       //获取 XSB 数据表的全部数据
```

【注意】

在指定 Command 对象的 CommandText 属性之前必须先指定 Connection 属性，否则 Visual Studio 会显示一条错误提示信息。

也可以使用带参数的构造函数，通过在一条语句中指定命令文本和 Connection 对象来创建 Command 对象，实现上述语句的功能。示例程序代码如下：

```
SqlConnection conn = new SqlConnection("SELECT * FROM XSB", conn);
```

10.4.4　Command 对象的参数

可以使用 Command 对象的 Parameters 属性设置在 CommandText 属性中所指定的 T-SQL 语句或存储过程的参数集合，从而实现参数化执行。使用参数可以避免出现非法字符，动态地改变查询条件，并提高执行的性能。

一般用以下 3 个步骤在 Command 对象中使用参数。

① 在 T-SQL 语句或存储过程中指定参数。

② 将参数添加到 Command 对象的 Parameters 集合中。

③ 设置参数值。

下面的代码示例说明如何通过编程方式来添加和设置参数。

```
SqlConnection conn = new SqlConnection();
conn.ConnectionString = "Data Source=. ;Initial Catalog=XSCJ;Integrated Security=SSPI";
conn.Open();
SqlCommand cmd = new SqlCommand();
cmd.Connection = conn;
cmd.CommandType = CommandType.Text;
//① 在 T-SQL 语句中或存储过程中指定参数，以“@”为首字母命名参数 xh
//   XH 是 XSB 中的字段，@xh 则是参数
cmd.CommandText = "SELECT * FROM XSB WHERE XH=@xh";
//② 调用 Command 对象的 Parameters 集合的 Add() 方法
//   将参数添加到 Command 对象的 Parameters 集合中
//   SqlDbType 属性用来指定 SQL Server 的数据类型
cmd.Parameters.Add("@xh", SqlDbType.Char, 6);
//③ 使用 Parameters 集合的 Value 属性设置参数值
cmd.Parameters["@xh"].Value="081101";
```

上述代码中使用到了 Parameters 集合中属性，该集合中的常用属性如表 10.8 所示。

表 10.8　**Parameters 集合的常用属性**

属　性	说　　明
SqlDbType	指定用在SqlParameter中的字段和属性的SQL Server特定的数据类型
Size	指示参数大小，例如字符串参数中字符的个数。对于固定长度数据类型，忽略Size值
Direction	获取或设置一个值，指示参数是只可输入、只可输出、双向还是存储过程返回值参数
Value	获取或设置参数的值

在对性能要求不高的情况下，可使用 AddWithValue() 方法为 Command 对象添加参数并赋值，以减少代码量。例如上面提到的两行代码：

```
cmd.Parameters.Add("@xh", SqlDbType.Char, 6);
cmd.Parameters["@xh"].Value="081101";
```

可替换为：

```
cmd.Parameters.AddWithValue("@xh", "081101");
```

10.4.5 使用 Command 对象执行命令

在建立了与数据库的连接，创建 Command 对象之后，就可以对数据库执行命令，并从数据库中返回结果。SqlCommand 类用于执行命令的方法包括：ExecuteScalar() 方法、ExecuteReader() 方法和 ExecuteNonQuery() 方法。

1. **ExecuteScalar() 方法**

SqlCommand 类的 ExecuteScalar() 方法用于执行查询，返回查询结果集中第一行第一列，即返回单个值，并忽略其他行或列。ExecuteScalar() 方法的返回值为 object 类型，一般需要将返回值转换为相应的数据类型，以便进行处理。如果查询结果集为空，则所得结果将是空引用。

以本章提到的 XSB 为例，例如在下面的情况可能需要使用 ExecuteScaler() 方法以返回单个值：要查询某个学生的姓名，可以编写 T-SQL 语句返回此学生的 XM 字段；要查询 XSB 数据表中学习“计算机”专业的学生人数。可以编写 T-SQL 语句，使用 COUNT() 函数计算学生人数。

【例 10.1】 编制控制台应用程序，调用 ExecuteScalar() 方法执行查询，求出 XSB 数据表中学习“计算机”专业的学生人数。

【分析】完成本例题的步骤(也是使用 ExecuteScalar() 方法的一般步骤)如下：

① 创建并打开 Connection 对象。

② 创建 Command 对象并设置属性。

③ 调用 Command 对象的 ExecuteScalar() 方法，把从 ExecuteScalar() 返回的值转换为适当的数据类型，本题应转换为整型值。

④ 释放 Command 对象，关闭 Connection 对象。

【操作步骤】

① 启动 Visual Studio 2010，新建一个名为“输出学生人数”的控制台应用程序项目。

② 编制如下的程序：

```
using System;
using System.Collections.Generic;
using System.Linq;
using System.Text;
using System.Data.SqlClient;     //引用命名空间

namespace 输出学生人数
{
    class Program
```

```
    {
        static void Main(string[] args)
        {
            //① 创建并打开名称为 conn 的 Connection 对象
            SqlConnection  conn = new  SqlConnection();
            conn.ConnectionString =
             "Data Source=.; Initial Catalog=XSCJ;Integrated  Security=SSPI";
            conn.Open();
            //② 创建名称为 cmd 的 Command 对象并设置其属性
            SqlCommand  cmd = new  SqlCommand();
            cmd.Connection = conn;
            cmd.CommandText = "SELECT COUNT(*) FROM XSB WHERE ZY ="
                                      + "'计算机'";
            //③ 调用 ExecuteScalar()方法，获取查询结果的第一行第一列
            int  i = (int)cmd.ExecuteScalar();
            Console.WriteLine("计算机专业的学生人数为：{0}", i);
            //④ 关闭连接
            conn.Close();
        }
    }
}
```

③ 按Ctrl+F5键，运行程序，得到如图 10.8 所示的运行实例结果。

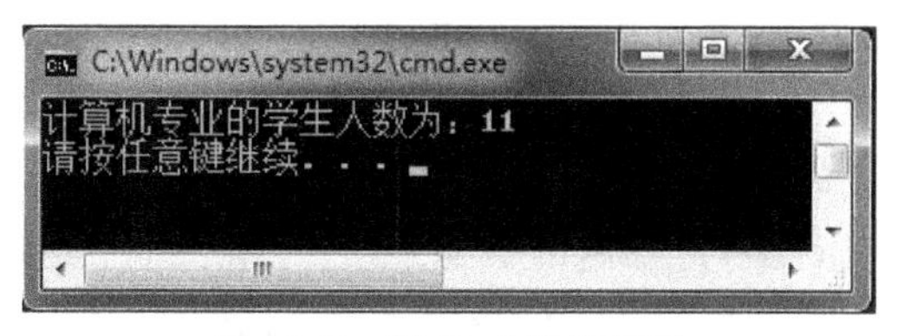

图 10.8　例 10.1 执行结果

【程序说明】

为了简化程序，说明主要步骤，本例题的程序没有设置处理异常的代码，本章下面的例题都按照这个方式处理。

可以使用 using 语句定义一个范围，在范围内声明和实例化对象，并在 using 语句的末尾或在 using 语句结束之前引发异常时，按照正确的方式自动调用对象的 Dispose()方法以释放对象，将对象的访问范围限制在 using 语句中。using 语句允许程序员指定使用资源的对象应当何时释放资源。本例题 Main()的程序代码可以用 using 语句改写，如下所示：

```
using(SqlConnection  conn = new  SqlConnection())
{
    conn.ConnectionString =
        "Data Source=.;Initial Catalog=XSCJ;Integrated Security=SSPI";
```

```
        conn.Open();
        using(SqlCommand cmd = new SqlCommand())
        {
            cmd.Connection = conn;
            cmd.CommandText = "SELECT COUNT(*) FROM XSB WHERE ZY ="
                                    + "'计算机'";
            int i = (int)cmd.ExecuteScalar();
            Console.WriteLine("计算机专业的学生人数为：{0}", i);
        }           //释放 cmd 对象
    }               //关闭并释放 conn 对象
```

在执行完 using 语句后，声明和创建的 conn 对象和 cmd 对象就释放和关闭了。

2. **ExecuteReader()方法**

SqlCommand 类的 ExecuteReader()方法用于执行查询，返回只读、只向前方式的数据流。

通过调用 ExecuteReader()方法可以创建 DataReader 对象，SQL Server .NET Framework 数据提供程序中给出的是 SqlDataReader 对象。使用 DataReader 对象时，在任何给定时刻内存中只有一行数据。创建了 DataReader 对象后，就可以使用它的 Read()方法从查询结果中获取一行数据。通过传递列的名称或列索引号，可以返回行的每一列。

【例 10.2】编制 Windows 窗体应用程序，调用 ExecuteReader()方法执行查询，获取 XSB 中各行的数据，并把它们显示在一个列表框中。

【分析】完成本例题的步骤(也是使用 ExecuteReader()方法的一般步骤)如下:

① 创建并打开 Connection 对象。

② 创建 Command 对象并设置属性。

③ 调用 Command 对象的 ExecuteReader()方法，用 ExecuteReader()方法的返回值创建 DataReader 对象。

④ 调用 DataReader 对象的 Read()方法，读取结果集中的一行数据。编写循环语句遍历结果集中的每一行数据，当 Read()方法返回值为 false 时，表示已经读取到结果集的末尾。

⑤ 对读取出来的一行数据，通过“DataReader 对象[列名]”或“DataReader 对象[列索引号]”获取该行指定列的值，并使用相应的方法将其转化为具体的数据类型值。

⑥ 执行完循环之后，关闭和释放 DataReader 对象。

⑦ 释放 Command 对象。

⑧ 关闭 Connection 对象。

【操作步骤】

① 启动 Visual Studio 2010，新建一个名为“读取数据表”的 Windows 窗体应用程序项目。

② 如图 10.9 所示，在窗体中设置 7 个标签控件(最左面的 6 个标签控件和列表框上方的标签控件)、6 个文本框控件、1 个列表框控件。各个控件采用系统默认的名称，当中一列的各个文本框名称分别为 textBox1、textBox2、textBox3、textBox4、textBox5、textBox6，把这 6 个文本框的 ReadOnly 属性都设置为 True，使得运行程序时，不能用交互方式修改各个文本框中的内容。按图 10.9 所示，设置窗体和各个标签控件的 Text 属性。

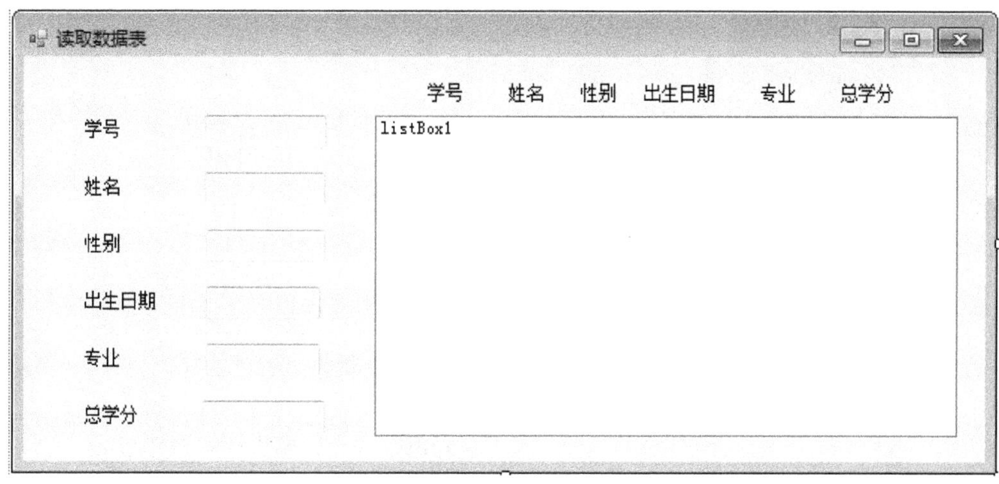

图 10.9　窗体设计界面

【程序说明】

我们希望运行程序时，在 listBox1 列表框中显示出 XSB 数据表中所有的数据，而各个文本框中显示出当前列表框选中的那一行的数据，如图 10.10 所示。

读取数据表

学号 081104
姓名 韦严平
性别 男
出生日期 1990/8/26
专业 计算机
总学分 50

学号	姓名	性别	出生日期	专业	总学分
081101	王林	女	1990/2/10	计算机	50
081102	程明	男	1921/2/1	计算机	50
081103	王燕	女	1989/10/6	计算机	50
081104	韦严平	男	1990/8/26	计算机	50
081106	李方方	男	1990/11/20	计算机	50
081107	李明	男	1990/5/1	计算机	54
081108	林一帆	男	1989/8/5	计算机	52
081109	张强民	男	1989/8/11	计算机	50
081110	张蔚	女	1991/7/22	计算机	50
081111	赵琳	女	1990/3/18	计算机	50
081113	严红	女	1989/8/11	计算机	48
081201	王敏	男	1989/6/10	通信工程	42
081202	王华	男	1989/1/29	通信工程	40
081203	王玉民	男	1990/3/26	通信工程	42
081204	马琳琳	女	1989/2/10	通信工程	42
081206	李计	男	1989/9/20	通信工程	42
081210	李洪庆	男	1989/5/1	通信工程	44

图 10.10　例 10.2 运行效果

③ 在程序开始处添加下述引用命名空间的语句：

```
using System.Data.SqlClient;
```

④ 设置整数型全局变量 ii，编写窗体的 Activated 事件程序代码，在其中调用 Csh() 方法，接着编写 Csh() 方法的代码，代码如下：

```
int ii;        //变量 ii 的作用在后面的程序说明中介绍
private void Form1_Activated(object sender, EventArgs e)
{
    Csh();
}
public void Csh()
{
```

```
    //实例化 SqlConnection 类，创建 Connection 对象
    SqlConnection conn = new SqlConnection();
    conn.ConnectionString =
        "Data Source=.;Initial Catalog=XSCJ;Integrated Security=SSPI";
    conn.Open();
    //创建 Command 对象，设置其属性
    SqlCommand cmd = new SqlCommand();
    cmd.Connection = conn;                          //设置要使用的连接对象
    //设置如何解释 CommandText 属性，本例为 SQL 命令
    cmd.CommandType = CommandType.Text;
    cmd.CommandText = "SELECT * FROM XSB";  //设置要执行的 SQL 命令
    //调用 ExecuteReader()方法，创建 SqlDataReader 对象
    SqlDataReader sdr = cmd.ExecuteReader();
    ii=0;                               //本语句作用在后面介绍
    listBox1.Items.Clear();             //清空列表框
    ii=1;                               //本语句作用在后面介绍
    //用循环程序调用 SqlDataReader 对象的 Read()方法读取数据表的记录
    while(sdr.Read())
    {
        string s1 = sdr["XH"].ToString();                //读取 XH 字段
        string s2 = sdr["XM"].ToString().Trim();         //读取 XM 字段
        string s3 = sdr["XB"].ToString();                //读取 XB 字段
        s3 = (s3 == "True" ? "男" : "女");
        string s4 = sdr["CSRQ"].ToString();              //读取 CSRQ 字段
        string[] ss = s4.Split(' ');                     //分离开字段中日期和时间部分
        s4 = ss[0];                                      //获取日期部分
        string s5 = sdr["ZY"].ToString().Trim();         //读取 ZY 字段
        if (s5.Length <= 3) s5 = s5 + "    ";
        string s6 = sdr["ZXF"].ToString();               //读取 zxf 字段
        //用退格键"\t"分隔读取的各个字段值
        string s7 = s1 + "\t" + s2 + "\t" + s3 + "\t" + s4 + "\t" + s5 + "\t" + s6;
        //把读到的各个字段显示在列表框中
        listBox1.Items.Add(s7);
    }
    listBox1.SelectedIndex = 0;                     //选定 listBox1 的第一项
    conn.Close();
}
```

⑤ 按F5键，运行程序，检验编程效果，得到如图 10.11 所示的运行结果。

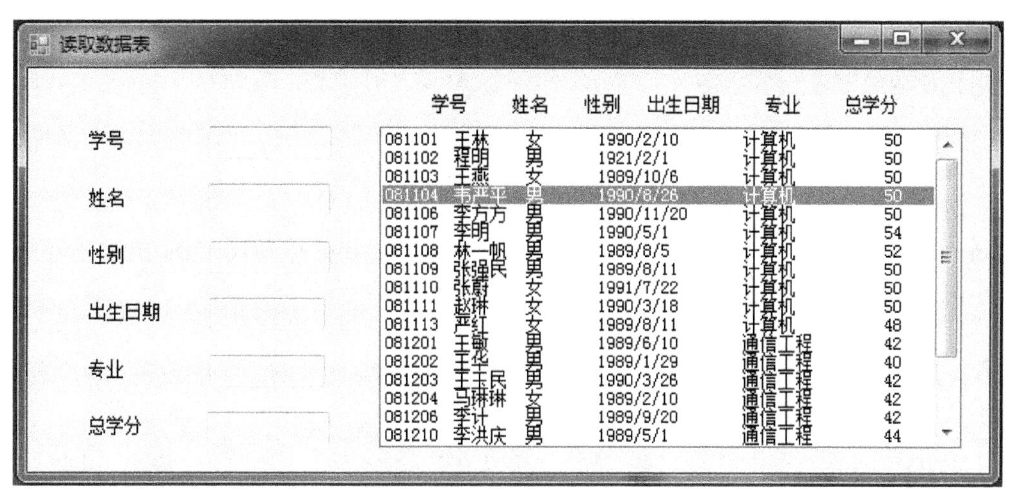

图 10.11　程序运行效果

【操作说明】

现在列表框中显示出XSB数据表中的所有记录，并可以选中其中的任意一行。但是，窗体当中的各个文本框并没有显示列表框当前选中的那一行的内容，为此还要继续编写listBox1的SelectedIndexChanged事件程序。

⑥ 关闭程序，返回程序设计界面，编写 listBox1 的 SelectedIndexChanged 事件程序，代码如下：

```
private void listBox1_SelectedIndexChanged(object sender, EventArgs e)
{
    if (ii == 0)        return;                    //本语句作用见下面程序说明
    //获取列表框当前行的内容
    string s = listBox1.Text.ToString();
    //以'\t'字符为分隔符，把 s 字符串分隔成 ss 字符串数组
    string[] ss = s.Split('\t');
    //在各个文本框中显示分隔得到的 ss 字符串数组中的各个字符串
    textBox1.Text = ss[0];        //显示学号
    textBox2.Text = ss[1];        //显示姓名
    textBox3.Text = ss[2];        //显示性别
    textBox4.Text = ss[3];        //显示出生日期
    textBox5.Text = ss[4];        //显示专业
    textBox6.Text = ss[5];        //显示总学分
}
```

⑦ 按F5键，运行程序，现在可以得到如图 10.10 所示的运行结果了。保存程序设计结果。

【程序说明】

无论是清空列表框还是列表框的当前列表项发生变化，都会触发第⑥步中编写的listBox1_SelectedIndexChanged 事件程序，本程序利用该事件程序，通过向各个文本框的 Text 属性赋值，在文本框中显示列表框当前列表项的内容。

由于清空列表框后，列表框中没有内容了，因此这时触发 listBox1_SelectedIndexChanged

事件，执行向各个文本框的 Text 属性赋值操作时会引发异常，为避免这种现象，在第④步设计的程序代码中编写了如下的语句：

```
ii=0;
listBox1.Items.Clear();            //清空列表框
ii=1;
```

上述语句的作用是：清空列表框内容前，先把全局变量 ii 的值设置为 0，这样清空列表框后，触发 listBox1_SelectedIndexChanged 事件程序时，最先执行下述语句

```
if (ii == 0)       return;
```

执行该语句后将直接退出当前的事件程序，而不执行该事件程序中后面的赋值语句，从而避免了异常。

从 listBox1_SelectedIndexChanged 事件程序返回后，接着执行“listBox1.Items.Clear();”语句后的“ii=1;”语句，为变量 ii 赋值 1，此后，如果列表框中当前项发生变化，再触发 listBox1_SelectedIndexChanged 事件时，将执行该事件程序中为各个文本框的 Text 属性赋值的语句。

3. ExecuteNonQuery()方法

SqlCommand 类的 ExecuteNonQuery()方法用于执行非查询的 T-SQL 语句或存储过程，例如执行 UPDATE、INSERT 和 DELETE 语句，或是创建、删除表等数据库对象。使用该方法可以修改数据源的内容。ExecuteNonQuery()方法的返回值是执行 T-SQL 语句或存储过程所影响的行数。

【例 10.3】继续编写例 10.2 中的程序，调用 ExecuteNonQuery()方法，实现对 XSB 数据表中添加记录和删除记录的功能。

【操作步骤】

① 启动 Visual Studio 2010，打开“读取数据表”应用程序项目。

② 按图 10.12 所示，在窗体中增加两个命令按钮，名称分别为 button1 和 button2，将窗体的标题改为“操作数据表”。

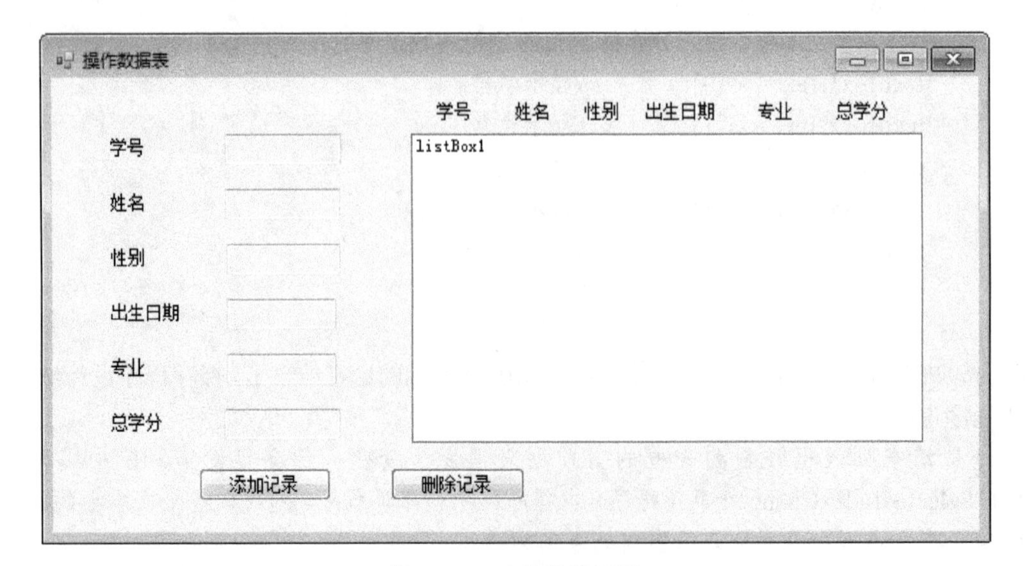

图 10.12　窗体设计界面

【操作说明】

下面编写“添加记录”按钮的单击事件程序，希望实现以下功能：

添加记录时，可以在各个本框中输入新记录的内容。为了慎重对待输入的内容，此时把“添加记录”按钮上的文字改成“保存记录”，其作用是：只有确认添加的记录内容正确并单击“保存记录”按钮后，才把输入的新记录内容保存到数据表中，然后把该按钮上的文字重新改回为“添加记录”。

③ 编写“添加记录”按钮的 Click 事件程序，代码如下：

```
private void button1_Click(object sender, EventArgs e)
{
    if(button1.Text == "添加记录")        //如果单击的是“添加记录”按钮
    {
        listBox1.Enabled = false;          //使列表框不能进行交互操作
        button2.Enabled = false;           //使“删除记录”按钮不能进行交互操作
        //使各个文本框能进行交互操作，以便在其中输入新记录的数据
        textBox1.ReadOnly = false;
        textBox2.ReadOnly = false;
        textBox3.ReadOnly = false;
        textBox4.ReadOnly = false;
        textBox5.ReadOnly = false;
        textBox6.ReadOnly = false;
        //清空各文本框，以便输入新记录的内容
        textBox1.Text = "";
        textBox2.Text = "";
        textBox3.Text = "";
        textBox4.Text = "";
        textBox5.Text = "";
        textBox6.Text = "";
        button1.Text = "保存记录";       //把按钮的 Text 属性修改为“保存记录”
    }
    else                                   //如果单击的是“保存记录”按钮
    {
        Save();                            //把新记录保存到数据表中
        Csh();                             //在列表框中重新显示数据表的记录
        textBox1.ReadOnly = true;
        textBox2.ReadOnly = true;
        textBox3.ReadOnly = true;
        textBox4.ReadOnly = true;
        textBox5.ReadOnly = true;
        textBox6.ReadOnly = true;
```

```
            button1.Text = "添加记录";      //把按钮的 Text 属性恢复为“添加记录”
            listBox1.Enabled = true;          //使列表框可以进行交互操作
            button2.Enabled = true;          //使“删除记录”按钮能进行交互操作
        }
    }
```

【程序说明】

运行程序时，当单击了“添加记录”按钮后，首先将“删除记录”(button2)按钮和列表框变成不能和用户交互的状态，以免干扰输入新记录的操作；再让各个文本框进入能和用户进行交互操作的状态并清空它们，以便在其中输入新记录的内容；与此同时，将按钮上的文字改为“保存记录”，方便后续操作。

在各个文本框中输入了新记录的内容后，单击“保存记录”按钮，将调用Save()方法(在下面编写该方法的程序代码)，把新记录的内容保存到数据表中，再调用Csh()方法，在列表框中重新载入XSB数据表，从而在其中显示添加了新记录后的数据表内容。这时，将“保存记录”按钮上的文字再改回为“添加记录”，以方便后续操作；同时将“删除记录”(button2)按钮和列表框变成能够和用户交互的状态。

④ 编写 Save()方法的程序，代码如下：

```
public void Save()
{
    //实例化 SqlConnection 类，创建 Connection 对象
    SqlConnection conn = new SqlConnection();
    conn.ConnectionString =
        "Data Source=wzk; Initial Catalog=XSCJ; Integrated Security=SSPI";
    conn.Open();
    //创建 Command 对象，设置其属性
    SqlCommand cmd = new SqlCommand();
    cmd.Connection = conn;
    cmd.CommandType = CommandType.Text;
    //设置带参数的 SQL 语句，用来向数据表添加记录
    string sql = "INSERT INTO XSB (XH, XM, XB, CSRQ, ZY, ZXF)
                VALUES (@sxh, @sxm, @sxb, @scsrq, @szy, @szxf) ";
    string s1 = textBox1.Text.Trim();                       //学号
    string s2 = textBox2.Text.Trim();                       //姓名
    int s3 = (textBox3.Text == "男" ? 1: 0);                //性别
    string s4 = textBox4.Text.Trim();                       //出生日期
    string s5 = textBox5.Text.Trim();                       //专业
    int s6 = Convert.ToInt16(textBox6.Text.Trim());         //总学分
    cmd.CommandText = sql;
    cmd.Parameters.Clear();
    //设置各参数的属性值
```

```
        cmd.Parameters.AddWithValue("@sxh", s1);
        cmd.Parameters.AddWithValue("@sxm", s2);
        cmd.Parameters.AddWithValue("@sxb", s3);
        cmd.Parameters.AddWithValue("@scsrq", s4);
        cmd.Parameters.AddWithValue("@szy", s5);
        cmd.Parameters.AddWithValue("@szxf", s6);
        //调用 cmd 的 ExecuteNonQuery()方法，向数据表添加记录
        int  ss = cmd.ExecuteNonQuery();
    }
```

⑤ 按F5键，运行程序，单击“添加记录”按钮，在各个文本框中输入新记录的内容，如图 10.13 所示。

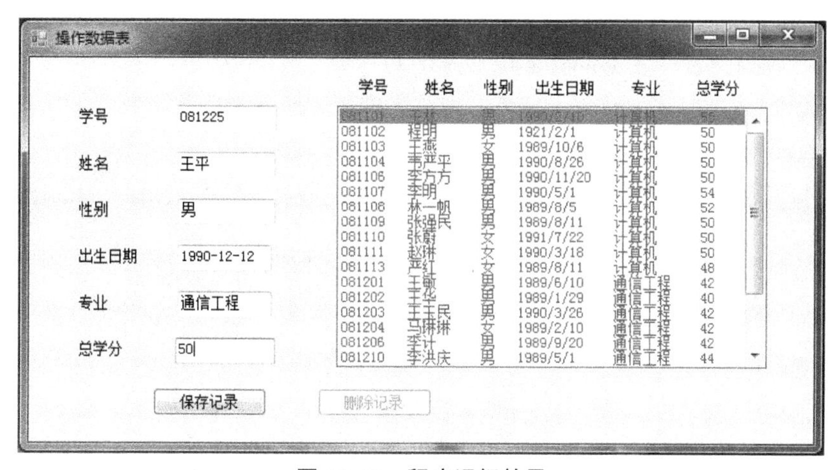

图 10.13　程序运行效果

【操作说明】

从图 10.13 可以看到，现在“添加记录”按钮变成了“保存记录”按钮，“删除记录”按钮处于不能和用户进行交互的状态，各个文本框变得可以进行交互操作了。

为了简化程序代码，第④步编写的程序中没有设置异常处理代码，因此在输入新记录内容时，要避免出现错误，例如：“学号”字段是 XSB 数据表的主键字段，因此新输入的学号不能重复原来已有的学号；新输入的出生日期和总学分的内容必须分别符合日期数据的格式和整型数字数据的格式。

⑥ 单击“保存记录”按钮，新输入的记录内容保存到数据表中，列表框将显示保存新数据后的结果，而“保存记录”按钮上的文字重新变成“添加记录”，此后又可以添加新记录了。

⑦ 关闭程序，返回程序设计界面，编写“删除记录”命令按钮的 Click 事件程序，用来删除当前选中的列表框中的记录，代码如下：

```
private void button2_Click(object sender, EventArgs e)
{
    //实例化 SqlConnection 类，创建 Connection 对象
    SqlConnection  conn = new  SqlConnection();
    conn.ConnectionString =
```

```
            "Data Source=wzk;Initial Catalog=XSCJ;Integrated Security=SSPI";
        conn.Open();
        //创建 Command 对象，设置 Command 对象的属性
        SqlCommand  cmd = new  SqlCommand();
        cmd.Connection = conn;
        cmd.CommandType = CommandType.Text;
        //设置带参数的删除记录的 SQL 语句
        string  sql = "DELETE  FROM  XSB  WHERE  XH=@sxh";
        string  s1 = textBox1.Text.Trim();
        cmd.CommandText = sql;
        cmd.Parameters.Clear();
        //设置参数的属性值
        cmd.Parameters.AddWithValue("@sxh", s1);
        //调用 cmd 的 ExecuteNonQuery() 方法，删除数据表中的记录
        int  ss = cmd.ExecuteNonQuery();
        Csh();          //重新在列表框中显示删除记录后的数据表中的记录
    }
```

⑧ 按F5键，运行程序，在列表框中可以看到第⑥步操作后向数据表添加的新记录，选中该记录，单击“删除记录”按钮，即可从数据表中删除这项记录，并在列表框中显示删除记录后的结果。

10.5 断开连接环境下的数据访问

10.5.1 DataSet 数据集

DataSet 类位于 System.Data 命名空间下。DataSet 数据集是从数据源中检索到的数据保存在内存中的缓存，相当于内存中暂存的数据库，提供独立于数据源的编程模型，它是包含数据表的对象，可以包含多个数据表，并在数据表中临时存储数据以便在应用程序使用。如果应用程序要求使用数据，可以将数据加载到数据集中。当应用程序使用 DataSet 中的数据时，DataSet 没有必要与数据源一直保持连接状态。数据集维护有关其数据的更改信息，因此可以跟踪数据更新，并在应用程序重新连接时将更新发送回数据库。

DataSet 将数据都存储于本地内存中，虽然其系统开销高于 DataReader 对象，但 DataSet 仍不失为处理编辑的数据的最有效方法，其处理数据的模式如图 10.14 所示。

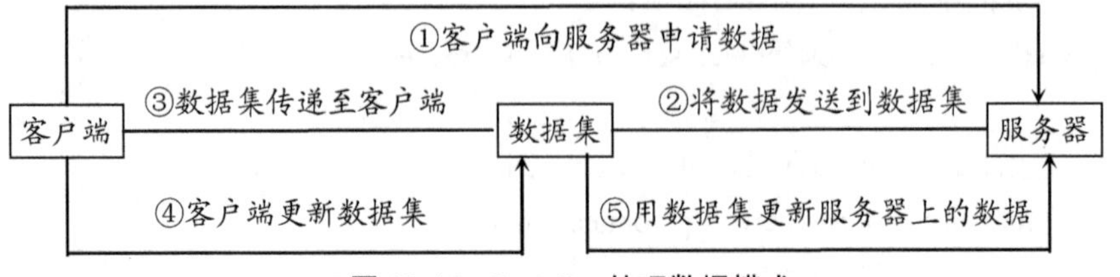

图 10.14 DataSet 处理数据模式

具体描述如下：

① 客户端应用程序的某个功能需要一些数据，向服务器发出申请数据的请求。

② 服务器将数据库中的数据存储到本地数据集后断开与数据源的连接。

③ 将数据集中的数据传递给客户端。

④ 客户端应用程序访问和更改数据集中的数据。

⑤ 更改完毕并确认后，建立数据源连接，并统一将更改过的数据集中的数据合并到服务器的数据库中。

可以通过编程方式使用 DataSet 类的构造函数来创建 DataSet 对象，程序代码如下所示：

```
DataSet ds = new DataSet();
```

DataSet 对象最常用的属性是 Tables 属性，通过该属性可以设置和获取数据表行、列的值，例如可以用下述代码访问 XSB 数据表的第 i 行、第 j 列：

```
ds.Tables["XSB"].Rows[i][j]
```

DataSet 对象常用的方法是 Clear() 方法和 Copy() 方法，前者用来清除 DataSet 对象的数据，删除所有的 DataSet 数据；后者用来复制 DataSet 对象的结构和数据，返回值是和本 DataSet 对象有同样结构和数据的 DataSet 对象。

10.5.2 DataAdapter 数据适配器

DataAdapter 对象用来传递各种 SQL 命令，将命令执行结果填入 DataSet 对象，除此之外，DataAdapter 对象还可将 DataSet 更改过的数据写回数据源。它是沟通服务器上的数据库与 DataSet 对象之间的桥梁。

DataAdapter 向 DataSet 填充数据的操作如图 10.15 所示，先用 Connection 建立数据库连接，相当于在数据库和应用程序之间建立一座桥梁，然后再用 DataAdapter 来填充它。DataAdapter 相当于一辆运货的卡车，Command 就是卡车上的搬运工，一辆卡车上最多可以有四位搬运工，分别是 Select、Insert、Update 和 Delete，每人负责一项任务。

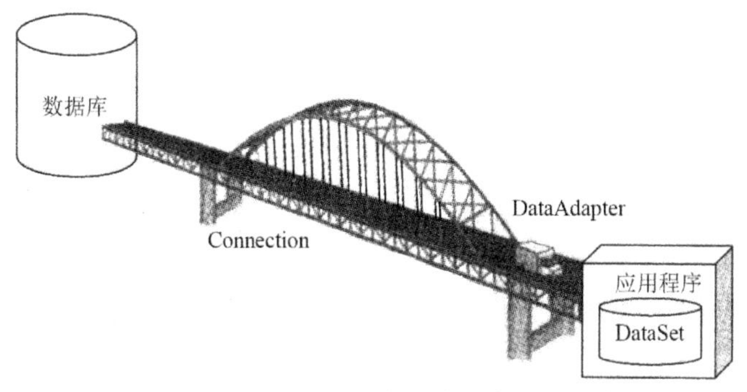

图 10.15 ADO.NET 的三个对象协同工作

DataAdapter 通过 Fill() 方法从数据库向 DataSet 填充数据，通过 Update 向数据库更新 DataSet 中的变化。这些操作实际上由 DataAdapter 包含的 SelectCommand、UpdateCommand、InsertCommand、DeleteCommand 数据命令对象来实现，如图 10.16 所示。当然也可以结合对 Command 对象的直接使用来完成数据的操作。

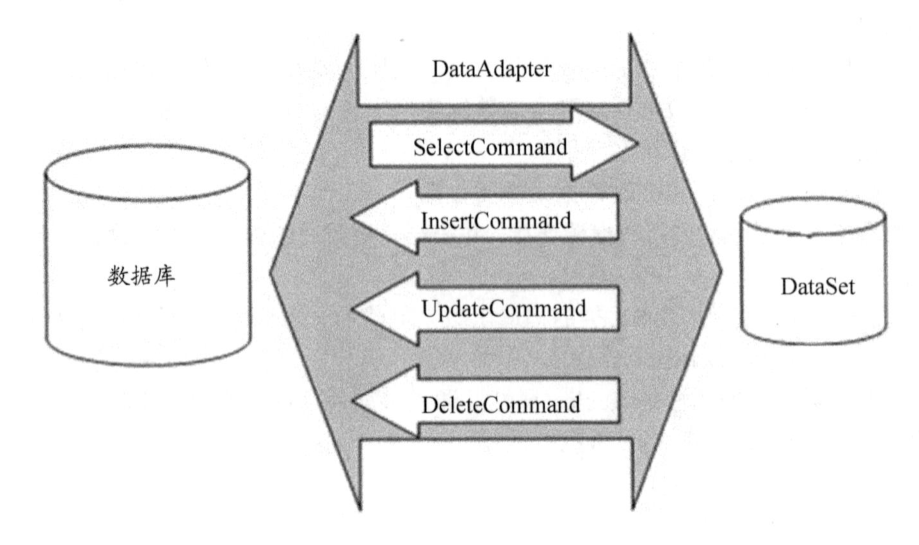

图 10.16　数据库、数据适配器、数据集间的关系

所有 DataAdapter 对象的基类均为 DbDataAdapter 类。如果所连接的是 SQL Server 数据库，则可以通过将 SqlDataAdapter 与关联的 SqlCommand 和 SqlConnection 对象一起使用，来提高总体性能。

使用 sqlCommand 对象创建 SqlDataAdapter 对象的语法格式如下：

```
SqlDataAdapter 对象名 =new SqlDataAdapter(SqlCommand对象);
```

DataAdapter 有一个重要的 Fill() 方法，此方法将数据填入数据集，语句如下：

```
DataAdapter对象名.Fill(数据集对象名, "数据表名");
```

DataAdapter 对象调用 Fill() 方法时，将使用与之相关联的命令组件所指定的 SELECT 语句，从数据源中检索行。然后将行中的数据添加到 DataSet 中的 DataTable 对象中(DataTable 是 DataSet 的子类，在后面详细介绍)，如果 DataTable 对象不存在，则自动创建该对象。

当执行上面叙述中的 SELECT 语句时，与数据库的连接必须有效，但不需要用语句将连接对象打开。如果调用 Fill() 方法之前与数据库的连接已经关闭，则将自动打开它以检索数据，执行完毕后再自动将其关闭。如果调用 Fill() 方法之前连接对象已经打开，则检索后继续保持打开状态。一个数据集中可以放置多个数据表。但是每个数据适配器只能够对应于一个数据表。

【例 10.4】查询 XSCJ 数据库中的 XSB 数据表的内容。

【操作步骤】

① 启动 Visual Studio 2010，新建一个名为“数据集应用”的 Windows 窗体应用程序项目。

② 在窗体中设置一个名称为 dataGridView1 的 DataGridView 控件(该控件图标在工具箱的“数据”选项卡中)，设置 6 个标签控件和 6 个文本框控件，再设置一个按钮控件，设置窗体、标签和按钮的 Text 属性，结果如图 10.17 所示。然后将各个文本框和 dataGridView1 控件的 ReadOnly 属性设置为 True，使得运行程序时，不能修改这些控件中的内容。

【说明】

DataGridView 控件是一种能以表格形式显示数据的控件，这个控件的功能很强，可以用来显示和编辑来自多种不同类型的数据源的数据。例如要显示某个数据表的数据，只需设置 DataGridView 控件的 DataSource 属性，将其绑定到数据表即可。

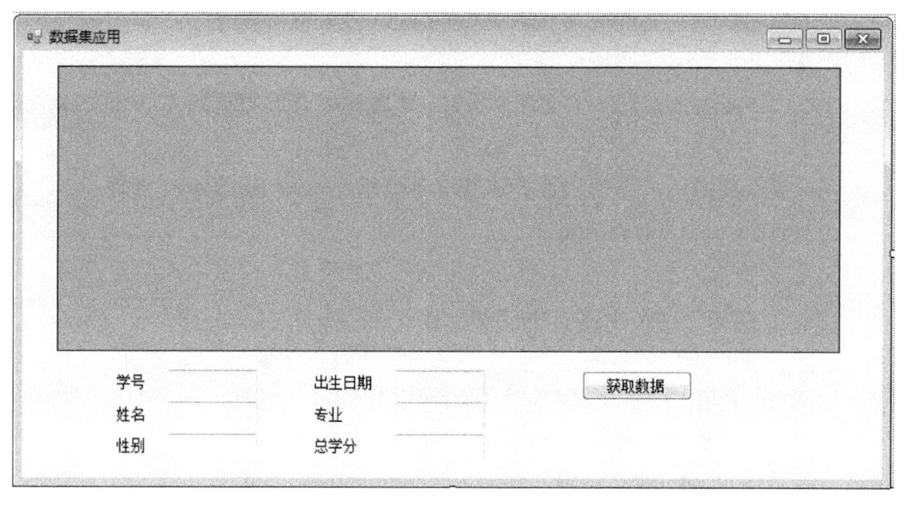

图 10.17　例 10.4 程序界面

③ 编制如下的程序：

```
using System;
using System.Collections.Generic;
using System.ComponentModel;
using System.Data;
using System.Drawing;
using System.Linq;
using System.Text;
using System.Windows.Forms;
using System.Data.SqlClient;     //引用命名空间

namespace 数据集应用
{
    public partial class Form1 : Form
    {
        public Form1()
        {
            InitializeComponent();
        }
        int ii;          //设置全局变量，以便在本类的不同方法中通用
        //设置连接字符串
        string ss = "Data Source=wzk;Initial Catalog=XSCJ;Integrated Security=SSPI";
        //设置连接对象、DataSet 数据集对象、SqlDataAdapter 数据适配器对象
        SqlConnection conn = null;
```

```
DataSet ds;
SqlDataAdapter dt;
private void button1_Click(object sender, EventArgs e)
{
    FreshData();        //调用方法，从数据表获取数据填充 dataGridView1 控件
}
//填充数据集，然后从数据集获取数据填充 dataGridView1 控件
private void FreshData()
{
    conn = new SqlConnection(ss);
    conn.Open();                        //打开连接
    string s1 = "SELECT * FROM XSB";
    //新建命令对象
    SqlCommand cmd = new SqlCommand(s1, conn);
    ds = new DataSet();                 //新建数据集对象
    dt = new SqlDataAdapter(cmd);       //新建数据适配器对象
    dt.Fill(ds, "XSB");                 //填充数据集
    //设置标志变量，以便向 dataGridView1 填充数据
    //调用 dataGridView1_CurrentCellChanged 事件程序时，直接返回
    ii = 0;
    //向 dataGridView1 填充数据
    dataGridView1.DataSource = ds.Tables["XSB"];
    ii = 1;
    //用 dataGridView1 当前行的内容为各个文本框赋值
    FreshText();
    //把焦点设置到 dataGridView1 控件上
    dataGridView1.Focus();
}
//当 dataGridView1 当前单元格发生变化时，触发下述事件
private void dataGridView1_CurrentCellChanged(object sender, EventArgs e)
{
    //如果是向 dataGridView1 填充数据时触发本事件，则直接返回
    if(ii == 0) return;
    //否则调用 FreshText()方法，用 dataGridView1 当前行内容填写各文本框
    else FreshText();
}
//用 dataGridView1 当前行的内容为各个文本框赋值
private void FreshText()
{
```

```
                textBox1.Text = dataGridView1.CurrentRow.Cells[0].Value.ToString();
                textBox2.Text = dataGridView1.CurrentRow.Cells[1].Value.ToString();
                textBox3.Text = dataGridView1.CurrentRow.Cells[2].Value.ToString();
                textBox4.Text = dataGridView1.CurrentRow.Cells[3].Value.ToString();
                textBox5.Text = dataGridView1.CurrentRow.Cells[4].Value.ToString();
                textBox6.Text = dataGridView1.CurrentRow.Cells[5].Value.ToString();
            }
        }
    }
```

④ 按F5键，运行程序，单击“获取数据”按钮，将把 XSB 数据表中的内容填充到 dataGridView1 控件中，用光标移动键或鼠标指针改变 dataGridView1 控件中的当前单元格，窗体下方的各个文本框将显示当前单元格所在行表示的记录的各项数据，如图 10.18 所示。

数据集应用

XH	XM	XB	CSRQ	ZY	ZXF
081101	王林	☑	1990/2/10	计算机	50
081102	程明	☑	1921/2/1	计算机	50
081103	王燕	☐	1989/10/6	计算机	50
081104	韦严平	☑	1990/8/26	计算机	50
081106	李方方	☑	1990/11/20	计算机	50
081107	李明	☑	1990/5/1	计算机	54
081108	林一帆	☑	1989/8/5	计算机	52
081109	张强民	☑	1989/8/11	计算机	50

学号 081104　出生日期 1990/8/26 0:　获取数据
姓名 韦严平　专业 计算机
性别 True　总学分 50

图 10.18　例 10.4 程序运行结果

【程序说明】

本程序中利用 dataGridView1_CurrentCellChanged 事件程序调用 FreshText()方法向各个文本框填写 dataGridView1 当前行的各项数据。在 FreshData()方法中用“dt.Fill(ds, "XSB");”语句向 dataGridView1 控件填充数据表的内容时也会触发 dataGridView1_CurrentCellChanged 事件程序，由于这时 dataGridView1 中还没有内容，因此向文本框填写数据会引发异常，为此设置了标志变量 ii，并让其先等于 0，执行 dataGridView1_CurrentCellChanged 事件程序时，先判断变量 ii 的值，如果它等于 0，则直接返回（避免异常）；否则就调用 FreshText()方法，用 dataGridView1 控件当前行的各项数据填写各个文本框。

10.5.3　DataSet 的子类

数据集中包括以下几种子类。

1. 数据表集合（DataTableCollection）和数据表（DataTable）

DataSet 的所有数据表都包含在 DataTableCollection 数据表集合中。DataTableCollection 有以下两个属性。

① Count：DataSet 对象所包含的 DataTable 个数。

② Tables[index, name]：获取 DataTableCollection 中下标为 index 或名称为 name 的数据表。例如，ds.Tables[0]表示 ds 数据集对象中的第一个数据表，ds.Tables[1]表示第二个数据表……依次类推。ds.Tables["XSB"]表示数据集对象 ds 中名称为 XSB 的数据表。

DataTableCollection 有以下常用方法。

① Add({table, name})：向 DataTableCollection 中添加数据表。

② Clear()：清除 DataTableCollection 中所有的数据表。

③ CanRemove(table)：判断 table 参数指定的数据表能否从 DataTableCollection 中删除。

④ Contains(name)：判断名为 name 的数据表是否被包含在 DataTableCollection 中。

⑤ IndexOf({table, name})：获取数据表的序号。

⑥ Remove({table, name})：删除指定的数据表。

⑦ RemoveAt(index)：删除下标为 index 的数据表。

DataTableCollection 中每个数据表都是一个 DataTable 对象。

DataTable 表示内存中关系数据的表，可以独立创建和使用，也可以由其他.NET Framework 对象使用，最常见的情况是作为 DataSet 的成员使用。

可以使用相应的 DataTable 构造函数创建 DataTable 对象。可以通过使用 Add 方法将其添加到 DataTable 对象的 Tables 集合中，将其添加到 DataSet 中。

创建 DataTable 时，不需要为 TableName 属性提供值，可以在其他时间指定该属性，或者将其保留为空。但是，在将一个没有 TableName 值的表添加到 DataSet 中时，该表会得到一个从 Table(表示 Table0)开始递增的默认名称 TableN。

例如，以下示例创建 DataTable 对象的实例，并指定其名称为 Customers。

```
DataTable workTable = new DataTable("Customers");
```

以下示例创建 DataTable 实例，方法是直接将其添加到 DataSet 的 Tables 集合中。

```
DataSet ds = new DataSet();
DataTable dsTable = new ds.Tables.Add("dsTable");
```

表 10.9 和表 10.10 列出了 DataTable 对象的常用属性、常用方法和事件。

表 10.9 DataTable 对象的常用属性、方法

类别	名 称	说 明
属性	Columns	获取数据表的所有字段，即DataColumnCollection集合
	DataSet	获取DataTable对象所属的DataSet对象
	DefaultView	获取与数据表相关的DataView对象。DataView对象用来显示DataTable对象的部分数据。可通过对数据表进行选择、排序等操作获得DataView(相当于数据库中的视图)
	PrimaryKey	获取或设置数据表的主键
	Rows	获取数据表的所有行，即DataRowCollection集合
	TableName	获取或设置数据表名
方法	Copy()	复制DataTable对象的结构和数据，返回与本DataTable对象具有同样结构和数据的DataTable对象
	NewRow()	创建一个与当前数据表有相同字段结构的数据行
	GetErrors()	获取包含错误的DataRow对象数组

表10.10 DataTable对象的常用事件

名 称	说 明
ColumnChanged	当数据行中某个字段的值发生变化时，触发本事件。事件的参数为DataColumnChangeEventArgs，可以取的值为：Column(值被改变的字段)、Row(字段值被改变的数据行)
RowChanged	当数据行更新成功时触发本事件。事件参数为DataRowChangeEventArgs，可以取的值为：Action(对数据行进行更新的操作名，包括：Add—加入数据表，Change—修改数据行内容；Commit—数据行的修改已提交，Delete—数据行已被删除，RollBack—数据行的更改被取消)和Row(发生更新操作的数据行)
RowDeleted	数据行被成功删除后触发本事件。事件参数为DataRowDeleteEventArgs，可以取的值与RowChanged事件的DataRowChangeEventArgs参数相同

2. **数据列集合(DataColumnCollection)和数据列(DataColumn)**

数据表中的所有字段都被存放在DataColumnColection数据列集合中，通过DataTable的Columns属性访问DataColumnCollection。例如，stuTable.Columns[i].Caption代表stuTable数据表的第i个字段的标题。DataColumnCollection有以下两个属性。

① Count：数据表所包含的字段个数。

② Columns[index, name]：获取下标为index或列名称为name的字段。例如

```
ds.Tables[0].Columns[0]          //数据表ds.Tables[0]中的第一个字段
ds.Tables[0].Columns["XH"]       //数据表ds.Tables[0]的字段名为XH的字段
```

DataColumnColection的方法与DataTableCollection类似。

数据表中的每个字段都是一个DataColumn对象。

DataColumn对象定义了表的数据结构。例如，可以用它确定列中的数据类型和大小，还可以对其他属性进行设置。例如，确定列中的数据是否是只读的、是否是主键、是否允许空值等；还可以让列在一个初始值的基础上自动增值，增值的步长可以自行定义。

获取某列的值需要在数据行的基础上进行。语句如下：

```
string dc=dr.Columns["字段名"].ToSting();
```

或者：

```
string dc=dr.Columns[index].ToSting();
```

以上两条语句具有同样的作用。其中dr代表引用的数据行，dc是该行某列的值(用字符串表示)，index代表列(字段)对应的索引值(列的索引值从0开始)。

综合前面的语句，要取出dt数据表中第3条记录中的XM字段，并将该字段的值放入一个文本框(textBoxl)中的语句可以写成：

```
DataTable dt = ds.Tables["XSB"];         //从数据集中提取数据表
DataRow dr = dt.Rows[2];                 //从数据表中提取第3条记录
textBox1.Text=dr["XM"].ToString();       //从行中提取XM字段的值
```

语句执行的结果是：从XSB数据表的第3条记录中，取出XM字段的值，并赋给textBoxl.Text文本框。

表10.11列出了DataColumn对象的常用属性。

表 10.11 **DataColumn** 对象的常用属性

属　性	说　　明
AllowDBNull	设置该字段可否为空值。默认值为true
Caption	获取或设置字段标题，若未指定，则字段标题为字段名，该属性常和DataGrid配合使用
ColumnNmae	获取或设置字段名
DataType	获取或设置字段类型
DefaultValue	获取或设置新增数据行时，字段的默认值
ReadOnly	获取或设置新增数据行时，字段的值是否可以修改，默认值为False
Table	获取包含该字段的DataTable对象

通过DataColumn对象的DataType属性设置字段数据类型时，要使用以下语法格式：

DataColumn对象名.DataType = typeof(数据类型)

其中的数据类型常用值如下：

System.Boolean—布尔型　　System.Char—字符型
System.DateTime—日期型　　System.Decimal—数值型
System.Double—双精度数值型　　System.Int16—短整数型
System.Int32—整数型　　System.Int64—长整数型
System.Single—单精度数值型　　System.String—字符串型

3. 数据行集合(**DataRowCollection**)和数据列(**DataRow**)

数据表中的所有行都被存放在 DataRowColection 数据行集合中，通过 DataTable 的 Rows 属性访问 DataRowCollection。例如，stuTable.Rows[i][j]代表 stuTable 数据表的第 i 行、第 j 列数据。DataRowCollection 的属性和方法与 DataColumnCollection 对象类似，不再叙述。

数据表中的每个数据行都是一个 DataRow 对象，它是给定的数据表中的一行数据，或者说一条记录。DataRow 对象提供了在数据表中查询、插入、删除、更新等功能。提取数据表中行的语句如下：

```
DataRow  dr = dt.Rows[n];
```

其中 DataRow 是数据行类，dr 是数据行对象，dt 是数据表对象，n 是行从 0 开始的序号。DataRow 对象的主要属性和方法如表 10.12 所示。

表 10.12 **DataRow** 对象的常用属性和方法

类别	名　称	说　　明
属性	Rows[index，columnName]	获取或设置指定字段的值
	Table	获取包含该数据行的DataTable对象
方法	AcceptChanges()	把所有变动过的数据行更新到DataRowCollection
	Delete()	删除数据行
	IsNull({colName,index,Column对象名})	判断指定列或Column对象是否为空值

【例 10.5】进一步完善例 10.4 编写的程序的功能，使得运行程序时，能够修改 XSB 数据表中的记录。

【操作步骤】

① 启动 Visual Studio 2010，打开例 10.4 中创建的“数据集应用”窗体应用程序项目。

② 在窗体中再设置 3 个按钮，分别是“修改数据”(button2)、“保存修改”(button3)、“放弃修改”(button4)按钮，把它们的 Enabled 属性都设置为 False，图 10.19 显示了一开始运行程序时的窗体。

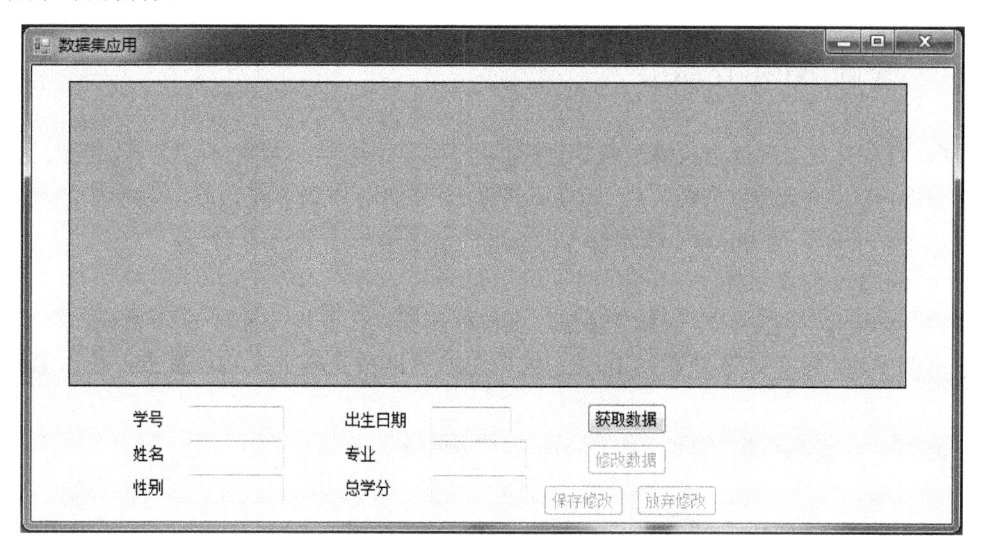

图 10.19　例 10.5 程序初始运行界面

③ 例 10.4 的程序在 Form1 类中设置了 ii、ss、conn、ds、dt 五个全局变量，在此基础上再设置一个 DataTabel 对象，设置语句如下：

```
DataTable dTa = new DataTable();
```

④ 修改 FreshData() 方法的程序代码，程序代码如下(新增和修改的代码加粗显示)：

```
private void FreshData()
{
    conn = new SqlConnection(ss);
    conn.Open();                          //打开连接
    string s1 = "SELECT * FROM XSB";
    //新建命令对象
    SqlCommand cmd = new SqlCommand(s1, conn);
    ds = new DataSet();                      //新建数据集对象
    dt = new SqlDataAdapter(cmd);            //新建数据适配器对象
    dt.Fill(ds, "XSB");                      //填充数据集
    //下述语句为新增的语句，其作用见后面的说明
    SqlCommandBuilder bulid = new SqlCommandBuilder(dt);
    //设置标志变量，以便向 dataGridView1 填充数据
    //调用 dataGridView1_CurrentCellChanged 事件程序时，直接返回
```

```
        ii = 0;
        //把原来的"dataGrid=ds.Tables["XSB"];"语句改为下述两条语句
        dTa = ds.Tables[0];                        //dTa 表示 XSB 数据表
        dataGridView1.DataSource = dTa;            //绑定数据源
        ii = 1;
        //用 dataGridView1 当前行的内容为各个文本框赋值
        FreshText();
        //把焦点设置到 dataGridView1 控件上
        dataGridView1.Focus();
    }
```

⑤ 刚运行程序时，button2（修改数据）按钮处于不可用状态（因为这时还未加载数据），当单击了 button1（获取数据）按钮，在 dataGridView1 控件中加载了数据后，这个按钮就应该进入可用状态，为此在原 button1 按钮的 Click 事件程序最后添加下述语句：

```
    button2.Enabled = true;
```

⑥ 编写 button2（修改数据）按钮的 Click 事件程序和，设置相关控件的 Enabled 属性，把相关文本框的 ReadOnly 属性设置为 false，使得用户可以在文本框中输入数据，修改其内容代码如下：

```
    private void button2_Click(object sender, EventArgs e)
    {
        button1.Enabled = false;        button2.Enabled = false;
        button3.Enabled = true;         button4.Enabled = true;
        //将 dataGridView1 控件设置为不能和用户交互，以免干扰修改数据
        dataGridView1.Enabled = false;
        //取消相关文本框的只读属性，使得可以修改它们中的数据
        textBox2.ReadOnly = false;          textBox3.ReadOnly = false;
        textBox4.ReadOnly = false;          textBox5.ReadOnly = false;
        textBox6.ReadOnly = false;
        textBox2.Focus();
    }
```

⑦ 编写 button3（保存修改）按钮、button4（放弃修改）按钮的 Click 事件程序和 TextBoxFalse()方法程序，代码如下：

```
    private void button3_Click(object sender, EventArgs e)
    {
        button1.Enabled = true;         button2.Enabled = true;
        button3.Enabled = false;        button4.Enabled = false;
        dataGridView1.Enabled = true;
        //用文本框修改后的数据更新 dataGridView1 相关单元格的数据
        dTa.Rows[dataGridView1.CurrentCell.RowIndex][1] = textBox2.Text.Trim();
        dTa.Rows[dataGridView1.CurrentCell.RowIndex][2] = textBox3.Text.Trim();
```

```
        dTa.Rows[dataGridView1.CurrentCell.RowIndex][3] = textBox4.Text.Trim();
        dTa.Rows[dataGridView1.CurrentCell.RowIndex][4] = textBox5.Text.Trim();
        dTa.Rows[dataGridView1.CurrentCell.RowIndex][5] = textBox6.Text.Trim();
        TextBoxFalse();
        dt.Update(ds, "XSB");          //更新物理 XSB 数据表
        FreshData();                   //重新填充数据集和 dataGridView1 控件
    }
    private void button4_Click(object sender, EventArgs e)
    {
        button1.Enabled = true;        button2.Enabled = true;
        button3.Enabled = false;       button4.Enabled = false;
        TextBoxFalse();
    }
    private void TextBoxFalse()        //设置各文本框，使之不能和用户交互
    {
        textBox1.ReadOnly = true;            textBox2.ReadOnly = true;
        textBox3.ReadOnly = true;            textBox4.ReadOnly = true;
        textBox5.ReadOnly = true;            textBox6.ReadOnly = true;
        dataGridView1.Enabled = true;
        FreshText();
    }
```

⑧ 按F5键，运行程序，单击“获取数据”按钮，得到如图 10.18 所示的结果。现在单击“修改数据”按钮，除了“学号”文本框中的数据不能修改外，其他文本框中显示出来的数据都可以修改。与此同时“获取数据”“保存修改”和“放弃修改”按钮变为可用。

⑨ 修改完数据后，可以进行下述两种操作的一种：

❖ 如果单击“保存修改”按钮，将用文本框修改后的数据更新 dataGridView1 相关单元格的数据，然后通过调用下述语句

```
dt.Update(ds, "XSB");
```

将修改结果保存到数据源的数据库中。

❖ 如果单击“放弃修改”，则不更新数据。

【程序说明】

① 本程序不修改“学号”字段，因为该字段是 XSB 的主键字段，修改不当容易出错。

② 在 FreshData()方法中的下述语句：

```
SqlCommandBuilder bulid = new SqlCommandBuilder(dt);
```

通过 dt 这个 sqlDataAdapter 对象创建 SqlCommandBuilder 类对象，当 DataSet 对象发生更改后，它能够自动生成更改关联数据库的 SQL 命令，从而使数据库与 DataSet 的更改相协调。

③ 在 button3_Click 事件程序中，通过“dt.Update(ds, "XSB");”语句，调用 SqlDataAdapter 对象的 Update 方法，把 DataSet 中更新的数据写到物理数据库中。

④ 在 button3_Click 事件程序中，代码“dataGridView1.CurrentCell.RowIndex”是用户在

dataGridView1 中选择的记录的索引号，利用它可以访问 XSB 数据表对象对应该索引号的记录。

【例 10.6】进一步完善例 10.5 编写的程序的功能，使得运行程序时，能够对 XSB 数据表实现追加记录和删除记录的功能。

【操作步骤】

① 启动 Visual Studio 2010，打开例 10.5 中创建的“数据集应用”窗体应用程序项目。

② 在窗体中再设置 4 个按钮，分别是“追加记录”(button5)、“保存追加”(button6)、“放弃追加”(button7)、“删除记录”(button7)按钮，把它们的 Enabled 属性都设置为 False，图 10.20 显示了一开始运行程序时的窗体。

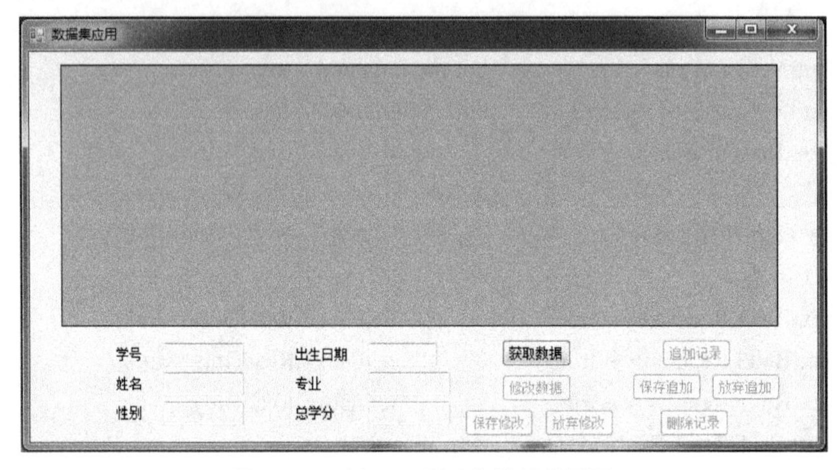

图 10.20　例 10.6 程序初始运行界面

③ 为了适应新增加的按钮，修改例 10.5 中编写的程序原有的代码，原 Form1 类中的程序代码修改后如下(修改后的代码加粗显示)：

```
public Form1()
{
    InitializeComponent();
}
int ii;
string ss = "Data Source=wzk;Initial Catalog=XSCJ;Integrated Security=SSPI";
SqlConnection conn = null;
DataSet ds;
SqlDataAdapter dt;
DataTable dTa = new DataTable();
private void button1_Click(object sender, EventArgs e)
{
    FreshData();
    button2.Enabled = true;          //设置“修改数据”按钮
    button5.Enabled = true;          //设置“追加记录”按钮
    button8.Enabled = true;          //设置“删除记录”按钮
}
```

```
private void FreshData()           //载入数据表内容
{
    conn = new SqlConnection(ss);
    conn.Open();
    string s1 = "SELECT * FROM XSB";
    SqlCommand cmd = new SqlCommand(s1, conn);
    ds = new DataSet();
    dt = new SqlDataAdapter(cmd);
    dt.Fill(ds, "XSB");
    SqlCommandBuilder bulid = new SqlCommandBuilder(dt);
    ii = 0;
    dTa = ds.Tables[0];                         //dTa 表示 XSB 数据表
    dataGridView1.DataSource = dTa;             //绑定数据源
    ii = 1;
    FreshText();
    //把焦点设置到 dataGridView1 控件上
    dataGridView1.Focus();
}
private void dataGridView1_CurrentCellChanged(object sender, EventArgs e)
{
    if (ii == 0)     return;
    else             FreshText();
}
private void FreshText()      //用 dataGridView1 当前行刷新各个文本框
{
    textBox1.Text = dataGridView1.CurrentRow.Cells[0].Value.ToString();
    textBox2.Text = dataGridView1.CurrentRow.Cells[1].Value.ToString();
    textBox3.Text = dataGridView1.CurrentRow.Cells[2].Value.ToString();
    textBox4.Text = dataGridView1.CurrentRow.Cells[3].Value.ToString();
    textBox5.Text = dataGridView1.CurrentRow.Cells[4].Value.ToString();
    textBox6.Text = dataGridView1.CurrentRow.Cells[5].Value.ToString();
}
private void button2_Click(object sender, EventArgs e)      //修改数据
{
    button1.Enabled = false;        button2.Enabled = false;
    button3.Enabled = true;         button4.Enabled = true;
    button5.Enabled = false;        button8.Enabled = false;
    dataGridView1.Enabled = false;
    //取消相关文本框的只读属性，使得可以修改它们中的数据
```

```
        textBox2.ReadOnly = false;          textBox3.ReadOnly = false;
        textBox4.ReadOnly = false;          textBox5.ReadOnly = false;
        textBox6.ReadOnly = false;
        textBox2.Focus();
    }
    private void button3_Click(object sender, EventArgs e)      //保存修改
    {
        button1.Enabled = true;          button2.Enabled = true;
        button3.Enabled = false;         button4.Enabled = false;
        button5.Enabled = true;          button8.Enabled = true;
        dataGridView1.Enabled = true;
        //用文本框的数据修改 dataGridView1 相关单元格的数据
        dTa.Rows[dataGridView1.CurrentCell.RowIndex][1] = textBox2.Text.Trim();
        dTa.Rows[dataGridView1.CurrentCell.RowIndex][2] = textBox3.Text.Trim();
        dTa.Rows[dataGridView1.CurrentCell.RowIndex][3] = textBox4.Text.Trim();
        dTa.Rows[dataGridView1.CurrentCell.RowIndex][4] = textBox5.Text.Trim();
        dTa.Rows[dataGridView1.CurrentCell.RowIndex][5] = textBox6.Text.Trim();
        TextBoxFalse();
        dt.Update(ds, "XSB");        //更新物理 XSB 数据表
    }
    private void button4_Click(object sender, EventArgs e)      //放弃修改
    {
        button1.Enabled = true;          button2.Enabled = true;
        button3.Enabled = false;         button4.Enabled = false;
        button5.Enabled = true;          button8.Enabled = true;
        dataGridView1.Enabled = true;
        TextBoxFalse();
    }
    private void TextBoxFalse()             //使各文本框和 dataGridView1 不能交互
    {
        textBox1.ReadOnly = true;          textBox2.ReadOnly = true;
        textBox3.ReadOnly = true;          textBox4.ReadOnly = true;
        textBox5.ReadOnly = true;          textBox6.ReadOnly = true;
        dataGridView1.Enabled = true;
        FreshText();
    }
```

④ 编写各个新增按钮的 Click 事件程序代码，代码如下：

```
    private void button5_Click(object sender, EventArgs e)      //追加记录
    {
```

```
        //设置 dataGridView1 最后一行为当前行
        dataGridView1.CurrentCell = dataGridView1[0, dataGridView1.RowCount-1];
        button1.Enabled = false;          button2.Enabled = false;
        button5.Enabled = false;          button6.Enabled = true;
        button7.Enabled = true;           button8.Enabled = false;
        dataGridView1.Enabled = false;
        //取消相关文本框的只读属性，使得可以修改它们中的数据
        textBox2.ReadOnly = false; textBox3.ReadOnly = false;
        textBox4.ReadOnly = false; textBox5.ReadOnly = false;
        textBox6.ReadOnly = false; textBox1.ReadOnly = false;
        textBox1.Text = ""; textBox2.Text = "";
        textBox3.Text = ""; textBox4.Text = "";
        textBox5.Text = ""; textBox6.Text = "";
        textBox1.Focus();
    }
    private void button6_Click(object sender, EventArgs e)      //保存追加
    {
        button1.Enabled = true;           button2.Enabled = true;
        button5.Enabled = true;           button6.Enabled = false;
        button7.Enabled = false;          button8.Enabled = true;
        dataGridView1.Enabled = true;
        DataRow dr = dTa.NewRow();
        dr["XH"] = textBox1.Text.Trim();
        dr["XM"] = textBox2.Text.Trim();
        dr["XB"] = textBox3.Text.Trim();
        dr["CSRQ"] = textBox4.Text.Trim();
        dr["ZY"] = textBox5.Text.Trim();
        dr["ZXF"] = textBox6.Text.Trim();
        dTa.Rows.Add(dr);            //向数据表添加新记录
        dt.Update(ds, "XSB");
        FreshData();
        TextBoxFalse();
    }
    private void button7_Click(object sender, EventArgs e)      //放弃追加
    {
        button1.Enabled = true;           button2.Enabled = true;
        button5.Enabled = true;           button6.Enabled = false;
        button7.Enabled = false;          button8.Enabled = true;
        dataGridView1.Enabled = true;
```

```
        TextBoxFalse();
    }
    private void button8_Click(object sender, EventArgs e)      //删除记录
    {
        button1.Enabled = false;        button2.Enabled = false;
        button5.Enabled = false;        button8.Enabled = false;
        dataGridView1.Enabled = false;
        DialogResult dre=MessageBox.Show("确认要删除学号为" + textBox1.Text.Trim() +
                "的记录吗？","提示", MessageBoxButtons.YesNo);
        if(dre == DialogResult.Yes)
        {
            dTa.Rows[dataGridView1.CurrentCell.RowIndex].Delete();  //从表中删除记录
            ii = 0;
            dt.Update(ds, "XSB");
            FreshData();
            TextBoxFalse();
        }
        button1.Enabled = true;         button2.Enabled = true;
        button5.Enabled = true;         button8.Enabled = true;
    }
```

⑤ 按F5键，运行程序，单击“追加记录”按钮，各个文本框进入可以和用户交互的状态，这时可以在各个文本框中输入新记录的内容，图 10.21 显示了一个运行实例，请注意 dataGridView1 控件的当前行是哪一行，和各个命令按钮的状态。

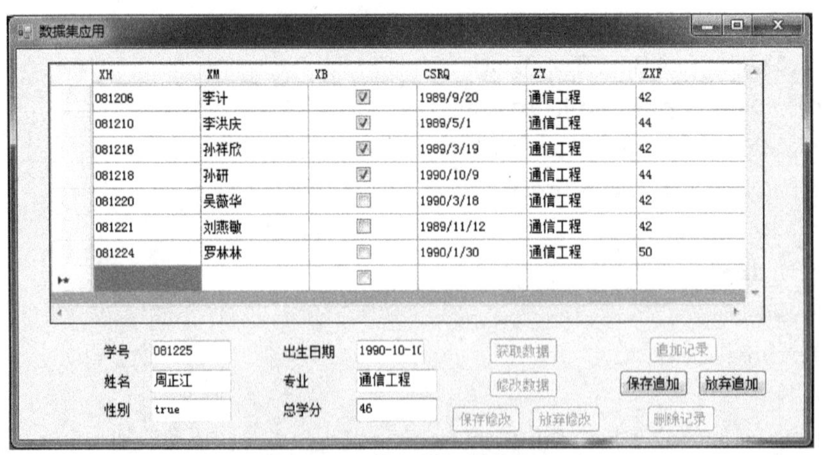

图 10.21　输入新记录的内容

⑥ 单击“保存追加”按钮，上面输入的内容添加到数据表中，同时在 dataGridView1 控件中显示出新追加的记录内容，如图 10.22 所示。

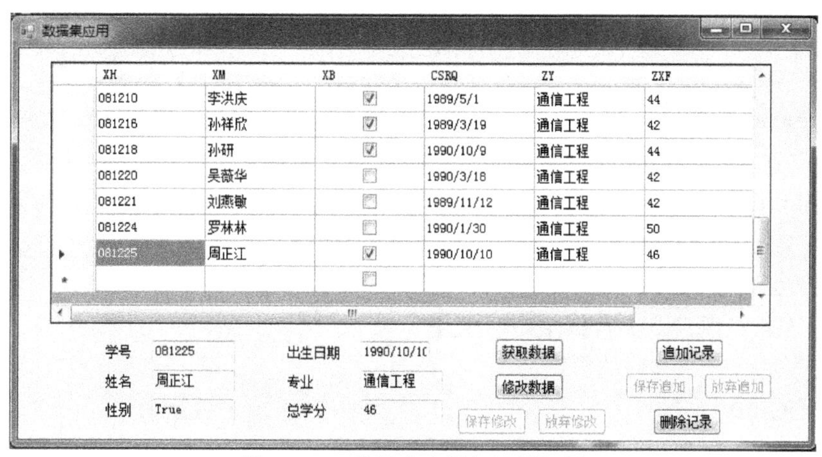

图 10.22　数据表中增加了新记录

⑦ 选中新追加的记录，单击“删除记录”按钮，弹出如图 10.23 所示的消息框，要求确认是否删除指定的记录，单击“是”按钮，删除这条记录。

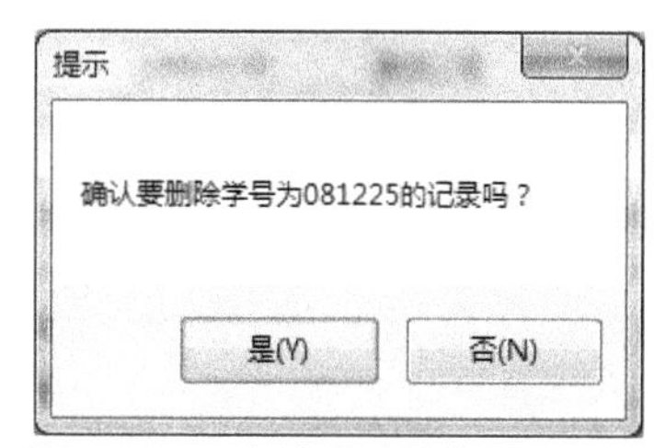

图 10.23　确认删除操作的提示框

习 题 10

一、选择题

1. 使用DataReader对象的(　　)方法从查询结果中读取行。

　A. Next　　B. Read　　C. NextResult　　D. Write

2. SqlCommand对象的ExecuteReader对象返回一个(　　)。

　A. XmlReader　　B. SqlDataReader　　C. SqlDataAdapter　　D. DataSet

3. Connection 对象的 ConnectionString(连接字符串)属性中，(　　)用于指定连接到哪个数据库。

　A. Data Source　　B. Integrated Security

　C. Initial Catalog　　D. Use ID

4. Command对象的(　　)返回受SQL命令影响或检索的行数。

　A. ExecuteNonQuery　　B. ExecuteReader

　C. ExecuteScalar　　D. ExecuteQuery

二、填空题

1. 创建数据库连接使用________________类对象。

2. DataReader对象通过Command对象的________________方法生成。

3. DataSet可以看做是________________中的数据库。

4. 使用DataAdapter对象的__________________方法从数据源向DataSet中填充数据，使用DataAdapter对象的__________________方法从DataSet向数据源更新数据。

5. 使用Command对象的__________________属性设置它所使用的连接，使用Command对象的__________________属性设置要对数据源执行的SQL语句。

6. Command对象的______________________方法用于执行非查询的SQL语句。

7. dt是一个DataAdapter对象，ds是一个DataSet对象，使用______________________________语句可以把XS数据表填入ds中。

8. XS数据表已经调冲到ds数据集中，使用____________________________________代码可以访问XS数据表第5行第3列的数据。

9. 使用DataGridView的________________________属性绑定数据源。

10. 使用__________________________属性可以访问DataGridView控件当前行第3列的数据。

实验 10

1. 自己编写完成例10.6的程序，运行程序，体验程序代码的作用。例10.6的程序中有部分代码重复，把重复的代码编写到方法程序中，通过调用方法完成相应的功能，以简化程序。

2. 运行例10.6中编写的程序，修改数据或追加记录时，如果在输入过程中发生误操作，例如：修改数据时，输入的性别不是“False”或“True”；追加记录时，输入了XSB数据表中已经存在的学号，都会引发异常，导致程序中断。请修改程序，克服可能出现的异常，要求如下：

① 按图10.24所示修改程序界面，去掉“姓名”标签和“姓名”(textBox3)文本框，设置“男”(radioButton1)和“女”(radioButton1)两个单选按钮，并将它们的Enabled属性设置为False，使得开始运行程序时，不能对它们进行交互操作。

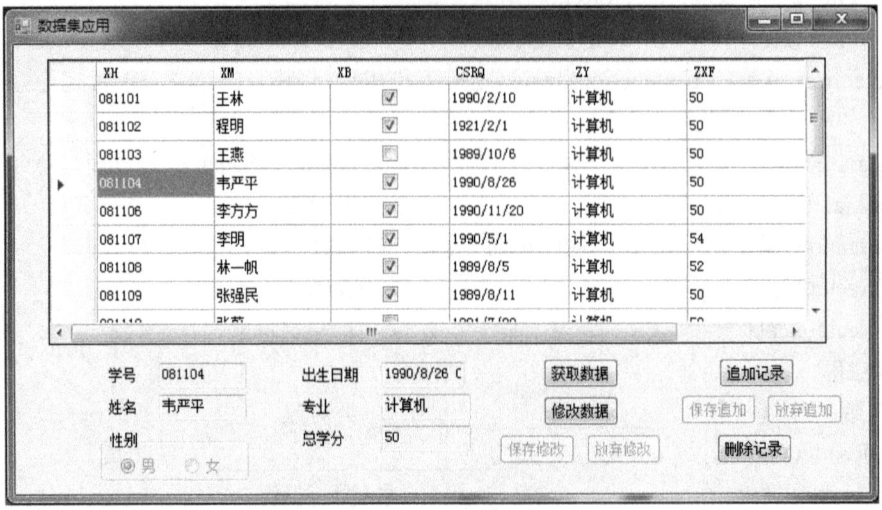

图10.24　修改后的程序运行界面

② 修改与原来的textBox3文本框相关的程序代码，建立“性别”字段值和两个单选按钮之间的关系(在程序编辑窗口查找所有“textBox3”，修改相关的代码)。

③ 单击“保存追加”按钮时，先检查新输入的“学号”字段值是否和XSB数据表中已有记录的“学号”字段值发生重复，如果有重复，给出提示，退出追加。下面是修改后的“保存追加”按钮的Click事件程序，供参考。

```
private void button6_Click(object sender, EventArgs e)          //保存追加
{
    button1.Enabled = true;
    button2.Enabled = true;
    button5.Enabled = true;
    button6.Enabled = false;
    button7.Enabled = false;
    button8.Enabled = true;
    dataGridView1.Enabled = true;
    string ss=textBox1.Text.Trim();
    for(int i = 0; i <= dTa.Rows.Count-1; i++)    //dTa.Rows.Count表示dTa表中数据行数
        if(ss == dTa.Rows[i][0].ToString().Trim())
        {
            MessageBox.Show("新输入的学号与原有学号重复，追加操作失败！");
            return;
        }
    DataRow dr = dTa.NewRow();
    dr["XH"] = textBox1.Text.Trim();
    dr["XM"] = textBox2.Text.Trim();
    if(radioButton1.Checked == true)
        dr["XB"] = "True";
    else
        dr["XB"] = "False";
    dr["CSRQ"] = textBox4.Text.Trim();
    dr["ZY"] = textBox5.Text.Trim();
    dr["ZXF"] = textBox6.Text.Trim();
    dTa.Rows.Add(dr);
    dt.Update(ds, "XSB");
    FreshData();
    TextBoxFalse();
}
```

附　　录

附录 A　调试程序

在程序设计中经常会出现错误，因此需要对程序进行调试。

A.1　错误类型

程序中出现的错误一般划分为 3 种类型：语法错误、运行时错误和逻辑错误。

1. 语法错误

语法错误是指代码不符合 C#语言的语法规则，如把“string s;”写成“String s;”就是语法错误。Visual Studio 的编译系统能查出此类错误并报告错误的原因，有语法错误的代码不能通过编译，改正后才能通过编译。

2. 运行时错误

运行时错误在程序运行过程中产生，如数组下标越界、要打开的文件不存在等，它们是因为用户的操作或运行环境等问题而导致的不可预料的错误。

3. 逻辑错误

逻辑错误是指代码没有实现程序员的设计意图或完成指定的功能。有逻辑错误的代码可以通过编译并可以运行，但是结果却不是程序员所期望的。逻辑错误一般是因编码疏忽、考虑不周导致的，应尽量避免。

Visual Studio 的调试功能可以帮助程序员快速发现和定位程序中的错误代码，并提供错误信息和修正建议。

A.2　调试工具

Visual Studio 提供了用于调试程序的工具栏和菜单命令，如图 A.1 所示。

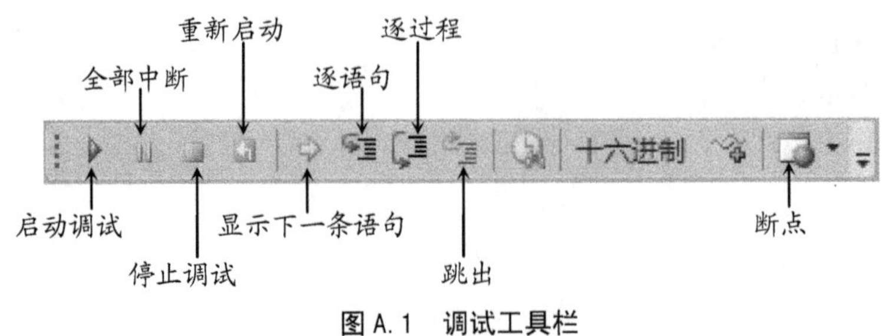

图 A.1　调试工具栏

调试工具栏上的按钮包含了常用的调试命令，包括启动、中断、停止、重新启动、逐语句、逐过程、跳出、断点等功能。

如果调试工具栏没有显示出来，可以在标准工具栏的空白处单击鼠标右键，打开快捷菜单，选中“调试”按钮，把这个工具栏显示出来。

如果需要调整调试工具栏上的按钮，可以单击调试工具栏右面的“添加或移除按钮”，在弹出的选项框中，选中要显示或要取消的调试工具栏中的按钮。

A.3 调试命令

Visual Studio 提供了功能强大的调试命令来控制应用程序的执行。

本节以下述控制台程序为例，说明调试程序的方法。

```
class Program
{
    static void Swap(int a, int b)
    {
        int t;
        t = a;
        a = b;
        b = t;
        Console.WriteLine("在Swap程序中, a={0}, b={1}", a, b);
    }
    static void Main(string[] args)
    {
        int a = 10, b = 20;
        Console.WriteLine("调用Swap程序前, a={0}, b={1}", a, b);
        Swap(a, b);
        Console.WriteLine("调用Swap程序后, a={0}, b={1}", a, b);
    }
}
```

1. 开始(或继续)执行

执行“调试”菜单中的“启动调试”“开始执行(不调试)”“逐语句”或“逐过程”命令，或单击相应的快捷键，即可以调试方式开始运行程序。

2. 中断执行

调试程序的时候，可以让程序执行到某一行程序代码时停下来(称为在该处中断执行)，以观察程序运行状况。在程序中设置断点的方法包括：

① 单击程序代码中希望中断那一行，把插入点光标移到该行，然后按F9快捷键，添加断点。

② 单击希望中断执行的程序代码行左边的灰色区域，添加断点，如图 A.2 所示。

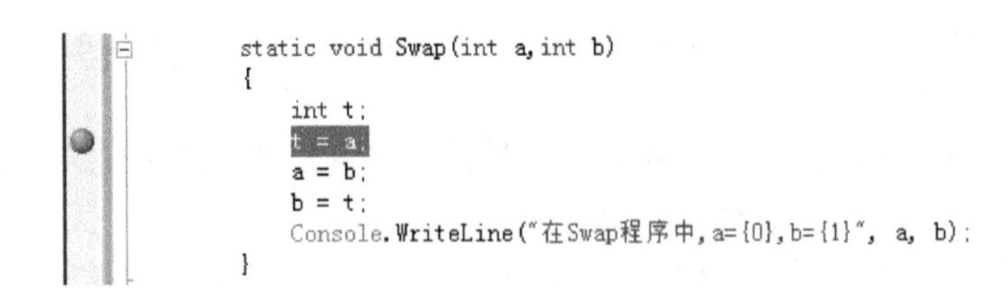

图 A.2 在程序中设置断点

设置断点后执行程序，程序会在断点处停下来。在程序停止执行时，可以使用 Visual Studio 提供的多个窗口监视程序执行情况和变量值的情况，这些窗口包括局部变量窗口、监视窗口、快速监视窗口和自动窗口等。

3. 用于调试程序的各种窗口

(1) 局部变量窗口

使用局部变量窗口可以查看在一个方法中声明的局部变量的当前值。在程序执行被中断时，执行“调试”→“窗口”→“局部变量”菜单命令，即可以打开局部变量窗口，如图 A.3 所示。这时可以看到方法中各个局部变量的值。

(2) 自动窗口

使用自动窗口可以查看当前语句和先前语句中使用的变量的当前值。当前语句是当前执行位置的语句，调试器自动识别这些变量。在程序执行被中断时，执行“调试”→“窗口”→“自动窗口”菜单命令，即可以打开自动窗口，如图 A.4 所示(这时单击 局部变量，可以重新显示局部变量窗口)。

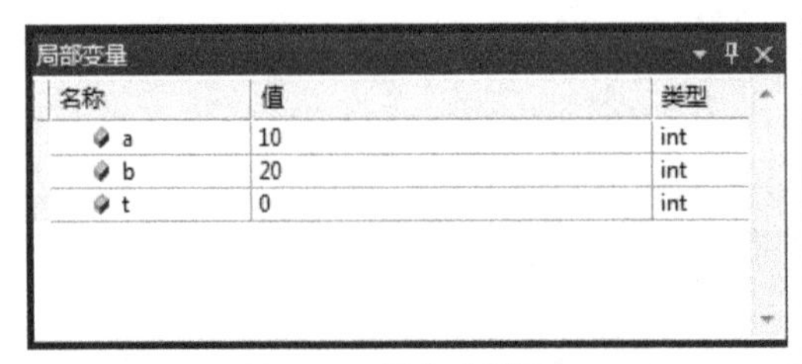

图 A.3 局部变量窗口

图 A.4 自动窗口

(3) 监视窗口

使用监视窗口可以查看和计算变量或表达式的值。在中断执行时，执行“调试”→“窗口”→“监视”菜单命令，可以打开监视窗口，如图 A.5 所示，有监视 1、监视 2、监视 3 和监视 4 四个监视窗口可用。弹出监视窗口后，可以在窗口中输入变量或表达式以查看其值。

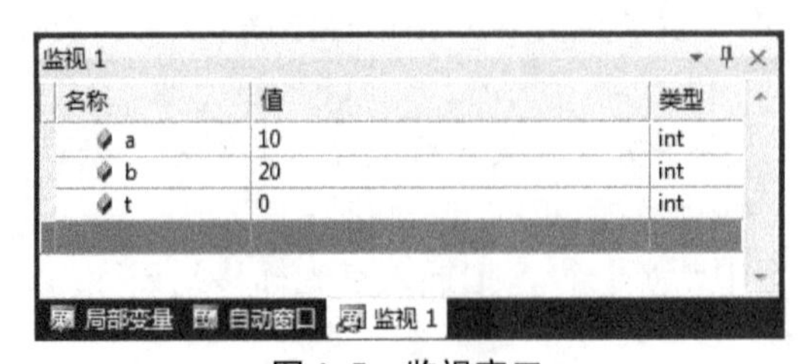

图 A.5 监视窗口

(4) 快速监视窗口

使用快速监视窗口也可以查看和计算变量和表达式的值。在中断执行时，执行“调试”→“快速监视”菜单命令，或者在代码窗口中，单击鼠标右键，然后单击“快速监视”菜单项，都可以打开快速监视窗口，如图 A.6 所示。它是一个模式对话框，就是说，如果要继续调试程序的话，必须先关闭该对话框。

图 A. 6　快速监视窗口

4. 停止执行

如果要结束正在调试的程序，可以执行“调试”→“停止调试”菜单命令，也可以执行“调试”→“全部终止”命令，终止所有正在调试的程序进程。

如果直接退出正在调试的应用程序，调试将自动停止。例如对于 ASP.NET Web 应用程序，关闭 IE 浏览器程序，调试将自动停止。

5. 单步执行

单步执行是最常见的调试过程之一，即每次执行一行程序代码。Visual Studi0 2010 提供了 3 个单步执行命令，分别是逐语句（F11）、逐过程（F10）、跳出（Shift+F11）。

“逐语句”和“逐过程”两个命令都指示执行下一行代码，差异在于处理方法调用的方式不同。如果被执行的一行语句包含调用方法的代码，“逐语句”将跳入到方法体内执行，一直到方法结束，返回到方法调用语句位置。“逐过程”仅执行方法调用，不会跳入到方法体内执行，而直接执行完调用方法的语句，进入下一行代码。如果要查看方法体内代码执行的内容，可以使用“逐语句”，否则可以使用“逐过程”。如果执行到方法体内并想返回到方法调用语句位置时，可以使用“跳出”命令。

【例 A. 1】以调试方式运行本附录开始处提到的程序。

【操作步骤】

① 单击需要添加断点的代码左边的灰色区域，设置断点。如图 A.7 所示。

```
        static void Main(string[] args)
        {
            int a = 10, b = 20;
            Console.WriteLine("调用Swap程序前,a={0},b={1}", a, b);
            Swap(a, b);
            Console.WriteLine("调用Swap程序后,a={0},b={1}", a, b);
        }
    }
}
```

图 A. 7　设置断点

② 按F5键启动调试，运行程序，执行到断点处停止，然后按F11键逐语句执行，每执行一条语句之后，可以使用局部变量窗口、自动窗口、监视窗口或快速监视窗口查看语句执行后的效果。这时程序中黄色箭头⇨指示的语句是下一条要被执行的语句。可以发现调用 Swap()方法前，a=10，b=20，如图 A.8 所示。

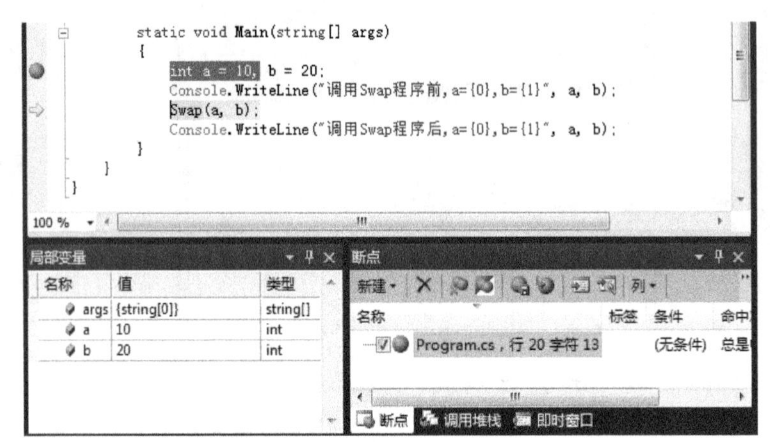

图 A.8　逐语句执行到“**Swap(a, b);**”语句

③ 继续按F11键逐语句执行程序，将进入 Swap()方法，这时仍然有 a=10，b=20，接着继续执行到该方法的最后一条语句，可以发现 a=20，b=10，变量的值交换了，如图 A.9 所示。

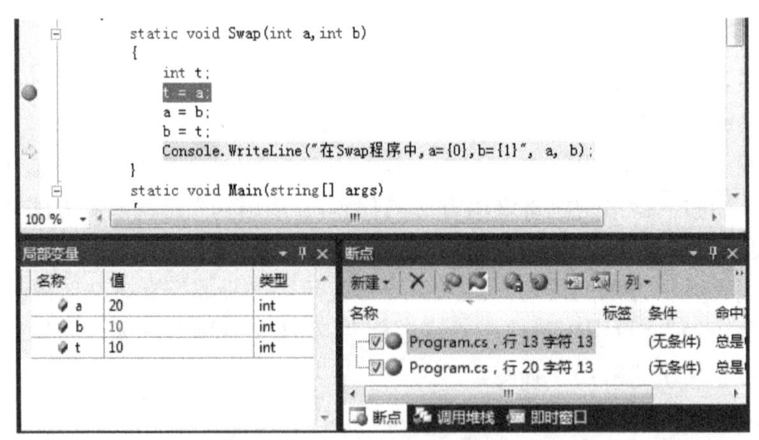

图 A.9　执行到 **Swap()方法的最后一条语句**

④ 继续逐语句执行程序，执行完 Swap()方法返回到 Main()方法后，可以发现 a=10，b=20，两者的值并没有真正交换，如图 A.10 所示。

经过跟踪调试，可以很直观地了解到，变量 a 和 b 在 Swap()方法中交换了值，而运行完方法，返回调用该方法的程序后，a、b 的值并没有交换。由此可知，当调用方法时，如果传递值参数，返回主程序后，变量的值不受执行方法程序的影响。

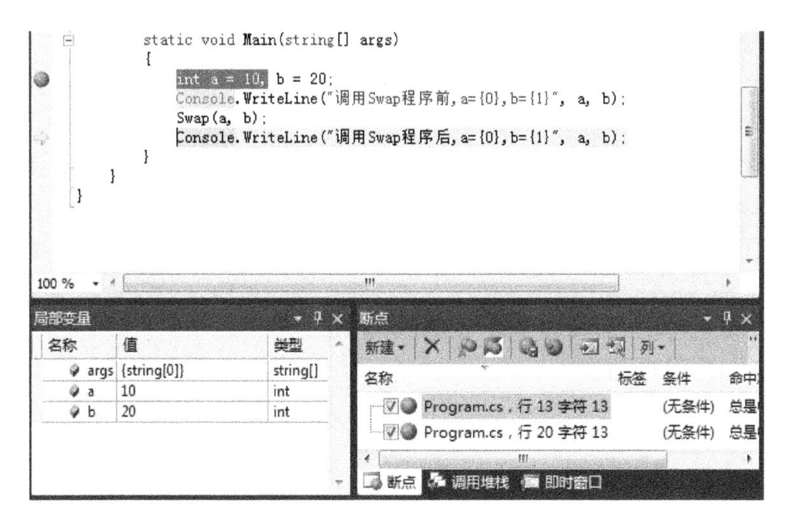

图 A.10　返回 **Mian**()方法

上面通过按F11键，逐语句调试执行程序。如果不想了解调用方法的细节，只关注调用结果，可以按F10键，逐过程调试执行程序。

附录 B　异常处理

在运行程序过程中，有时因用户的操作或运行环境变化等，发生不可预料的错误而导致程序无法继续运行。如在处理文件时，要打开的文件不存在；又如在发送网络请求时，网络中断了等。这些错误是不可预料的，需要一种机制来捕捉和处理程序运行中出现的不可预料的错误，避免因程序出错而导致运行失败。C#语言提供了处理这种运行时错误的机制，这种机制称为异常处理。

B.1　异常类

在 C#中，当程序出现不可预料的运行时错误，即出现某种异常时，系统就会创建异常对象，这个对象包含出现了什么异常的信息，有助于调试程序代码。

在 .NET Framework 中，异常是 System.Exception 类创建的对象。Exception 类可处理系统中出现的任何一种异常。在该类下派生出下述两个重要的类。

1. **SystemException**

System.SystemException 类表示系统异常，所有未经处理的基于.NET 应用程序的错误都由此引发。它包括方法参数异常、算术异常、格式化异常、下标越界异常等。下面是这个类派生出的类。

System.ArgumentException —— System.ArgumentNullException
System.ArthmeticException —— System.DivideByZeroException
—— System.OverflowException
System.Data.DataException

System.FormatException

System.IO.IOException

System.IndexOutOfRangeException

2. **ApplicationException**

System.ApplicationException 类是用户定义的应用程序异常类的基类。它还派生出 System.Reflection.TargetException 类。如果用户要定义应用程序独有的异常信息，就应从此类派生出自己的异常类。

读者可以查阅有关书籍，了解上述异常的具体含义。

3. **Exception 类常用的属性**

表 B.1 **Exception 类常用的属性**

属　性	说　　明
Message	描述异常情况的详细信息
Source	导致异常的应用程序或对象名

有两种引发异常的方式：

① 执行程序代码的过程中出现了引起某个异常的条件，使得操作无法正常结束，从而引发异常。

② 使用 throw 语句显式引发异常。

B.2 异常处理语句

C#语言的异常处理机制提供了处理异常的方法，可以使用 try… catch… finally 语句进行异常处理。该语句的三个代码块分别是：

① try 语句块包含的代码组成了程序的正常操作部分，但这些操作可能遇到某些严重的错误情况。

② catch 语句块包含用于处理各种错误情况的代码，这些错误是执行 try 语句块中的代码时发生的。

③ finally 语句块包含的代码用于清理资源或执行要在 try 语句块或 catch 语句块末尾执行的其他操作。无论是否产生异常，即是否执行了 catch 语句块包含的代码，都会执行 finally 语句块。finally 语句块是可选的。

try… catch… finally 语句处理异常的步骤如图 B.1 所示，具体解释如下。

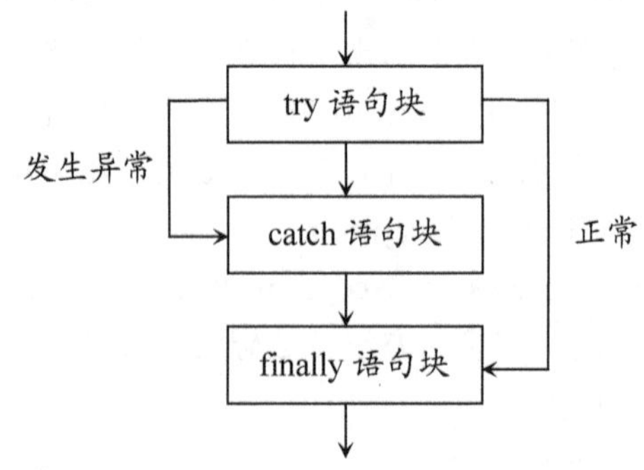

图 B.1 **try… catch… finally 语句流程图**

① 执行程序代码，进入 try 语句块。

② 如果没有异常发生，就会正常执行程序，自动进入 finally 语句块(即转向下述的第④步)。如果发生异常，就会跳转到 catch 语句块中(即转向第③步)。

③ 在 catch 语句块中处理异常。执行完后，自动进入 finally 语句块。

④ 执行 finally 语句块，然后继续向下执行程序。

使用 catch 语句块时可以不带任何参数，这种情况下它将捕获任何类型的异常，称为一般 catch 语句块。catch 语句块也可以接受从 Exception 类派生的对象参数，用于捕获和处理特定的异常。

下面的示例说明一个旨在捕捉特定异常(此例发生的异常为 FileNotFoundException，表示在打开指定路径名表示的文件失败时，出现的异常)的异常处理程序。

```
catch(FileNotFoundException e)
{
    Console.WriteLine(e.Message);      //显示关于异常的信息
}
```

下面用一个具体的程序例子说明怎样使用 C#的异常处理机制。

【例 B.1】编写控制台应用程序，先要求用户输入一个浮点数，然后计算并显示该值的正弦函数值。使用异常处理语句，处理当输入的内容不是浮点数格式时引发的异常。

主要程序代码如下：

```
class Program
{
    static void Main(string[] args)
    {
        double x = 0;
        bool b = true;
        try
        {
            Console.Write("请输入一个实数，以计算其正弦函数值：");
            x=Convert.ToDouble(Console.ReadLine());
        }
        catch(FormatException e)
        {
            Console.WriteLine(e.Message);
            b=false;
        }
        finally
        {
            if(b==true)
            {
                Console.WriteLine("{0}的正弦函数值是{1}", x, Math.Sin(x));
            }
            else
            {
                Console.WriteLine("计算失败");
            }
        }
```

```
        }
    }
```

图 B.2 是运行本程序的两个效果示例。

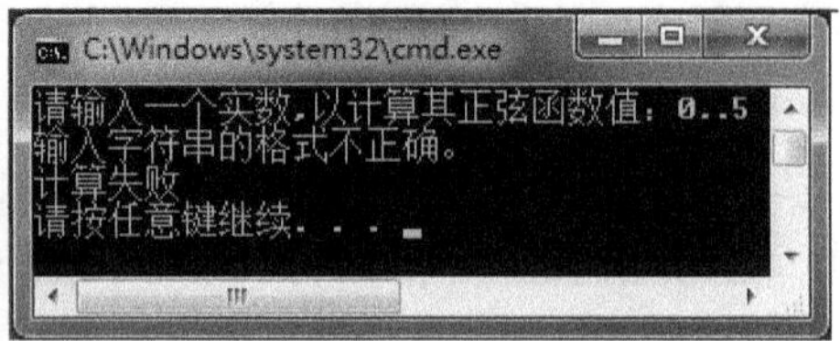

图 B.2　程序运行效果

【程序说明】

程序中以 try 语句块接受用户输入的字符串，并将其转化为一个实数。

如果输入的内容符合浮点数格式，则使用 Convert.ToDouble() 方法可以将其转化为一个浮点数 x，并进入 finally 语句块计算和显示 x 的正弦函数值，如图 B.2 的左图所示。

如果输入的内容不符合浮点数格式，则使用 Convert.ToDouble() 方法将其转化为一个浮点数时，会引发 FormatException 的异常，此异常被 catch 语句块捕获，输出异常错误信息，最后执行 finally 块，输出“计算失败”的信息

在程序执行过程中，可能会引发多个异常，这时可以使用一个以上的 catch 语句块。这种情况下，catch 语句块的顺序很重要，因为程序会按顺序调用与异常类型匹配的 catch 块。一般情况下，应该将针对特定异常的 catch 块放在常规异常的 catch 块的前面。当程序执行过程中引发异常时，将首先调用与异常类型匹配的 catch 块进行处理，如果没有特定的 catch 块，才由常规 catch 块捕捉异常。

下面的示例演示了多重 catch 块的使用。

【例 B. 2】采用多重 catch 块改写例 B.1。

```
class Program
{
    static void Main(string[] args)
    {
        double x = 0;
        bool b = true;
        try
        {
            Console.Write("请输入一个实数，以计算其正弦函数值：");
            x = Convert.ToDouble(Console.ReadLine());
        }
        catch(FormatException e)                    //处理格式转换异常
        {
            Console.WriteLine(e.Message);
            b = false;
        }
```

```
            catch(Exception e)                          //处理一般异常
            {
                Console.WriteLine(e.Message);
                b = false;
            }
            finally
            {
                if(b == true)
                {
                    Console.WriteLine("{0}的正弦函数值是{1}", x, Math.Sin(x));
                }
                else
                {
                    Console.WriteLine("计算失败");
                }
            }
        }
    }
```

执行本程序的效果仍然如图 B.2 所示。

【程序说明】

FormatException 是针对格式转换的异常，其优先程度较一般的 Exception 异常高。如果将 FormatException 的 catch 块和 Exception 的 catch 块调整顺序时，编译时将会给出如下错误提示："上一个 catch 子句已经捕获了此类型或超类型（'System.Exception'）的所有异常"。

B.3　用 throw 语句抛出异常

在某些情况下从运行程序角度来说，程序没有错误，但是逻辑上会出现错误，这时可以设置主动抛出异常的程序代码。

throw 语句用于在程序执行期间显式引发异常。throw 关键字后面跟着一个异常对象(用 new 操作符声明)，该对象的类从 System.Exception 派生。格式如下：

```
throw new 异常();
```

throw 语句可以与 try…catch…finally 语句一起使用。当抛出异常时，程序查找处理此异常的 catch 语句块。

下面的示例演示了 throw 语句的使用。

【例 B. 3】编写控制台应用程序，要求获取一个人的姓名，如果姓名内容为空，则主动抛出异常，并处理异常。

主要程序代码如下：

```
class Program
{
    static void Main(string[] args)
    {
```

```
            try
            {
                Console.Write("请输入姓名：\n");
                string  s = null;
                if(s == null)
                {
                    throw new ArgumentNullException();   //抛出异常
                }
            }
            catch(ArgumentNullException  e)
            {
                Console.WriteLine(e.Message);
            }
        }
    }
```

运行程序效果如图 B.3 所示。

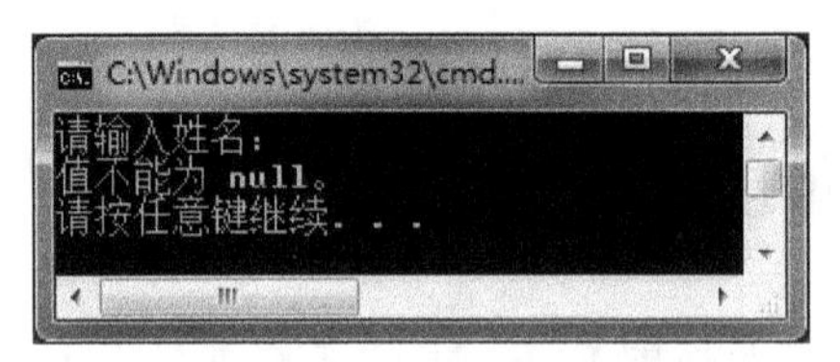

图 B. 3　抛出异常的处理

【程序说明】

程序本意是输入姓名并把其值赋给 s，如果 s 为空，就抛出 ArgumentNulIException 异常，此异常也能被 catch 块捕获。